高职高专"十二五"规划教材

# 矿业工程CAD

■ 主 编 林 友 夏建波

■ 副主编 刘 伟 文义明

WUHAN UNIVERSITY PRESS

武汉大学出版社

**图书在版编目(CIP)数据**

矿业工程CAD/林友,夏建波主编.—武汉:武汉大学出版社,2015.8
(2023.9 重印)
云南省普通高等学校"十二五"规划教材
ISBN 978-7-307-16247-1

Ⅰ.矿…　Ⅱ.①林…　②夏…　Ⅲ.矿业工程—计算机辅助设计—
AutoCAD 软件—高等职业教育—教材　Ⅳ.TD672

中国版本图书馆 CIP 数据核字(2015)第 147220 号

责任编辑:方慧娜　　　责任校对:李孟潇　　　版式设计:马　佳

出版发行:**武汉大学出版社**　　(430072　武昌　珞珈山)
　　　　　(电子邮箱:cbs22@whu.edu.cn　网址:www.wdp.com.cn)
印刷:武汉图物印刷有限公司
开本:787×1092　　1/16　　印张:19.75　　字数:478 千字　　插页:1
版次:2015 年 8 月第 1 版　　2023 年 9 月第 3 次印刷
ISBN 978-7-307-16247-1　　定价:39.00 元

# 前　言

　　图形是表达和交流技术思想的工具。随着计算机技术的飞速发展和普及，掌握计算机辅助设计技术已经成为矿业工程技术人员必备的一项基本技能。AutoCAD 是目前使用最为广泛的计算机绘图软件之一，利用它可以方便快捷地绘制矿业工程图。为此，作者结合高等教育的教学特点以及编写组多年的教学和工程实践经验，编写了《矿业工程 CAD》这本教材。本书系统地介绍了运用 AutoCAD 绘图软件绘制矿业工程图所需掌握的 AutoCAD 绘图基础、AutoCAD 绘图、图形修改、图块创建、图形查询与标注、三维建模、图形输入输出与打印等基本功能、使用方法和绘图技巧。为了呈现 AutoCAD 绘图软件与 Excel 或 Word 之间进行复制转换而常用的一些技巧，本书专门设置了图表转换处理一章；为了加强实践应用，本书还特别编写了典型矿业工程图绘制实例一章；为了便于读者快捷地进行操作、快速地查看命令、流畅地运用 CAD 以及规范地绘制矿业工程图，本书的附录中列出了 AutoCAD 快捷键集锦、AutoCAD 常用命令集锦、AutoCAD 常见问题集锦和矿业工程制图规范集锦。

　　本书注重实用性和系统性，按照理论与实践的统一及"教学做一体化"的要求，针对主要知识点编写了大量的实例和练习，大部分章节结合着矿业工程实例进行系统的讲解。由于 AutoCAD 功能强大、操作灵活，书中实例采用了多种作图思路，以利于开阔读者视野；各种命令的操作融会于实例当中，以利于读者掌握命令的灵活运用。书中实例作图步骤完整、层次明晰，配有大量图片，形象直观，通俗易懂，可操作性强。读者在学习的过程中，可以结合各章节的综合练习进行上机操作，举一反三，掌握不同的绘图思路和方法，便会收到立竿见影的学习效果。本书对于 AutoCAD 的初学者而言，可轻松地入门；对于有一定工程制图基础的读者，则可以使其快速掌握使用 AutoCAD 绘制矿业工程图的要领。

　　本书由昆明冶金高等专科学校矿业学院采矿专业的林友老师和夏建波老师担任主编，昆明冶金高等专科学校矿业学院地质、采矿、采煤、安全和选矿等专业的刘伟、文义明、刘聪、邱阳、卢萍、彭芬兰和张莉，云南国土资源职业学院的杨建桥，保山市民生安全评价有限公司的高级工程师王连森、工程师董继德以及昆明赛特拉矿山工程设计有限公司的工程师尤本勇等共同参与编写。大部分编写人员均为具有丰富实践经验且长期从事矿业行业 AutoCAD 教学或工程设计的教师及工程技术人员。编写人员的具体分工为：林友编写第 1~6 章；林友、夏建波、刘伟和刘聪编写第 7 章；夏建波编写第 8 章；文义明和卢萍编写第 9 章；林友编写各章节的综合练习；林友、杨建桥、邱阳、张莉和彭芬兰编写附录Ⅰ、附录Ⅱ和附录Ⅲ；刘伟、夏建波、王连森、尤本勇和董继德编写附录Ⅳ；林友老师负责全书统稿。

　　在本书的编写过程中，作者参考了一些相关的书籍和文献资料，并由昆明冶金高等专科学校叶加冕教授审阅了本书，他提出了许多宝贵的指导性建议。另外，本书还得到了王育军教授和况世华教授的大力帮助，在此表示衷心的感谢！

　　由于作者水平有限，书中难免有不妥之处，诚恳地欢迎读者批评指正。

**作　者**

2015 年 3 月

# 目　　录

1

# 第1章 AutoCAD 绘图基础

【学习目标】

通过本章的学习，要求熟悉 AutoCAD 绘图环境和操作界面，熟练地掌握鼠标操作、坐标输入、AutoCAD 命令执行的各种方式、快速选择对象以及 AutoCAD 的一些常用设置。使读者对 AutoCAD 绘图平台有一些感性认识，为提高矿业工程图形的绘制速度和质量奠定必要的技术基础。

## 1.1 AutoCAD 入门

### 1.1.1 认识 AutoCAD

计算机辅助设计（Computer Aided Design，CAD），是指利用计算机及其制图软件帮助设计人员进行设计工作，而 AutoCAD 是目前工程上使用最广泛的一种制图软件。在学习 AutoCAD 之前，首先需了解 AutoCAD 的一些相关知识，以便于能更好地利用该软件达到相应的目的。

AutoCAD 是由美国 Autodesk 公司开发的通用计算机辅助绘图与设计软件包，它是交互式通用型的绘图软件包。随着它的版本从 AutoCAD 1.0 到 AutoCAD 2015 的不断升级，其功能逐渐强大且日趋完善。AutoCAD 在工程界应用非常普及，它不仅是一个应用平台，而且也是一个软件开发平台。它具有直观的用户界面、下拉式菜单、易于使用的对话框和定制工具条，不仅操作方便、易于掌握、体系结构开放，而且具有完善的图形绘制功能、强大的编辑功能以及三维造型功能，并支持网络和外部引用等，深受广大工程技术人员的欢迎。如今，AutoCAD 已广泛应用于机械、矿山、建筑、电子、航天、造船、石油、化工、土木、冶金、农业、气象和纺织等领域。在我国，AutoCAD 已成为工程设计领域中应用最为广泛的计算机辅助设计软件之一。因此，了解和掌握 AutoCAD 软件的功能、操作和应用是十分必要的。

鉴于 AutoCAD 2004 版本性能较为稳定，对于矿业工程其功能足够使用且实用，故本书的编写主要基于 AutoCAD 2004 版本进行，且在高于 AutoCAD 2004 的其他版本中能够通用。虽然 AutoCAD 2010 以后的版本与之前的版本在软件操作界面上有所区别，但一般可根据操作习惯切换为经典界面。AutoCAD 命令执行的方式有多种，如采用命令、工具按钮和菜单命令等。从快捷、高效绘图的实际需要出发，本书主要介绍了采用命令的形式来执行的 AutoCAD 操作，其余方式读者可结合自身情况灵活学习。

### 1.1.2　启动 AutoCAD

与其他软件类似，AutoCAD 也有如下几种启动方法，接下来分别进行介绍。

1. 通过开始菜单启动

成功安装 AutoCAD 20××后，Win7 系统会在"开始"菜单的"所有程序"项里创建一个名为"Autodesk"的程序组，单击该程序组中"AutoCAD 20××-Simplified Chinese"下的"AutoCAD 20××"选项即可启动 AutoCAD 20××，如图 1-1 所示。

图 1-1　通过开始菜单启动示例

2. 通过桌面快捷方式启动

通过桌面快捷方式启动 AutoCAD 20××也是较为常用的一种方法，安装 AutoCAD 20××后，系统会自动在 Windows 桌面上添加一快捷方式图标，不同版本的桌面图标示例如图 1-2 所示，双击桌面上的快捷图标即可启动 AutoCAD 20××。

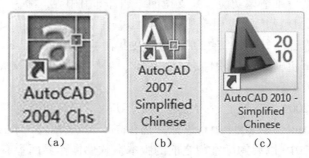

（a）　　　　　（b）　　　　　（c）

图 1-2　快捷启动图标

3. 通过其他方式启动

还可以通过其他方式来启动 AutoCAD 20××，如双击 *.dwg 格式的文件、单击快速启动栏中的 AutoCAD 20××缩略图标等。

### 1.1.3 管理 AutoCAD

在使用 AutoCAD 进行绘图之前，应先掌握 AutoCAD 文件的各种管理方法，如新建、打开、保存、输出及关闭等。

**1. 创建新的 AutoCAD 文件**

在 AutoCAD 中创建新的图形文件有如下几种方法：

（1）选择"文件"→"新建"菜单命令。

（2）单击"标准"工具栏中的▢（新建）按钮。

（3）在命令行中执行 NEW 命令。

当用户执行新建文件操作后，系统会打开如图 1-3 所示对话框，在该对话框中可选择新图形文件所基于的样板文件。若用户要根据系统默认设置来创建新图形文件，可单击 [打开⓪] 按钮右侧的▾按钮，在弹出的菜单中选择"无样板打开-英制"或"无样板打开-公制"选项即可。

图 1-3　"选择样板"对话框

**2. 保存 AutoCAD 文件**

（1）文件保存方法

在绘图工作中应随时注意保存图形，以免因死机、停电等意外事件使图形丢失。在 AutoCAD 中，可通过如下几种方法来保存图形文件：

①选择"文件"→"保存"／"另存为"菜单命令。

②单击标准工具栏中的▣（保存）按钮。

③在命令行中执行 SAVE 或 SAVEAS 命令。

若图形被首次保存或用户执行了另存为操作，系统将打开如图 1-4 所示对话框，在该对话框中指定图形要保存的位置、文件名及文件类型后，单击 [保存⑤] 按钮即可保存图形文件。

图 1-4　　"图形另存为"对话框

（2）文件保存格式

在 AutoCAD 中可将文件保存为多种格式，如 AutoCAD 2004 图形格式（＊.dwg）、AutoCAD 2000/LT2000 图形格式（＊.dwg）和 AutoCAD 图形标准格式（＊.dws）等。总体上讲，可将 AutoCAD 图形保存为如下几种类型的文件：

①DWG：AutoCAD 图形文件。

②DXF：包含图形信息的文本文件，其他的 CAD 系统可以读取该图形信息。

③DWS：二维矢量文件，用户可使用这种格式在互联网或局域网上发布 AutoCAD 图形。

④DWT：AutoCAD 样板文件。

（3）文件安全权限设置

在保存图形文件时可为图形文件设置安全权限，其具体操作如下：

①在"图形另存为"对话框中单击 工具(L) ▾ 按钮→在弹出的菜单中选择"安全选项"选项后打开如图 1-5 所示对话框。

②在该对话框的"用于打开此图形的口令或短语"文本框中输入权限密码→单击 确定 按钮后打开如图 1-6 所示对话框，提示用户再次输入权限密码。

③在该对话框中再次输入权限密码→单击 确定 按钮返回"图形另存为"对话框→选定图形保存的位置、文件名及文件类型→单击 保存(S) 按钮即可。

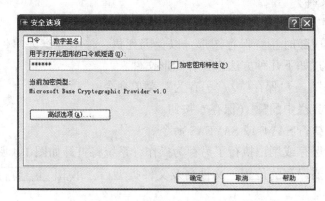

图 1-5　　"安全选项"对话框

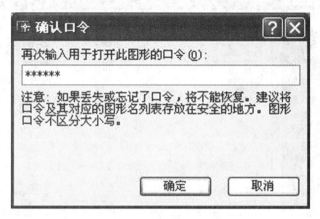

图 1-6 "确认口令"对话框

待用户下次打开该图形文件时，系统就会提示用户输入正确的权限密码，否则就不能打开该文件，如图 1-7 所示。

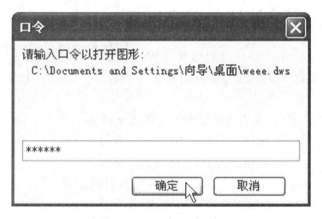

图 1-7 "口令"对话框

（4）将 AutoCAD 图形输出为其他格式的文件

1）图形输出方法

AutoCAD 不但可以绘制矢量图形，还常被人们作为基础建模的工具。如在 AutoCAD 中绘制好图形后，可将其输出为其他软件能够识别的文件，这样就可以方便地在其他软件中进行调用。在 AutoCAD 中，可以将图形输出为 "＊.3ds"、 "＊.bmp"、 "＊.wmf"、 "＊.eps" 等格式的文件，输出图形文件的方法有如下 2 种：

①选择 "文件" → "输出" 菜单命令。

②在命令行中执行 EXPORT 命令。

当执行了输出命令 EXPORT 后系统会打开如图 1-8 所示的 "输出数据" 对话框，在该对话框中指定图形文件输出的格式、文件名及保存位置，然后单击 保存(S) 按钮即可。

2）图形输出格式

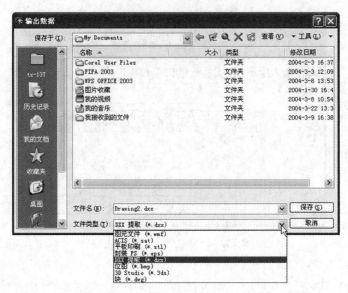

图 1-8　"输出数据"对话框

在 AutoCAD 中，可将图形文件输出为以下几种格式：

①图元文件（＊.wmf）：选定对象将以 Windows 图元文件格式保存到文件。

②ACIS（＊.sat）：AutoCAD 将忽略非实体或面域的选定对象，并弹出"创建 ACIS 文件"对话框，在该对话框中输入要创建的文件的名称，AutoCAD 将把选定对象输出到 ASCII 文件。

③平板印刷（＊.stl）：输出为实体对象立体画文件。

④封装 PS（＊.eps）：输出为封装的 PostScript 文件。

⑤DXX 提取（＊.dxx）：输出为 DXX 属性抽取文件。

⑥位图（＊.bmp）：输出为位图文件，可供图像处理软件调用。

⑦3D Studio（＊.3ds）：输出为 3D Studio MAX 可接受的格式文件。

⑧块（＊.dwg）：输出为 AutoCAD 图形块文件，可供不同版本 CAD 软件调用。

（5）关闭或退出 AutoCAD 文件

当用户完成绘图后便可关闭或退出图形，在 AutoCAD 中有如下几种关闭或退出文件的方法：

①选择"文件"→"关闭"或"退出"菜单命令。

②单击菜单栏最右端的 ⊠（关闭）按钮。

③按下"Ctrl+F4"组合键。

④在命令行中执行 CLOSE、QUIT 或 EXIT 命令。

若用户在关闭文件时，未对文件做最后一次保存，则 AutoCAD 会打开如图 1-9 所示对话框，提示用户是否对当前图形文件做最后一次保存。

### 1.1.4　AutoCAD 操作界面

认识 AutoCAD 操作界面是学好 AutoCAD 绘图的基础。接下来将为读者详细介绍

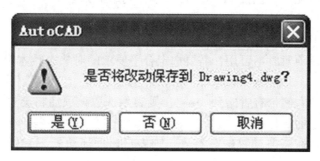

图 1-9 "AutoCAD" 对话框

AutoCAD 操作界面的各个组成部分。

AutoCAD 的操作界面如图 1-10 所示，主要由标题栏、菜单栏、工具栏、十字光标、绘图区、命令提示区、状态栏等部分组成。

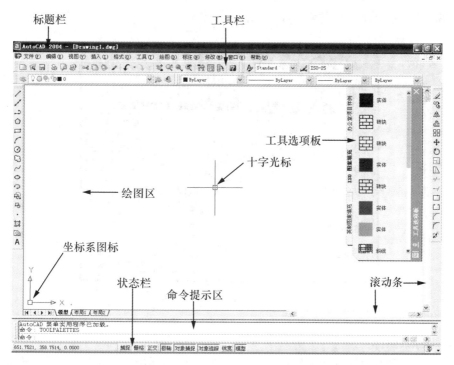

图 1-10 AutoCAD 操作界面

其中各主要组成部分的含义及功能如下：

（1）绘图区与十字光标

绘图区是用户进行绘图的区域，用户的所有工作结果都反映在这个窗口中。绘图区内有一个十字线，其交点反映当前光标的位置，故称它为十字光标，主要用于绘图、选择对象等。

（2）菜单栏

7

AutoCAD 通常情况下共包括 11 个下拉菜单，利用下拉菜单可执行 AutoCAD 的大部分常用命令。AutoCAD 的下拉菜单有如下特点：

①在 AutoCAD 中用黑色字符标明的菜单项表示该项可用为有效菜单，用灰色字符标明的菜单项目表示该项暂时不可用，需要选定合乎要求的对象之后才能使用的菜单称为无效菜单。

②如果某菜单项右侧带有省略号"…"，则表示选取该项后将会打开一个对话框，通过对话框可为该命令的操作指定参数。

③如果某菜单项右侧带有"▶"符号，则表示该项还包括下一级菜单，用户可进一步选定下一级菜单中的选项。

④如果菜单项右侧没有任何符号，则表示选取该项将直接执行某个命令。

（3）工具栏

AutoCAD 通常情况下为用户提供了 26 个工具条，工具条上有许多由图标表示的按钮，单击这些工具条上的图标按钮能够方便地调用相应的 AutoCAD 命令，实现各种操作。

选择"工具"→"自定义"→"工具栏"菜单命令，在打开如图 1-11 所示的"自定义"对话框中，可选择要打开或关闭显示的工具栏。

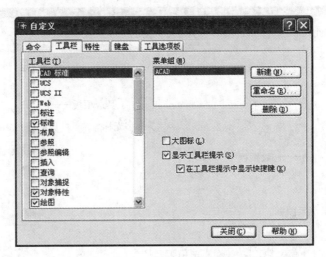

图 1-11　"自定义"对话框

（4）坐标系图标

在绘图区的左下角处有一坐标系图标，它表示当前绘图时所使用的坐标系形式。这个图标的可见性是可以控制的，选择"视图"→"显示"→"UCS 坐标"→"开"菜单命令即可打开或隐藏坐标系图标（或在命令行输入 UCSICON→【空格】键→输入 ON 或 OFF→【空格】键来执行）。

（5）命令提示区

命令提示区（简称"命令行"）位于 AutoCAD 操作界面下方，用于接收用户的命令及显示各种信息与提示。缺省时，AutoCAD 在提示区中保留最后 3 行所执行的命令或提示信息。用户可以根据需要用拖动的方法改变命令提示区的大小，使其显示多于 3 行或少于

3 行的信息。

（6）状态栏

状态栏在命令提示区的下方，用来显示当前的作图状态。如当前光标的位置，绘图时是否打开了正交、栅格捕捉、栅格显示、线宽、极轴等功能。

（7）工具选项板

通过工具选项板可以快速向图形中填充指定的图案。

（8）滚动条

滚动条包括水平滚动条和垂直滚动条，可以使视图在水平或垂直方向移动。方法是：单击水平或垂直滚动条上带箭头的按钮或拖动滚动条上的滑块。

## 1.2 鼠标操作

鼠标操作是使用 AutoCAD 绘图、编辑的重要操作，灵活使用鼠标对于加快绘图速度、提高绘图质量有着至关重要的作用。AutoCAD 中鼠标的操作方法和作用与一般 Windows 应用程序有许多相似之处，但鼠标左右键及中键（滚动滑轮）在 AutoCAD 中有一些特定的用法，包括单击鼠标左键、单击鼠标右键、双击鼠标左键、滚动鼠标滑轮、按下鼠标滑轮和双击鼠标滑轮。

### 1.2.1 单击鼠标左键

在 AutoCAD 中单击鼠标左键可执行的操作如下：

（1）未执行任何命令或执行编辑命令过程中并提示选择对象时，单击某个对象可以选择该对象。但需注意的是，在选择对象时，位于十字光标中心的小方框需放在对象上进行选择。

（2）在绘图或编辑过程中，提示确定位置时单击某点可以确定坐标位置。

（3）选择菜单项或工具按钮。

### 1.2.2 单击鼠标右键

在 AutoCAD 中单击鼠标右键可执行的操作如下：

（1）打开快捷菜单，其菜单内容随操作状态的内容不同而不同（即鼠标指针所在位置不同而不同）。

（2）在绘图区中按下【Shift】键并单击鼠标右键可以弹出"对象捕捉"快捷菜单，从中选择不同菜单项可设置临时捕捉模式。

（3）在命令执行过程中单击鼠标右键可以结束对象选取。

在 AutoCAD 绘图过程中，熟悉鼠标使用特别是掌握鼠标右键的使用特点，明确单击鼠标右键在绘图过程中什么时候弹出选择菜单，什么情况下等同于"回车"键，会对初学者提高绘图速度有所帮助。

### 1.2.3 双击鼠标左键

通常情况下，在对象上方双击鼠标左键可以打开对象特性面板。此外，还可以通过

"Ctrl+1" 快捷键打开对象特性面板。

### 1.2.4　滚动鼠标滑轮

在绘图区域内滚动鼠标滑轮用于缩放图形，图形的尺寸大小并未改变，这时光标所在位置就是图形缩放中心，向前滚动以放大视图，向后滚动以缩小视图。此外，可以通过 AutoCAD 系统变量 ZOOMFACTOR（接受一个整数，有效值为 0~100。数字越大，测鼠标滑轮每次前后移动引起改变的增量就越多）参数设置以改变缩放速度。

### 1.2.5　按下鼠标滑轮

按下鼠标滑轮可以实时平移视图。若按下鼠标滑轮时弹出"对象捕捉"快捷菜单，则通过修改 MBUTTONPAN 命令系统变量为"1"即可。

### 1.2.6　双击鼠标滑轮

双击鼠标中键（滑轮），以绘图区的最大显示范围将所有对象显示出来。此外，还可以通过在命令提示区输入 Z→【空格】键→输入 E→【空格】键来执行此项功能。

## 1.3　坐标输入

任何物体在空间中的位置都是通过一个坐标系来定位的。坐标系是确定位置的最基本的手段。掌握各种坐标系的概念、坐标系的创建和正确的坐标数据输入方法，对于正确、高效地绘图是非常重要的。

在 AutoCAD 中，按坐标系的定制对象不同，可以分为世界坐标系（WCS）和用户坐标系（UCS）；按照坐标值参考点的不同，可以分为绝对坐标系和相对坐标系；按照坐标轴的不同，可以分为直角坐标系、极坐标系、球坐标系和柱坐标系。接下来将主要介绍绝对坐标与相对坐标。

### 1.3.1　绝对坐标

绝对坐标表示的是一个固定的点位置，不会随任何实体的改变而改变。它又分为绝对直角坐标和绝对极坐标。

1. 绝对直角坐标（输入格式：X，Y）

直角坐标系是通过在二维平面中根据距两个相交的垂直坐标轴的距离来确定点的位置。每一个点的距离是沿着 X 轴、Y 轴和 Z 轴来测量的，三轴之间的交点称为原点（0，0，0）。

绝对直角坐标的输入方法是以坐标原点（0，0，0）为基点来定位其他所有的点。用户可以通过输入（X，Y，Z）坐标来确定点在坐标系中的位置。在（X，Y，Z）中，X 值表示该点在 X 方向到 AutoCAD 原点间的距离；Y 值表示该点在 Y 方向到 AutoCAD 原点间的距离；Z 值表示该点在 Z 方向到原点间的距离。若为二维平面，则可省略 Z 坐标值，即坐标表示为（X，Y）。如输入坐标点（10，10，0）与输入（10，10）相同。

注意：坐标输入时的逗号"，"是在英文状态下输入的，而不是中文逗号。且每次输入完点的坐标后必须按【空格】键或【Enter】键，以确认输入完毕。

2. 绝对极坐标（输入格式：L<Φ）

绝对极坐标是指定点距原点之间的距离和角度。在绝对极坐标的输入格式中，L 表示指定点距 AutoCAD 原点之间的距离，Φ 表示指定点和 AutoCAD 原点间的连线与 X 轴正方向的夹角。距离与角度之间用尖括号 "<" 分开（"<" 需在英文状态下输入）。比如，要指定相对于原点距离为 100，角度为 45° 的点，输入 "100<45" 即可（注意双引号不用输入）。

其中，角度（默认设置）按逆时针方向增大（为正角度），按顺时针方向减小（为负角度）。要向顺时针方向移动，应输入负的角度值。如输入 20<-40 等价于输入 20<320。

### 1.3.2  相对坐标

相对坐标表示的是当前点相对于前一点的位置。它分为相对直角坐标和相对极坐标。

1. 相对直角坐标（输入格式：@ X,Y）

相对直角坐标的输入方法是以某点为参考点，然后输入相对位移坐标的值来确定点，与坐标系的原点无关。它类似于将指定点作为一个输入点偏移。如："@ 10，15" 表示输入点相对于前一点在 X 轴上移动 10 个绘图单位，在 Y 轴上移动 15 个绘图单位。

"@" 字符表示当前为相对坐标输入，它相当于输入一个相对坐标值 "@ 0，0"。在输入相对坐标时，必须在坐标值前加 "@" 符号。

2. 相对极坐标（输入格式：@ L<Φ）

相对极坐标与绝对极坐标较为类似，不同的是，相对极坐标是指定点距前一点之间的距离和角度。在相对极坐标的输入格式中，L 表示指定点距前一点之间的距离，Φ 表示指定点和前一点间的连线与 X 轴正方向的夹角。在极坐标值前要加上 "@" 符号。比如，要指定相对于前一点距离为 40，角度为 30° 的点，输入 "@ 40<30" 即可。

此外，亦可将相对极坐标的输入分解为两个步骤，先输入 "<Φ"，然后按【空格】键，待确定好某点的方向以后再输入 "其距前一点之间的距离 L"，最后按【空格】键即可。

# 1.4  AutoCAD 命令执行方式

AutoCAD 为交互式工作方式，用户通过用鼠标点击下拉菜单或工具栏按钮进行操作，也可直接在命令行中输入命令和参数。这几种方式可同时并行使用。

### 1.4.1  通过菜单命令绘图

以菜单命令的方式执行命令，即是通过选择下拉菜单或鼠标右键快捷菜单中相应的命令项来执行命令，其命令的执行过程与键盘输入命令方式相同。以这类方式执行命令的优点在于，如果用户不知道某个命令的命令形式，又不知道该命令的工具按钮属于哪个工具栏，或者工具栏中没有该命令的工具按钮形式，就可通过菜单的方式来执行所需的命令。

以菜单命令的方式执行命令应视其命令的形式来快速选择相应的菜单。例如，要对标注样式进行设置（其命令形式为 DIMSTYLE，D），则可在 "格式" 菜单下进行选择，其原因在于样式的设置与格式有关，故选择"格式"菜单。再比如，要使用某个编辑命令，则可在"修改"菜单中选择相应的修改命令。

### 1.4.2　通过工具按钮绘图

以工具按钮的方式执行命令，即在工具栏中单击与所要执行的命令相应的工具按钮，然后按照命令行提示完成绘图操作。

例如，要使用"修剪"（其工具按钮形式为 ）命令进行绘图，则可在"修改"工具栏中单击（修剪） 按钮，然后根据命令行提示完成修剪操作，如图 1-12 所示。

图 1-12　"修改"工具栏

### 1.4.3　通过命令形式绘图

通过命令形式执行命令是最常用的一种绘图方法。当用户要使用某个工具进行绘图时，只需在命令行中输入该工具的命令（或命令别名，即缩写形式）形式，然后根据系统提示完成绘图即可。

例如，要使用"多段线"（其命令形式为 PLINE）命令进行绘图，则可在命令行提示为"命令:"状态下输入 PLINE（或 PL）命令后，按【空格】键即可，命令行操作如下：

命令：pl PLINE

指定起点：

当前线宽为 0.0000

指定下一个点或［圆弧（A）/半宽（H）/长度（L）/放弃（U）/宽度（W）］：

指定下一点或［圆弧（A）/闭合（C）/半宽（H）/长度（L）/放弃（U）/宽度（W）］：

在执行命令过程中，读者应注意以下几点：

（1）方括号［　］中以"/"隔开的内容表示各种选项，若要选择某个选项，则需输入圆括号中的字母，该字母可以是大写或小写形式。例如，在执行"直线"命令过程中，要放弃绘制的上一条线，可选择"放弃"选项，即在命令提示后输入"U"即可。

（2）在执行某些命令过程中，会遇到命令提示的后面有一个尖括号"<　>"，其中的值是当前系统的默认值，若在这类提示下，直接按【空格】键则采用系统默认的缺省值。

（3）在 AutoCAD 命令行中输入英文字母无大小写区分。此外，在 AutoCAD 命令行提示输入数据时，小数点前若为 0 则可以不输入，例如输入 .5 等同于输入 0.5。

### 1.4.4 退出正在执行的命令

在 AutoCAD 中可按下【Esc】键或【Enter】键来退出正在执行的命令。接下来举例说明在什么情况下该按什么键来退出正在执行的命令。

1. 按【Esc】键退出正在执行的命令

单击"绘图"工具栏中的 ■ （点）按钮，在绘图区中插入点，命令行操作如下：

命令：_ point　　//执行"点"命令

当前点模式：PDMODE = 0　PDSIZE = 0.0000　　//显示当前点模式，包括点样式及点大小

指定点：　　//在绘图区中单击鼠标左键，插入一个点

命令：_ point　　//系统自动第二次执行"点"命令

当前点模式：PDMODE = 0　PDSIZE = 0.0000　　//显示当前点模式，包括点样式及点大小

指定点：　　//在绘图区中单击鼠标左键，插入第二个点

命令：_ point　　//系统自动第三次执行"点"命令

当前点模式：PDMODE = 0　PDSIZE = 0.0000　　//显示当前点模式，包括点样式及点大小

指定点：＊取消＊　　//此时若不再插入点，按下【Esc】键即可退出"点"命令

通过上面的例子可以看出，当命令行多次重复出现相同的命令提示时，可以按【Esc】键来退出正在执行的命令。

2. 按【Enter】键或【空格】键退出正在执行的命令

按【Enter】键或【空格】键退出正在执行的命令是在绘图过程中经常使用的操作。按【Enter】键或【空格】键结束命令表示正常退出该命令，而按【Esc】键结束命令，还可以表示取消当前进行的操作。

单击"绘图"工具栏中的 ✐ （构造线）按钮，在绘图区中绘制构造线，命令行操作如下：

命令：_ xline　　//执行"构造线"命令

指定点或［水平（H）/垂直（V）/角度（A）/二等分（B）/偏移（O）]：　　//在绘图区中单击鼠标左键，确定构造线一点

指定通过点：　　//在其他位置单击鼠标左键，确定构造线第二点

指定通过点：　　//再在其他位置单击鼠标左键，确定另一条构造线第二点

指定通过点：　　//若用户不再绘制构造线，此时按【空格】键即可退出"构造线"命令

注意在执行命令过程中，有时需要按多次【Enter】键或【空格】键才能退出命令。例如在执行"单行文字"命令时，需要按两次【Enter】键来退出该命令。在执行"样条曲线"命令时，需要按三次【Enter】键或【空格】键来退出该命令。

### 1.4.5 重复执行上一次操作命令

若要重复执行前一次操作的命令，不必再单击该命令的工具形式，或者在命令行中输

入该命令的命令形式，只需在命令行为"命令:"提示状态时直接按【空格】键或【Enter】键即可，系统将自动执行前一次操作的命令。

用户也可单击鼠标右键，在弹出的快捷菜单中选择第一项菜单命令，即重复执行前一次操作的命令。若用户设置了禁用右键快捷菜单，则当用户单击鼠标右键时，系统自动执行前一次操作的命令。

如果要翻阅以前执行过的命令，可按下键盘上的【↑】方向键，依次向上翻阅前面在命令行中所输入的数值或命令。当命令行出现需要执行的命令后，按【空格】键或【Enter】键即可。

### 1.4.6　取消已执行的命令

若用户要取消前一次或前几次命令所执行的结果，可通过以下几种方法来完成：

（1）单击"标准"工具栏中的 ⤻ （放弃）按钮，可依次取消前面所执行的操作至最后一次保存图形时。

（2）紧接着前一次操作，在命令行中执行 U（或 UNDO）命令可取消前一次或前几次命令的执行结果。

（3）在命令行中执行 OOPS 命令，可取消前一次操作时删除的对象。该命令只能恢复以前操作时最后一次被删除的对象而不影响前面所进行的其他操作。

（4）在命令提示过程中也可取消前一步执行操作。在部分命令的命令行提示信息中提供了"放弃"选项，用户可在该提示下选择"放弃"选项取消上一步执行的操作，连续选择"放弃"选项可连续取消前面执行的操作。亦可用快捷键"Ctrl+Z"依次撤销上一步执行的操作。

### 1.4.7　恢复已撤销的命令

若用户需要取消前一次或前几次已撤销执行的操作，可通过如下方法来完成：

（1）在使用了 U（或 UNDO）命令后，紧接着使用 REDO 命令（或选择"编辑"→"重做"菜单命令）恢复已撤销的前一步操作。

（2）单击"标准"工具栏中的 ⤸ （重做）按钮。

### 1.4.8　使用透明命令

在某些状态下，AutoCAD 可以在不中断某一命令的执行情况下执行另一条命令，这种可在其他命令执行过程中执行的命令称为透明命令。在执行透明命令时，必须在原命令形式前加一个撇号"'"。

例如，在执行 RECTANG 命令过程中执行"栅格"（GRID）命令，其具体操作如下：

命令: rec RECTANG　　//在命令行输入 rec 后按【空格】键

指定第一个角点或［倒角（C）/标高（E）/圆角（F）/厚度（T）/宽度（W）］：//在绘图区中拾取一点作为矩形的第一个角点

指定另一个角点或［尺寸（D）］: 'GRID　　//此时执行透明命令，即输入 'GRID 后按【空格】键

\>>指定栅格间距（X）或［开（ON）/关（OFF）/捕捉（S）/纵横向间距（A）］

<10.0000>: 20        //在命令行输入栅格间距 20 后按【空格】键

正在恢复执行 RECTANG 命令。        //当透明命令执行完成后，系统提示恢复执行 RECTANG 命令

指定另一个角点或［尺寸（D）］：        //继续执行 RECTANG 命令

在前面的例子中，"指定另一个角点或［尺寸（D）］:"是 RECTAN 命令的提示信息，本应拾取一点作为响应，而此处却使用了透明命令 GRID，当 GRID 命令执行完后，继续执行 RECTANG 命令。

AutoCAD 的很多命令都可以透明执行，对于具有透明执行功能的命令，当用户用鼠标单击相应的工具按钮时，系统可自动切换到透明命令的状态而无需用户手动输入该命令形式。

使用透明命令时应注意以下几点：

（1）在命令行提示"命令:"状态下直接使用透明命令，效果与非透明命令相同。

（2）在输入文字时，不能使用透明命令。另外，AutoCAD 不允许同时执行两条及两条以上的透明命令。

## 1.5  快速选择对象

### 1.5.1  快速选择目标对象

在使用 AutoCAD 进行编辑绘图时，如何快速、准确地选择目标对象是每一个用户必须掌握的一项基本技能。

在 AutoCAD 中通常有 17 种目标选择方式，最常用的有单选方式、窗选方式和栏选方式等。

1. 选择单个对象

选择单个对象的方式称为单选方式，是用户在绘图过程中最基本的目标选择方式之一。

在绘图过程中当命令行提示"选择对象:"时，在绘图区中的绘图光标变为（方框）样式，此时将方框移到某个目标对象上，单击鼠标左键即可将其选中，这一过程就称为选择单个对象。如图 1-13 所示图形为选择单个对象的图示操作方法。

当用户选择对象完成后，按【空格】键或【Enter】键即可结束选择对象，进入下一步操作，被选中的对象将呈虚线显示。

2. 以窗口方式选择对象

以窗口方式选择对象也称窗选方式。顾名思义，窗选是指在选择过程中，需要用户指定一矩形框，将矩形框内或与矩形框相交的对象选中。在 AutoCAD 中有两种窗选方式，即矩形窗选和交叉窗选。

（1）矩形窗选

矩形窗选是指当命令行提示"选择对象:"时，将鼠标移至目标对象的左侧（左上方或左下方），按住鼠标左键向右下方或右上方拖动鼠标，在绘图区中呈现一个矩形的方框，当用户释放鼠标后，被方框完全包围的对象将被选中。如图 1-14 所示图形为矩形窗

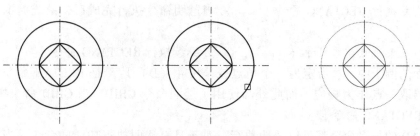

图 1-13　选择单个对象图示

选对象的图示操作方法。

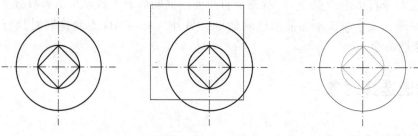

图 1-14　矩形窗选对象图示

若用户在选择对象时只需采用矩形窗选的方式来选择目标对象，可在"选择对象："提示信息后执行 W（即 Window）命令，则不论从哪一个方向开始框选，只要被完全框选的对象都能被选中。

（2）交叉窗选

交叉窗选方式与矩形窗选方式恰好相反，即当命令行提示"选择对象："时，将鼠标移至目标对象的右侧（右下方或右上方），按住鼠标左键向左上方或左下方拖动鼠标，在绘图区中呈现一个虚线显示的矩形方框，当用户释放鼠标后，与方框相交和被方框完全包围的对象都将被选中。如图 1-15 所示图形为交叉窗选对象的图示操作方法。

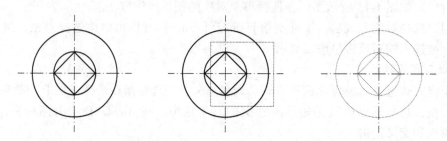

图 1-15　交叉窗选对象图示

在"选择对象："提示信息后执行 C（即 Crossing）命令，则不论从哪一个方向开始框选，只要与方框相交和被方框完全包围的对象都将被选中。

3. 选择全部对象

在 AutoCAD 中选中全部对象的操作方法主要有如下两种：

（1）当命令行提示"选择对象："时，在该提示信息后执行 All 命令，按【Enter】键即可。

（2）在未执行任何命令的情况下，按下键盘上的"Ctrl+A"快捷键也可选中绘图区中的全部对象。应注意被冻结的图层上的对象不能被选中。

4. 以其他方式选择对象

在 AutoCAD 中还包含有如下对象选择方式，其含义分别如下：

（1）上一个（L）：选择最近一次选择或绘制的图形。

（2）栏选（F）：用户可通过此方式构造任意折线，凡与折线相交的目标对象均被选中。栏选线不能封闭或相交，该方式用于选择连续性目标非常方便。

（3）圈围（WP）：该方式与窗选方式类似，但该方式可构造任意形状的多边形，包含在多边形区域的实体均被选中。

（4）圈交（CP）：此方式与 Crossing 方式类似，但该方式可构造任意形状的多边形，只要与此多边形相交和在其内部的图形均被选中。

（5）编组（G）：输入已定义的选择集。系统提示"输入编组名："，此时可输入已用 GROUP 命令设定并命名的选择集名称。

（6）类（CL）：选择当前分类模式。

（7）添加（A）：向选择集中添加对象。

（8）删除（R）：向选择集中删除对象。

（9）多一个（M）：指定多次选择而不亮显对象，从而加快对复杂对象的选择过程。

（10）上一个（P）：选择最近创建的选择集。

（11）放弃（U）：取消选择最近添加到选择集中的对象。

（12）自动（AU）：切换到自动选择，即指向一个对象即可选择该对象。

（13）单个（SI）：切换到"单选"模式，即选择指定的第一个或第一组对象后，不再继续提示选择其他对象。

以上各种对象选择方式均为隐含选项，在命令行中不会提示相应的选项；其操作方法类似于矩形窗选和交叉窗选，即在命令行中出现"选择对象："提示信息后执行相应选项的英文字母，即可按照相应的方式进行目标选择。

5. 快速分类选择目标对象

快速分类方式选择目标对象的方法有如下两种：

（1）选择"工具"→"快速选择"菜单命令。

（2）在命令行中执行 QSELECT 命令。

使用 QSELECT 命令可以快速选择实体命令，该命令是根据图元对象的属性，让用户一次性选择图中具有该属性的实体。其中，关闭、锁定或冻结的图层上的实体不能用该命令进行选择。

执行 QSELECT 命令后，打开如图 1-16 所示的"快速选择"对话框，在该对话框中即可通过对对象属性的设置，快速选择多个属性相同的对象。

例如，要快速选择当前绘图区中所有颜色为红色的多段线，其具体操作步骤为：

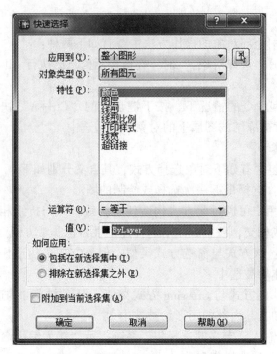

图 1-16　"快速选择"对话框

（1）执行 QSELECT 命令打开"快速选择"对话框。

（2）在"应用到"下拉列表框中选择"整个图形"选项，即在当前绘图区中的所有图形中进行选择。

（3）在"对象类型"下拉列表框中选择"多段线"，即要选择的对象类型。

（4）在"特性"列表框中选择参照的对象属性，如选择"颜色"。

（5）在"运算符"下拉列表框中选择"="，也可选择不等于或其他运算符。

（6）在"值"下拉列表框中选择要参照的对象的具体特性。此时，得到一个条件，即"多段线"、"颜色"、"="、"红色"。

（7）在"如何应用"栏中指定是将符合给定过滤条件的对象包括在新选择集内或是排除在新选择集之外。如选中 ⊙包括在新选择集中(I) 单选项。

（8）单击 确定 按钮即可。至此，即将绘图区中所有颜色为红色的多段线选中。

在"快速选择"对话框中还有如下两个选项，其含义分别如下：

（1）（选择对象）：单击该按钮，在绘图区中选择一部分对象作为快速选择目标对象的应用范围。

（2）附加到当前选择集(A)：指定是将由 QSELECT 命令创建的选择集替换当前选择集还是附加到当前选择集。

### 1.5.2　向选择集中添加或删除对象

若用户已创建了选择集后，还可以向选择集中添加或删除对象。

1. 向选择集中添加对象的方式

可通过如下几种方式向选择集中添加对象：

（1）按住【Shift】键单击要添加的目标对象。

（2）直接使用鼠标单选方式点取需选择的对象。

（3）在命令行提示选择对象时执行 A 命令，然后选择要添加的对象。

2. 向选择集中删除对象的方式

可通过如下几种方式从选择集中删除对象：

（1）按住【Shift】键单击要从选择集中删除的对象。

（2）在命令行提示选择对象时执行 R 命令，然后选择要删除的对象。

3. 设置是否使用【Shift】键从选择集中添加或删除对象

要设置是否使用【Shift】键从选择集中添加或删除对象，还需要在"选项"对话框中对选择方式进行设置。其具体操作如下：

（1）选择"工具"→"选项"菜单命令，在打开的"选项"对话框中单击"选择"选项卡，打开如图 1-17 所示对话框。

图 1-17　"选择"选项卡

（2）若在"选择模式"栏中选中□用 Shift 键添加到选择集⑤复选框，则每次只能选中单个对象，只有按住【Shift】键才能选择多个对象，这是根据用户的习惯来设定的。

（3）完成设置后，单击"确定"按钮即可。

# 1.6　常用设置

## 1.6.1　工具菜单中的选项设置

一般情况，工具菜单中"选项"的常用设置有如下几种：

（1）绘图区域背景颜色设置：选择"工具"→"选项"菜单命令→在打开的"选项"对话框中单击"显示"选项卡→单击 颜色(C)... 按钮→在弹出的"颜色选项"对话框中在"颜色"下拉列表中选中所需背景颜色→单击 应用并关闭 →再单击 确定 按钮即可。

（2）AutoCAD 重置设置：选择"工具"→"选项"菜单命令→在打开的"选项"对话框中单击"配置"选项卡→单击 重置(R) 按钮→在弹出的"AutoCAD"对话框中单击 是(Y) 按钮→再单击 确定 按钮即可。

（3）文件添加设置：选择"工具"→"选项"菜单命令→在打开的"选项"对话框中单击"文件"选项卡→单击 添加(D)... 按钮→单击 浏览(B)... 按钮→浏览到事先保存好的相应文件夹后单击 确定 按钮→再单击 确定 按钮即可。通过此选项设置可进行"自定义填充图案"设置等。

（4）应用实体填充设置：选择"工具"→"选项"菜单命令→在打开的"选项"对话框中单击"显示"选项卡→选中 应用实体填充(Y) 复选框→再单击 确定 按钮即可。若需在绘图区域内反映出设置的实时状态，还需选择"视图"→"重生成"菜单命令。

此项功能亦可通过键入命令 FILL→【空格】键→输入 ON→【空格】键来执行。若需在绘图区域内反映出设置的实时状态，还需输入命令 REGEN→【空格】键。

（5）圆弧和圆的平滑度设置：选择"工具"→"选项"菜单命令→在打开的"选项"对话框中单击"显示"选项卡→在 1000 圆弧和圆的平滑度(N) 文本框中输入 1~20000 之间的数字（数字越大，显示精度越高）→再单击 确定 按钮即可。

此项功能亦可通过"键入命令 VIEWRES→【空格】键→输入 Y→【空格】键→输入 1~20000 之间的数字→【空格】键"来执行。

（6）文件保存设置：如今 AutoCAD 版本在不断升级，若采用高版本的 AutoCAD 软件所绘制图形文件未经设置，则在低版本的 AutoCAD 软件中将无法打开，会弹出"图元文件无效"信息，故此项设置很有必要。其具体的设置方法是：可将该文件在高于该版本的 AutoCAD 软件中打开后→选择"工具"→"选项"菜单命令→在打开的"选项"对话框中单击"打开和保存"选项卡→在"另存为"下拉列表中选择适合的低版本文件类型（如 AutoCAD 2004 图形 (*.dwg) ）→单击 确定 按钮→再单击"标准"工具栏上的 按钮即可。

（7）夹点选项设置：选择"工具"→"选项"菜单命令，在打开的"选项"对话框中单击"选择"选项卡，在该选项卡中即可对夹点进行设置。可以进行设置的选项包括：夹点的开/关状态、是否在图块中启用夹点、选中及未选中和悬停夹点的颜色、夹点的大小等。对夹点进行设置的具体操作为：选择"工具"→"选项"菜单命令→在打开的"选项"对话框中单击"选择"选项卡→在"夹点大小"栏中将鼠标指针放在滑块上并按下鼠标左键左右拖动滑块即可设置夹点的显示大小→在"未选中夹点颜色"下拉列表框中可设置选中对象时夹点的显示颜色（系统默认是蓝色）→在"选中夹点颜色"下拉列表框中设置再次选中夹点时夹点的显示颜色（系统默认是红色）→选中 启用夹点(E) 复选框（当用户在绘图区中选中实体时系统会给出夹点，供用户编辑）→选中 在块中启用夹点(B) 复选框（当用户在绘图区中选中图块时，系统会给出夹点）→选中 启用夹点提示(T) 复选框（当光标悬浮在自定义对象的夹点上时，显示夹点特定的提示）→在"显示夹点时限制对象选择"前的文本框中输入数值（该数值表示当选择了多于指定数目的对象时，禁止显示夹点）→完成以上设置后单击 ⌈ 确定 ⌋ 按钮即可。

### 1.6.2 图层及对象特性设置

1. 图层设置

**图层设置方法：在命令行中执行 LAYER（LA）命令。**

（1）认识图层

图层是 AutoCAD 绘图非常重要的一个功能，它是编辑图像的关键。在绘制较复杂的图形时，常将图形的各个组成部分分别绘制在不同的图层上，这样在编辑时便于选取、显示等。

什么是图层呢？图层相当于绘图过程中使用的重叠图纸。它们是 AutoCAD 中的主要组织工具，可以使用它们按功能组织信息以及执行线型、颜色和其他标准。若在绘制图形时，将不同的对象绘制在了不同的图层上，则用户可以独立地对每一个图层中的图形内容进行编辑、修改和效果处理等各种操作，而对其他图层没有任何影响。

在进行图层设置之前，所绘实体都在 AutoCAD 固有的 0 图层上，根据需要可以建立任意多个图层，并可进行如下管理：

①每个图层均有名称，最多可达 255 个字符。除 0 图层以外，图层名可由用户自定。

②层可以锁住，锁住之后该层实体只能观察，不能编辑。

③图层可以关闭，关闭之后该层实体不再显示和打印，对于复杂的图形较为有用。

④图层可以冻结，冻结之后该层实体不仅不能显示和打印，而且 AutoCAD 的任何操作都将忽略该层实体。

⑤图层的打印开关可以控制，当打印开关置为关时，不论该层显示与否，该层实体都不予打印。

⑥每个图层可以设定一种颜色、线型和线宽，在该层的实体都将自动获得这些特性。

⑦当前作图所在的图层称为当前图层，绘图命令生成的实体都将画在当前图层上，根据需要随时可以改变当前图层。

（2）创建新图层

在命令行中执行 LAYER（LA）命令后，打开如图 1-18 所示"图层特性管理器"对话框，图层的所有设置都可以在该对话框中完成。

若要创建新的图层，在"图层特性管理器"对话框中单击 ⌈ 新建(N) ⌋ 按钮即可。单击 ⌈ 新建(N) ⌋ 按钮后，在对话框的图层列表中将显示新创建的图层，如图 1-18 所示，在该对话框中显示了名称为"图层 1"、"图层 2"、"图层 3"的图层。

（3）重命名图层名称

在前面创建的图层中，系统默认图层的名称为"图层 1"、"图层 2"、"图层 3"等。若要对图层进行重命名，可通过选中需设置名称的图层，使用鼠标左键单击一次该图层的"名称"栏特性，图层名呈编辑状态时，即可输入新的名称，然后按【Enter】键来完成。

（4）控制图层状态

图层状态包括图层的打开/关闭、冻结/解冻、锁定/解锁等。用户可将所设置的图层特性保存起来，以便于在其他图形中调用。

①打开或关闭图层。图层的打开或关闭状态是指：当关闭图层后，该图层上的实体不

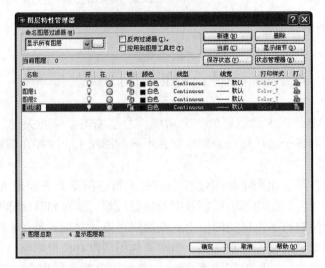

图 1-18 "图层特性管理器"对话框

再显示在屏幕上，也不能被编辑，不能被打印输出，打开图层后又将恢复到用户所设置的图层状态。

设置图层的打开和关闭状态的方法是：在"图层特性管理器"对话框中选中要设置打开或关闭状态的图层，单击该层上的"开"状态图标 💡，使其变为 💡状态，该图层即被关闭。再一次单击该图标，则打开该图层。

②冻结或解冻图层。图层冻结后，该层上的所有实体将不再显示在屏幕上，不能被编辑，也不能被打印输出。要对冻结的图层进行编辑，可将冻结的图层进行解冻，以恢复到图层原来的状态。需注意，当前图层不能进行冻结操作。

冻结图层与关闭图层的区别在于：冻结图层可以减少系统重生成图形的计算时间。若用户的计算机性能较好，且所绘图形较为简单时，一般不会感觉到图层冻结后的优越性。

冻结或解冻图层的方法是：在"图层特性管理器"对话框中选中需冻结的图层，在该层上单击"在所有视口中冻结"状态图标 ◯，使其成为 💥状态，该图层即被冻结。再单击该图标一次，则解冻该图层。

③锁定或解锁图层。图层被锁定后，该图层上的实体仍显示在屏幕上，但不能对其进行编辑。锁定图层有利于对较复杂的图形进行编辑。

锁定或解锁图层的方法是：在"图层特性管理器"对话框中选中需锁定的图层，在该层上单击"锁定"状态图标 🔓，使其成为 🔒状态，该图层即被锁定。再次单击该图标则为该图层解除锁定。

（5）设置当前图层

在"图层"工具栏的图层下拉列表框中选择要置为当前图层的图层名称即可设置当前图层。当用户设置了当前图层后，在"图层"工具栏的图层列表中将自动显示当前图层的名称，此时即可在相应的图层上绘制图形。

（6）删除图层

若用户不再使用某些图层，可以将其删除掉。但应注意，当前图层、包含对象的图层和系统自带的图层（0 图层）不能被删除。在"图层特性管理器"对话框中选中要删除的图层，单击"删除"按钮即可将其删除。

（7）改变图形对象所在图层

在实际绘图中，有时在绘制完某一图形元素后，发现该元素并没有绘制在预先设置的图层上，这时可选中该图形元素，并在"图层"工具栏的"图层控制"下拉列表框中选择预设层名，然后按下【Esc】键。

（8）设置线型比例

在 AutoCAD 中，系统提供了大量的非连续线型，如虚线、点画线、中心线等。通常，非连续线型的显示和实线线型不同，要受图形尺寸的影响。因此，为了改变非连续线型的外观，可为图形设置线型比例。为此，可选择"格式"→"线型"菜单命令，打开"线型管理器"对话框，然后单击"显示细节"按钮，展开"详细信息"设置区。

在线型列表中选择某一非连续线型，然后利用"详细信息"设置区中的"全局比例因子"编辑框，可以设置图形中所有非连续线型的外观；利用"当前对象缩放比例"编辑框，可以设置将要绘制的非连续线型的外观，而原来绘制的非连续线型的外观并不受影响。

注意：在 AutoCAD 中，也可以使用 LTSCALE 命令（LTS）来设置全局线型比例，使用 CELTSCALE 命令来设置当前对象线型比例。如果希望更改已绘线条的外观，可以选中这些对象后按下 Ctrl+1 组合键打开特性面板，然后修改其线型比例因子，再按【Enter】键确认。

（9）将图层特性输出到文件

当用户在绘制一个较复杂的图形时创建了多个图层，为了提高工作效率，希望将这些图层应用于其他图形文件中，这时可将这些图层输出到文件，将其保存起来，然后再调入到其他的图形文件中即可使用。

在"图层特性管理器"对话框中设置好图层的特性后，即可将其输出到文件，以文件的形式保存起来。其具体操作如下：

①选择"格式"→"图层"菜单命令，在打开的"图层特性管理器"对话框中单击 保存状态(V)... 按钮，打开如图 1-19 所示的"保存图层状态"对话框。

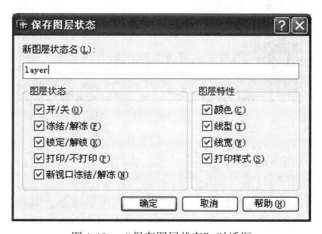

图 1-19 "保存图层状态"对话框

②在"新图层状态名"文本框中输入图层要保存的名称。

③在"图层状态"栏中选择要保存的图层状态,选中相应的复选框即保存相应的图层状态。

④在"图层特性"栏中选择要保存的图层特性。

⑤完成设置后单击 确定 按钮,返回"图层特性管理器"对话框。

⑥在"图层特性管理器"对话框中单击 状态管理器(R) 按钮,打开如图 1-20 所示的"图层状态管理器"对话框。

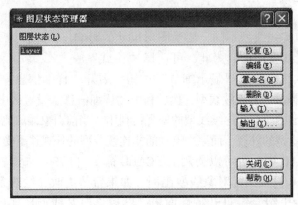

图 1-20　"图层状态管理器"对话框

⑦若用户保存了多个图层状态,则在该对话框的"图层状态"栏中选择要输出的图层状态名称。然后单击 输出(X)... 按钮,打开如图 1-21 所示"输出图层状态"对话框。

图 1-21　"输出图层状态"对话框

⑧在该对话框中指定图层要保存的文件名、文件位置,然后单击 保存(S) 按钮即可。

(10) 输入已有的图层特性

保存图层状态后,即可在其他图形文件中调用该图层状态。其具体操作如下:

①在"图层特性管理器"对话框中单击 状态管理器(R)... 按钮,打开"图层状态管理器"对话框。

②在该对话框中单击 [输入(I)...] 按钮，打开如图 1-22 所示的"输入图层状态"对话框。

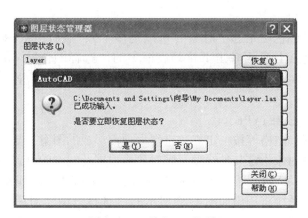

图 1-22 "输入图层状态"对话框

③在该对话框中选择要调用的图层状态文件，然后，单击 [打开(O)] 按钮，返回"图层状态管理器"对话框，并打开如图 1-23 所示对话框，提示已成功输入图层状态，并询问用户是否立即恢复图层状态。

图 1-23 "询问"对话框

④若用户在该对话框中单击 [是(Y)] 按钮，则系统自动将该图层状态的所有设置恢复到当前图形文件中，并关闭"图层状态管理器"对话框。

⑤若在该对话框中单击 [否(N)] 按钮，则返回"图层状态管理器"对话框，用户可在该对话框中对调用的图层状态进行恢复、编辑、删除、重命名及输出等操作。

⑥恢复图层状态后，在"图层特性管理器"对话框中即显示了调用的图层状态特性。

2. 实体对象特性设置

对象特性设置，即对图形对象的颜色、线型、线宽进行设置。

（1）颜色设置（COLOR）

在 AutoCAD 中是通过索引颜色的形式来指定颜色的。如设置了图层，其具有"ByLayer（随层）"和"ByBlock（随块）"两种逻辑设置，此外，在 AutoCAD 中还提供了真彩色和配色系统两种方案供用户使用。

执行图层命令（LAYER）后，用鼠标左键单击"图层特性管理器"对话框中对应图层的颜色属性图标，系统将调出如图 1-24 所示的"选择颜色"对话框。用鼠标在该对话框中指定颜色后单击 确定 按钮，即可定义该图层的颜色。

图 1-24    "选择颜色"对话框

修改图形对象的颜色可先选中对象（可以是多个），然后用鼠标左键单击"对象特性"工具栏中的颜色控件后再单击下拉列表框中的"选择颜色"，系统将调出如图 1-24 所示的"选择颜色"对话框。用鼠标在该对话框中指定颜色后单击 确定 按钮，即可修改该对象的颜色。

（2）线型设置（LINETYPE）

线型是点、横线和空格等按一定规律重复出现而形成的图案，复杂线型还可以包含各种符号。如果为图形对象指定某种线型，则对象将根据此线型的设置进行显示和打印。

执行图层命令（LAYER）后，用鼠标左键单击"图层特性管理器"对话框中对应图层的线型属性图标，系统将调出如图 1-25 所示的"选择线型"对话框。单击该对话框中的 加载(L)... 按钮后，弹出如图 1-26 所示的"加载或重载线型"对话框。选中所需要的线型后，依次单击三次 确定 按钮即可定义该图层的线型。

图 1-25    "选择线型"对话框

图 1-26 "加载或重载线型"对话框

修改图形对象的线型，采用鼠标左键单击"对象特性"工具栏中的线型控件后再单击下拉列表框中的"其他..."，系统将调出如图 1-27 所示的"线型管理器"对话框，单击该对话框中的 加载(L)... 按钮后，同样弹出如图 1-26 所示的"加载或重载线型"对话框。选中所需要的线型后，依次单击两次 确定 按钮后回到 AutoCAD 操作界面。此时，选中图形对象（可以是多个）后，鼠标左键单击"对象特性"工具栏中的线型控件后在下拉列表框中单击左键选择所需线型即可。

图 1-27 "线型管理器"对话框

需要注意的是：若为虚线，需设置适当的"线型比例"。若需同时修改整个图形文件中所有虚线的"线型比例"，则可采用 LTSCALE 命令进行。若只需对该图形文件中的某个或某些虚线对象的"线型比例"进行修改，方法为：选中所要修改的图形对象，通过"Ctrl+1"快捷键打开对象特性面板，在线型比例一栏中输入合适的数值后，按【Enter】键即可。

（3）线宽设置（LWEIGHT）

执行图层命令（LAYER）后，用鼠标左键单击"图层特性管理器"对话框中对应图层的线宽属性图标，系统将调出如图 1-28 所示的"线宽"对话框。用鼠标在该对话框中指定所需线宽后单击 确定 按钮即可定义该图层的线宽。

图 1-28　"线宽"对话框

修改图形对象的线宽则可先选中对象（可以是多个），采用鼠标左键单击"对象特性"工具栏中的线宽控件后，在下拉列表框中单击所需线宽即可修改该对象的线宽。

### 1.6.3　状态栏辅助绘图设置

在绘图过程中，通过状态栏来辅助绘图也是提高绘图效率的一个途径，主要包括捕捉、栅格、正交、极轴、对象捕捉、对象追踪和线宽等。

#### 1. 设置捕捉与栅格

捕捉功能常与栅格功能联合使用。首先介绍栅格功能。当用户单击状态栏中的 栅格 按钮，该按钮呈凹下状态时，在绘图区的某块区域中会显示一些小点，这些小点就被称为栅格，如图 1-29 所示。

栅格在绘图区中只起到辅助绘图的作用，不会被打印输出。若要灵活使用栅格来辅助绘图就还需启用捕捉功能。单击状态栏中的 捕捉 按钮，该按钮呈凹下状态时，即启用了捕捉功能。此时若将十字光标在绘图区中移动，会发现光标是按一定的间距在移动。通常可以使用该功能捕捉点、绘制直线、斜线等。

将捕捉功能的光标移动间距与栅格的间距设置为相同，那样光标就会自动捕捉到相应的栅格点，其具体操作如下：

（1）选择"工具"→"草图设置"菜单命令，在打开的对话框中单击"捕捉和栅格"选项卡，打开如图 1-30 所示对话框。

（2）选中□ 启用捕捉 (F9)(S) 复选框，启用捕捉功能。

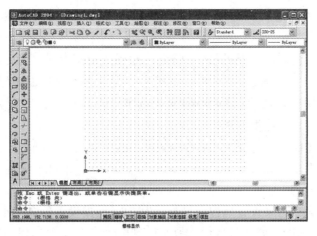

图 1-29 执行栅格功能

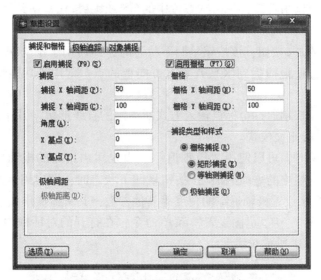

图 1-30 "捕捉和栅格"选项卡

（3）接下来先设置捕捉功能的有关参数。在"捕捉 X 轴间距"文本框中指定启用捕捉功能后，光标水平移动的间距值，如设置为 50。然后在"捕捉 Y 轴间距"文本框中指定光标垂直移动的间距值，如设置为 100。

（4）在"角度"文本框中可以设定捕捉栅格的旋转角度。在"X 基点"和"Y 基点"文本框中分别指定栅格的 X 轴的和 Y 轴的基准坐标点，通常其默认值为 0。

（5）选中 □启用栅格 (F7)(G) 复选框，启用栅格功能。

（6）接着设置栅格功能的相关参数。在"栅格 X 轴间距"文本框中指定栅格点水平之间的距离，如设置为 50（与捕捉功能的水平间距相同）。在"栅格 Y 轴间距"文本框中指定栅格点垂直之间的距离，如设置为 100。

（7）完成设置后，单击 确定 按钮。此时，在绘图区中光标会自动捕捉到相应的栅格点上。

另外，在图 1-30 所示对话框的"捕捉类型和样式"栏中可对捕捉的类型和样式进行设置，其中各项含义如下：

○栅格捕捉(R)：将捕捉类型设置为"栅格"捕捉。指定点时，光标将沿垂直或水平栅格点进行捕捉。选中○矩形捕捉(E)单选项，将捕捉样式设置为"标准矩形捕捉"，光标将捕捉到一个矩形捕捉栅格；选中 ○等轴测捕捉(M)单选项，将捕捉样式设置为"等轴测捕捉"，光标将捕捉到一个等轴测捕捉栅格。

○极轴捕捉(O)将捕捉类型设置为"极轴捕捉"。如果打开了"捕捉"模式并在极轴追踪打开的情况下指定点，光标将沿着"极轴追踪"选项卡上相对于极轴追踪起点设置的极轴对齐角度进行捕捉。

也可直接通过命令行来设置捕捉和栅格。其中，捕捉设置的命令形式是 SNAP，栅格设置的命令形式是 GRID。读者可自行练习通过这两个命令设置捕捉和栅格的方法，在此不再详细介绍。

若要取消捕捉或栅格功能，单击状态栏中的栅格或捕捉按钮，使其呈凸出状态即可。

2. 设置正交与极轴

单击状态栏中的正交按钮，该按钮呈凹下状态时，即启用了正交功能。当用户启用正交功能后，可以很方便地捕捉到水平或垂直方向上的点。常用该功能绘制水平或垂直的直线。

正交模式并不能控制通过坐标点输入方式所绘制的直线形状。另外，在命令行中执行 ORTHO 命令也可设置正交模式。

创建或修改对象时，可以使用"极轴追踪"以显示由指定的极轴角度所定义的临时对齐路径。单击状态栏中的极轴按钮，该按钮呈凹下状态时，即启用了极轴功能。可通过"草图设置"对话框来设置极轴追踪的角度等其他参数，其具体操作如下：

（1）选择"工具"→"草图设置"菜单命令，在打开的对话框中单击"极轴追踪"选项卡，打开如图 1-31 所示对话框。

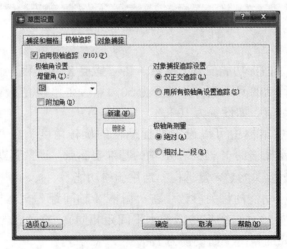

图 1-31　"极轴追踪"选项卡

（2）选中 ☐ **启用极轴追踪 (F10)(P)** 复选框，启用极轴追踪功能。

（3）在"增量角"下拉列表框中指定极轴追踪的角度。比如设置增量角为45°，则当光标移动到相对于前一点的0°、45°、90°、135°等角度上时，会自动显示一条虚线，该虚线即为极轴追踪线，如图1-32所示。

图1-32　极轴追踪示意图

（4）选中 ☐ **附加角 (D)** 复选框，然后单击 新建(N) 按钮，可新增一个附加角。附加角功能是指当光标移动到所设定的附加角度位置时，会自动捕捉到该条极轴线，以辅助用户绘图。附加角是绝对的，不是增量。

（5）完成设置后，单击 确定 按钮。

若要取消正交或极轴功能，则单击状态栏中的 正交 或 极轴 按钮，使其呈凸出状态即可。

## 3. 设置对象捕捉与对象追踪

通过对象捕捉功能可以捕捉某些特殊的点对象，如端点、中点、圆心等。

单击状态栏中的 对象捕捉 按钮，该按钮呈凹下状态时，即启用了对象捕捉功能。启用了对象捕捉功能后，当用户将光标移动到某些特殊的点上，系统就会自动捕捉该点，从而能够精确绘图。

用户也可设置系统可以自动捕捉的点对象，其具体操作如下：

（1）选择"工具"→"草图设置"菜单命令，在打开的对话框中单击"对象捕捉"选项卡，打开如图1-33所示对话框。

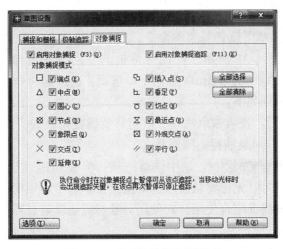

图1-33　"对象捕捉"选项卡

（2）选中 ☐ 启用对象捕捉 (F3)(O) 复选框，启用对象捕捉功能。

（3）在"对象捕捉模式"栏中选择系统能自动捕捉到的特殊点类型，如端点、中点、圆心等。

（4）完成设置后，单击 确定 按钮。

另外，在"对象捕捉"工具栏中还有一些捕捉方式，它们并没有在"草图设置"对话框中反映出来，如图 1-34 所示。

图 1-34　"对象捕捉"工具栏

在绘图过程中还可以直接输入对象捕捉特殊点的英文字母进行对象捕捉，如表 1-1 所示。

表 1-1 对象捕捉特殊点英汉对照表

| 对象捕捉特殊点 | 英文输入 | 对象捕捉特殊点 | 英文输入 |
|---|---|---|---|
| 临时追踪点 | tt | 捕捉自 | from |
| 捕捉到端点 | endp | 捕捉到中点 | mid |
| 捕捉到交点 | int | 捕捉到外观交点 | appint |
| 捕捉到延长线 | ext | 捕捉到圆心 | cen |
| 捕捉到象限点 | qua | 捕捉到切点 | tan |
| 捕捉到垂足 | per | 捕捉到平行线 | par |

对象追踪是根据捕捉点沿正交方向或极轴方向进行追踪。该功能可以看做是对象捕捉和极轴追踪功能的联合应用。

选择"工具"→"草图设置"菜单命令，在打开的"草图设置"对话框中选择"极轴追踪"选项卡，如图 1-31 所示。在该对话框的"对象捕捉追踪设置"栏中包含了 ○仅正交追踪(L)和○用所有极轴角设置追踪(S)两个单选项，通过这两个选项可以设定对象追踪的捕捉模式，其含义分别如下：

（1）○仅正交追踪(L)：选中该单选项，启用对象捕捉追踪时，只显示获取的对象捕捉点的正交（水平/垂直）对象捕捉追踪路径。

（2）○用所有极轴角设置追踪(S)：选中该单选项，将极轴追踪设置应用到对象捕捉追踪。使用对象捕捉追踪时，光标将从获取的对象捕捉点起沿极轴对齐角度进行追踪。

对象追踪应与对象捕捉配合使用。在使用对象捕捉追踪时必须打开一个或多个对象捕捉，同时启用对象捕捉。

若要取消对象捕捉或对象追踪功能，则单击状态栏中的 对象捕捉 或 对象追踪 按钮，使其呈凸出状态即可。

4. 控制对象线宽显示状态

单击状态栏中的 线宽 按钮，当该按钮呈凹下状态时，此时绘图区中的所有图形均以实际线宽显示。若 线宽 按钮呈凸出状态时，则当前绘图区中的所有图形均以系统默认线宽显示，但这并不影响实体的实际线宽。

# 本 章 小 结

本章主要介绍了 AutoCAD 软件的绘图基础，即初步认识了 AutoCAD 软件及操作界面、启动和管理 AutoCAD 的方法，重点讲述了 AutoCAD 软件中鼠标的操作方法、各种坐标的输入方法、AutoCAD 命令的各种执行方式、快速选择对象的各种方式以及一些常用的功能设置。

# 综 合 练 习

1-1　CAD 与 AutoCAD 有何区别？AutoCAD 操作界面主要包括哪几个部分？

1-2　鼠标操作的方法有哪些？

1-3　坐标输入的格式有哪几种？

1-4　AutoCAD 命令执行的方式有哪些？

1-5　怎样快速执行上一个命令？如何取消正在执行的命令？

1-6　选择对象的方法有哪些？

1-7　图层给图形的绘制和管理带来了哪些方便？图层的属性有哪些？

1-8　如何改变图形对象所在图层？如何设置线型比例？

1-9　怎样将图层特性输出到文件？怎样输入已有的图层特性？

1-10　如何设置极轴追踪、对象捕捉与对象追踪？

1-11　如何才能显示线宽？

1-12　视图缩放命令 ZOOM 与对象比例缩放命令 SCALE 的区别是什么？

1-13　UNDO、OOPS、REDO、ERASE 命令在功能上有何区别？

# 第 2 章　AutoCAD 绘图

【学习目标】

　　在绘制矿业工程图的过程中，往往需要进行文字标注以及绘制大量的直线或多段线（如厂房配置图、采矿工艺图、选矿工艺流程图等）、射线或构造线（如辅助线、定位线）、弧线（如地形线、境界线、矿区道路、巷道圆弧断面等）、封闭图形（如设计图框、矿区范围、设备及零件轮廓等）、点（如等分点、标记等），为封闭图形创建边界、面域以及填充图案（如地层、矿体、矿石、废石及各种岩石等的）。同时为了提高绘图效率，需对相同的图形对象进行复制、镜像、偏移以及阵列等操作。

　　本章主要介绍 AutoCAD 中常用的一些基本绘图命令与快速绘图命令。通过本章的学习，读者应能灵活地运用所介绍的绘图命令与技巧来绘制矿业工程等二维图形。

## 2.1　直线绘制

　　绘制技巧：绘制直线的方法有多种，如"通过坐标的方式指定两点"、"通过在绘图区中拾取两点"、"通过指定起点、确定直线的方向和长度"等。现对如何采用"通过指定起点，确定直线的方向和长度"的方式绘制直线进行介绍。首先确定直线的起点，再确定直线的方向，最后输入直线的长度。指定直线的起点以后，下一个点的方向可以通过状态栏中的"极轴"和"对象追踪"以及"正交"等方式辅助来确定，若该直线与 X 轴正方向呈某个角度且无法通过上述方式确定其方向时，此时可采取在命令行中输入"<Φ"的方式以确定该直线的方向（Φ 表示指定点和前一点间的连线与 X 轴正方向的夹角），待确定好该直线的方向后，再在命令行中输入其长度即可。需注意的是，每次在命令行中输入相应内容后需按一下【空格】键或【Enter】键以确认输入完毕。

### 2.1.1　绘制直线

　　**绘制直线的方法：在命令行中执行 LINE（L）命令。**

　　LINE 命令用于在两点之间绘制直线，并且可以不断重复操作，画出多条连续线段（其中每一条线段相对独立）。LINE 命令是最常用的绘图命令，各种实线和虚线都可以用该命令完成。

　　在执行 LINE 命令的过程中，有两个选项需要读者注意，它们的含义分别如下：

　　（1）放弃（U）：选择该选项可取消前一次所绘的线段；

　　（2）闭合（C）：选择该选项可将直线的结束点与起始点用直线连接起来。

　　用 LINE 命令绘制的直线在默认状态下是没有宽度的，但可在绘完直线段后调用 PEDIT 命令设置所绘直线段的线宽，或通过图层和颜色定义直线，在最后打印输出时，对不同颜色的直线进行线宽设置，就可以打印出粗细不同的线型。

**实例 2-1** 使用直线命令绘制如图 2-1 所示的矿体横断面图形，其具体操作如下：

命令：L LINE    //在命令行输入 L 后按【空格】键

指定第一点：    //在绘图区中任意拾取第一点作为矿体断面右下角点

指定下一点或 [放弃（U）]：<62 角度替代：62    //在命令行输入 <62 后按【空格】键

指定下一点或 [放弃（U）]：60    //移动鼠标沿右上角方向输入 60 后按【空格】键

指定下一点或 [放弃（U）]：20    //开启对象捕捉和对象追踪，十字光标晃过第二点且沿左上角第一条直线的法线方向（垂足），确定方向后输入 20 后按【空格】键

指定下一点或 [闭合（C）/放弃（U）]：    //十字光标晃过第三点且沿左下角第二条直线的法线方向，再晃过起点且沿左上角第一条直线的法线方向至第四点位置附近，此时会出现两条追踪虚线且在交叉点处出现一个小"×"，单击左键即可

指定下一点或 [闭合（C）/放弃（U）]：c    //输入 c 按【空格】键

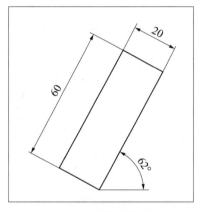

图 2-1　矿体横断面

**实例 2-2** 采用直线命令绘制如图 2-2 所示的公切线 AB（外公切线）或 CD（内公切线），其具体操作如下：

命令：L LINE    //在命令行输入 L 后按【空格】键

指定第一点：tan 到    //在命令行输入 tan 后按【空格】键，此时命令行提示"到"，十字光标移动到圆周上切点 A 或 C 附近时会出现"递延切点"的提示，单击鼠标左键

指定下一点或 [放弃（U）]：tan 到    //在命令行输入 tan 后按【空格】键，此时命令行提示"到"，十字光标移动到圆周上切点 B 或 D 附近时会出现"递延切点"的提示，单击鼠标左键后会自动生成切线（注意：在命令行出现"到"提示信息后，在圆周上切点附近所指定的点并不一定是真实的切点，是递延切点，但必须在所需切点附近进行指定，即通过指定不同位置递延切点的方式可绘制出所需不同位置的外公切线或内公切线）

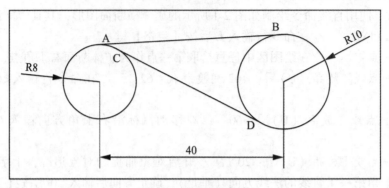

图 2-2　公切线绘制

指定下一点或 [放弃 (U)]：　　　//按【空格】键结束 LINE 命令

又如某矿山机械设备传动部分的两个传动轮直径分别为 300mm、400mm，传动轮中心距离为 1000mm，同样可采用上述操作方法（操作步骤略），其绘制结果如图 2-3 所示。

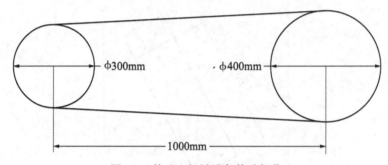

图 2-3　某矿山机械设备传动部分

### 2.1.2　绘制射线

**绘制射线的方法：在命令行中执行 RAY 命令。**

RAY 命令用以绘制从一个方向无限延伸的射线。使用 RAY 命令所绘的辅助线可以用 TRIM、ROTATE 等编辑命令进行编辑。用 TRIM 命令进行修剪时，只有将无限延长的那一段修剪掉，剩下的才是直线，如果修剪的是靠放射点的这一端，则剩下的仍然是射线。

射线仅用作绘图辅助线时，最好集中绘在某一图层上，将来输出图形时，可以将该图层关闭，这样辅助线就不会被绘出了。

**实例 2-3**　使用 RAY 命令绘制如图 2-4 所示某个角度的射线，其具体操作如下：

命令：ray　　//在命令行输入 ray 后按【空格】键

指定起点：　　//在绘图区中任意拾取一点作为起点

指定通过点：<15 角度替代：15　　//在命令行输入<15 后按【空格】键

指定通过点：　　//在绘图区中单击鼠标左键

指定通过点：<30 角度替代：30　　//在命令行输入<30 后按【空格】键

指定通过点：　　　　//在绘图区中单击鼠标左键

指定通过点：<45 角度替代：45　　　//在命令行输入<45 后按【空格】键

指定通过点：　　　　//在绘图区中单击鼠标左键

指定通过点：<60 角度替代：60　　　//在命令行输入<60 后按【空格】键

指定通过点：　　　　//在绘图区中单击鼠标左键

指定通过点：＊取消＊　　　//按【Esc】键

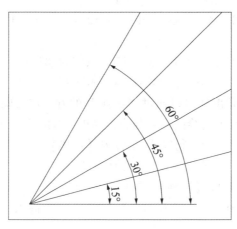

图 2-4　射线绘制

此外，若要通过相对极坐标的方式来指定通过点，可输入@10<角度，此时输入的极坐标长度 10 是任意选择的，对射线没有影响，关键在于输入的角度。因为射线为无限长，只需要知道射线上的某个点的位置即可。

### 2.1.3　绘制构造线

**绘制构造线的方法：在命令行中执行 XLINE（XL）命令。**

XLINE 命令用于绘制两个方向无限延伸的结构线，通常用作绘制图形过程中的辅助线。在绘制矿业工程图过程中，尤其在绘制剖面图、三视图时经常用其作水平或垂直的辅助线。

1. 绘制水平或垂直的构造线

使用 XLINE 命令可以绘制水平或垂直的构造线，其具体操作如下：

命令：xl XLINE　　　//在命令行输入 xl 后按【空格】键

指定点或［水平（H）/垂直（V）/角度（A）/二等分（B）/偏移（O）］：h　//在命令行输入"水平"选项 h 后按【空格】键

指定通过点：　　　　//在绘图区中任意拾取一点作为通过点

指定通过点：　　　　//按【空格】键结束 XLINE 命令

命令：　　XLINE 指定点或［水平（H）/垂直（V）/角度（A）/二等分（B）/偏移（O）］：v　　//按【空格】键重复执行 XLINE 命令，输入"垂直"选项 v 后按【空格】键

指定通过点：　　//在绘图区中任意拾取一点作为通过点

指定通过点：　　//按【空格】键结束 XLINE 命令

2. 以指定角度方式绘制构造线

使用 XLINE 命令可以绘制具有倾斜角度的构造线，其具体操作如下：

命令：xl XLINE　　//在命令行输入 xl 后按【空格】键

指定点或［水平（H）/垂直（V）/角度（A）/二等分（B）/偏移（O）］：a

//在命令行输入"角度"选项 a 后按【空格】键

输入构造线的角度（0）或［参照（R）］：50　　　//输入构造线的倾斜角度 50 后按
【空格】键

指定通过点：　　//在绘图区中任意拾取一点作为通过点

指定通过点：　　//按【空格】键结束 XLINE 命令

此外，指定构造线的角度还可以通过"参照"的方式进行确定。

**实例 2-4**　如图 2-5 所示要绘制一条与直线 AB 平行的构造线，其具体操作如下：

命令：xl XLINE　　//在命令行输入 xl 后按【空格】键

指定点或［水平（H）/垂直（V）/角度（A）/二等分（B）/偏移（O）］：a

//输入"角度"选项 a 后按【空格】键

输入构造线的角度（0）或［参照（R）］：r　　　//输入"参照"选项 r 后按【空格】键

选择直线对象：　　//将鼠标小方框移动至直线 AB 上单击鼠标左键

输入构造线的角度 <0>：　　//按【空格】键以默认角度为 0 ［若此时输入角度为 $\alpha$，绘制出的构造线的实际角度为（直线 AB 与直角坐标系 X 轴正方向的角度+$\alpha$）］

指定通过点：　　//在绘图区中任意拾取一点作为通过点

指定通过点：　　//按【空格】键结束 XLINE 命令

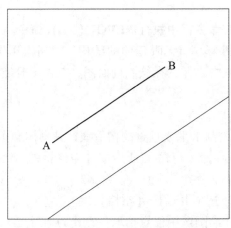

图 2-5　使用"参照"绘制构造线

3. 使用构造线等分对象

**实例 2-5**　使用 XLINE 命令可以绘制等分对象的构造线。在如图 2-6 所示的三角形的直角处绘制等分线（即角平分线），具体操作如下：

命令：xl XLINE　　　　//在命令行输入 xl 后按【空格】键

指定点或［水平（H）/垂直（V）/角度（A）/二等分（B）/偏移（O）］：b
//输入"二等分"选项 b 后按【空格】键

指定角的顶点：　　　　//捕捉到 A 点后单击鼠标左键

指定角的起点：　　　　//在边 AB 上任意拾取一点

指定角的端点：　　　　//在边 AC 上任意拾取一点

指定角的端点：　　　　//按【空格】键结束 XLINE 命令

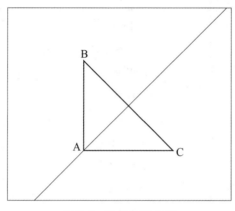

图 2-6　绘制角平分线

### 4. 使用构造线偏移对象

使用 XLINE 命令还可以根据已有的直线对象绘制出与其平行的构造线。

**实例 2-6**　如根据图 2-5 所示直线 AB 绘制平行线，偏移距离为 50，其具体操作如下：

命令：xl XLINE　　　　//在命令行输入 xl 后按【空格】键

指定点或［水平（H）/垂直（V）/角度（A）/二等分（B）/偏移（O）］：o
//输入"偏移"选项 o 后按【空格】键

指定偏移距离或［通过（T）］<通过>：50　　　//在命令行输入 50 后按【空格】键

选择直线对象：　　　　//将鼠标小方框移动至直线 AB 上单击鼠标左键

指定向哪侧偏移：　　　　//在直线 AB 右下侧区域任意拾取一点

选择直线对象：　　　　//按【空格】键结束 XLINE 命令

### 2.1.4　绘制多段线

**绘制多段线的方法：在命令行中执行 PLINE（PL）命令。**

PLINE 命令可用于绘制包括若干直线段和圆弧的多段线，整条多段线可以作为一个实体统一进行编辑。另外，多段线可以指定线宽，因而对于绘制一些特殊形体（如箭头等图形）很有用。

在执行 PLINE 命令的过程中，有两个选项需要读者注意，它们的含义分别如下：

（1）圆弧（A）：选择该选项可绘制弧线。此内容将在弧线绘制部分进行讲解。

（2）半宽（H）/宽度（W）：选择该选项可绘制有固定半宽或全宽的直线。

可以通过设置不同的多段线起点线宽和端点线宽，来绘制一些特殊符号（如箭头符号、渐变线和实心梯形等）。

**实例 2-7**　已知某矿山的矿区范围的拐点坐标如表 2-1 所示，试采用多段线命令来绘制该矿的矿区范围（见图 2-7），其绘制方法如下：

表 2-1　　　　　　　　　　　　　　矿区范围拐点坐标表

| 拐点编号 | 1980 西安坐标系 | |
|---|---|---|
| | X 坐标 | Y 坐标 |
| 矿 1 | 2650628.71 | 34520693.83 |
| 矿 2 | 2650628.70 | 34521543.85 |
| 矿 3 | 2649762.69 | 34521543.84 |
| 矿 4 | 2649762.02 | 34521246.77 |
| 矿 5 | 2649609.12 | 34521340.22 |
| 矿 6 | 2649576.89 | 34521272.12 |
| 矿 7 | 2649554.46 | 34521278.73 |
| 矿 8 | 2649494.70 | 34521320.69 |
| 矿 9 | 2648995.62 | 34521413.97 |
| 矿 10 | 2648929.67 | 34521340.21 |
| 矿 11 | 2648887.21 | 34521346.03 |
| 矿 12 | 2648683.13 | 34521132.52 |
| 矿 13 | 2648348.09 | 34520927.48 |
| 矿 14 | 2648372.68 | 34520889.31 |
| 矿 15 | 2648479.70 | 34520950.32 |
| 矿 16 | 2648494.78 | 34520924.25 |
| 矿 17 | 2648548.98 | 34520955.00 |
| 矿 18 | 2648605.72 | 34520894.24 |
| 矿 19 | 2648673.37 | 34520980.74 |
| 矿 20 | 2648724.92 | 34520952.58 |
| 矿 21 | 2648788.64 | 34521083.14 |
| 矿 22 | 2648935.81 | 34521078.82 |
| 矿 23 | 2649094.71 | 34521155.71 |
| 矿 24 | 2649328.08 | 34521118.56 |
| 矿 25 | 2649290.43 | 34521105.19 |

| 拐点编号 | 1980 西安坐标系 | |
|---|---|---|
| | X 坐标 | Y 坐标 |
| 矿 26 | 2649647.45 | 34520931.17 |
| 矿 27 | 2649708.69 | 34521073.83 |
| 矿 28 | 2650250.70 | 34520893.83 |
| 矿 29 | 2650350.70 | 34520703.83 |

（1）打开 Excel 软件，选中表 2-1 中的内容，将其复制粘贴到 Excel 空表中，在"Y 坐标"列右侧增加一列"拐点坐标（Y,X）"。由于矿区范围拐点坐标（方位角）0°方向为北，AutoCAD 坐标系的 0°方向为东，故两种坐标系的 X 轴、Y 轴坐标数据应互换。鼠标左键单击 D1 单元格，输入"=C1&","&B1"后按【Enter】键，此时在 D1 中显示矿 1 的拐点坐标为"34520693.83，2650628.71"；拖动 D1 单元格的自动填充柄至 D29，得到其他拐点坐标，如表 2-2 所示。

表 2-2　　　　　　　　　　矿区范围拐点坐标互换表

| 行号 | 拐点编号（A 列） | 1980 西安坐标系 | | 拐点坐标（Y，X）（D 列） |
|---|---|---|---|---|
| | | X 坐标（B 列） | Y 坐标（C 列） | |
| 1 | 矿 1 | 2650628.71 | 34520693.83 | 34520693.83，2650628.71 |
| 2 | 矿 2 | 2650628.70 | 34521543.85 | 34521543.85，2650628.70 |
| 3 | 矿 3 | 2649762.69 | 34521543.84 | 34521543.84，2649762.69 |
| 4 | 矿 4 | 2649762.02 | 34521246.77 | 34521246.77，2649762.02 |
| 5 | 矿 5 | 2649609.12 | 34521340.22 | 34521340.22，2649609.12 |
| 6 | 矿 6 | 2649576.89 | 34521272.12 | 34521272.12，2649576.89 |
| 7 | 矿 7 | 2649554.46 | 34521278.73 | 34521278.73，2649554.46 |
| 8 | 矿 8 | 2649494.70 | 34521320.69 | 34521320.69，2649494.70 |
| 9 | 矿 9 | 2648995.62 | 34521413.97 | 34521413.97，2648995.62 |
| 10 | 矿 10 | 2648929.67 | 34521340.21 | 34521340.21，2648929.67 |
| 11 | 矿 11 | 2648887.21 | 34521346.03 | 34521346.03，2648887.21 |
| 12 | 矿 12 | 2648683.13 | 34521132.52 | 34521132.52，2648683.13 |
| 13 | 矿 13 | 2648348.09 | 34520927.48 | 34520927.48，2648348.09 |
| 14 | 矿 14 | 2648372.68 | 34520889.31 | 34520889.31，2648372.68 |
| 15 | 矿 15 | 2648479.70 | 34520950.32 | 34520950.32，2648479.70 |
| 16 | 矿 16 | 2648494.78 | 34520924.25 | 34520924.25，2648494.78 |

续表

| 行号 | 拐点编号（A 列） | 1980 西安坐标系 | | 拐点坐标（Y，X）（D 列） |
|---|---|---|---|---|
| | | X 坐标（B 列） | Y 坐标（C 列） | |
| 17 | 矿 17 | 2648548.98 | 34520955.00 | 34520955.00，2648548.98 |
| 18 | 矿 18 | 2648605.72 | 34520894.24 | 34520894.24，2648605.72 |
| 19 | 矿 19 | 2648673.37 | 34520980.74 | 34520980.74，2648673.37 |
| 20 | 矿 20 | 2648724.92 | 34520952.58 | 34520952.58，2648724.92 |
| 21 | 矿 21 | 2648788.64 | 34521083.14 | 34521083.14，2648788.64 |
| 22 | 矿 22 | 2648935.81 | 34521078.82 | 34521078.82，2648935.81 |
| 23 | 矿 23 | 2649094.71 | 34521155.71 | 34521155.71，2649094.71 |
| 24 | 矿 24 | 2649328.08 | 34521118.56 | 34521118.56，2649328.08 |
| 25 | 矿 25 | 2649290.43 | 34521105.19 | 34521105.19，2649290.43 |
| 26 | 矿 26 | 2649647.45 | 34520931.17 | 34520931.17，2649647.45 |
| 27 | 矿 27 | 2649708.69 | 34521073.83 | 34521073.83，2649708.69 |
| 28 | 矿 28 | 2650250.70 | 34520893.83 | 34520893.83，2650250.70 |
| 29 | 矿 29 | 2650350.70 | 34520703.83 | 34520703.83，2650350.70 |

（2）选定区域"D1：D29"并复制（使用快捷键"Ctrl+C"），打开 AutoCAD 软件（最好是新建一个 AutoCAD 文件），在命令行输入"PL"后按【空格】键，将十字光标移至命令行中"指定起点："后单击左键，再使用快捷键"Ctrl+V"粘贴坐标至命令行。在绘图区域中得到如图 2-7 所示未闭合的矿区范围，命令行的提示为"指定下一点或［圆弧（A）/闭合（C）/半宽（H）/长度（L）/放弃（U）/宽度（W）］："，输入 C 后按【空格】键即可得到图 2-8 所示闭合的矿区范围。

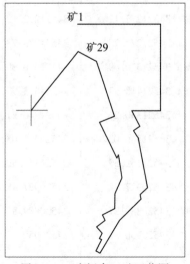

图 2-7　"未闭合"矿区范围

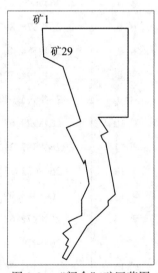

图 2-8　"闭合"矿区范围

此时若在绘图区域中看不见所绘制的图形，可双击鼠标中键，以绘图区的最大显示范围将所有对象显示出来。

需要注意的是，在闭合图形之前，需事先找到"矿1"点（即采取上述步骤（2）的方式进行）。此外，编辑坐标亦可以在 Word 文档中进行，其方法与在 Excel 中进行编辑类似，故在此不再列举。

**实例 2-8** 采用半宽（H）绘制如图 2-9 所示的箭头指向符号，其具体操作如下：

命令：pl PLINE　　//在命令行输入 pl 后按【空格】键

指定起点：　　　　//在绘图区中拾取一点作为箭头左侧起点

当前线宽为 0.0000　　//显示当前线宽为 0

指定下一个点或［圆弧（A）/半宽（H）/长度（L）/放弃（U）/宽度（W）］：h
//输入半宽选项 h 后按【空格】键

指定起点半宽 <0.0000>：2　　//在命令行输入 2 后按【空格】键

指定端点半宽 <2.0000>：　　//按【空格】键以默认端点半宽为 2

指定下一个点或［圆弧（A）/半宽（H）/长度（L）/放弃（U）/宽度（W）］：30
//启用状态栏中的极轴，移动十字光标指向水平向右方向出现虚线时输入长度 30 后按【空格】键

指定下一点或［圆弧（A）/闭合（C）/半宽（H）/长度（L）/放弃（U）/宽度（W）］：h　　//输入半宽选项 h 后按【空格】键

指定起点半宽 <2.0000>：6　　//在命令行输入 6 后按【空格】键

指定端点半宽 <6.0000>：0　　//在命令行输入 0 后按【空格】键，箭头尖处宽度为 0

指定下一点或［圆弧（A）/闭合（C）/半宽（H）/长度（L）/放弃（U）/宽度（W）］：20　　//移动十字光标指向水平向右方向出现虚线时输入长度 20 后按【空格】键

指定下一点或［圆弧（A）/闭合（C）/半宽（H）/长度（L）/放弃（U）/宽度（W）］：　　//按【空格】键结束 PLINE 命令

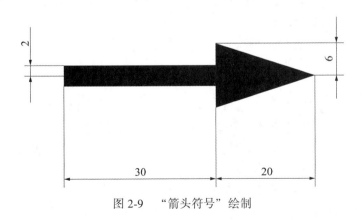

图 2-9　"箭头符号"绘制

此外，也可以采用"宽度（W）"选项绘制如图 2-9 所示的箭头符号，与第一种操

作方法区别在于第二种方法所指定的起点或端点宽度为全宽。

## 2.2　弧线绘制

### 2.2.1　使用 ARC 命令绘制圆弧

**绘制圆弧的方法：在命令行中执行 ARC（A）命令。**

AutoCAD 提供了多种绘制圆弧的方法，这些方法都是由起点、方向、中点、包含角、终点和弦长等参数来确定的。

1. 以指定三点方式绘制圆弧

"三点"是指圆弧的起点、第二点和端点。

**实例 2-9**　如某地下矿单轨巷道净宽为 $B_0 = 2000mm$，直墙高 $h = 1800mm$，拱高 $f_0 = 0.25B_0 = 500mm$。试在图 2-10 所示图形的基础上，以指定三点方式绘制如图 2-11 所示图形，得到该单轨巷道圆弧拱断面。

图 2-10　直墙部分

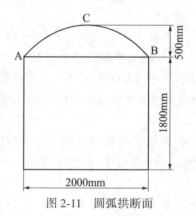

图 2-11　圆弧拱断面

圆弧拱的作图法十分简单，根据 $B_0$ 和 $f_0$ 值，由拱基（A 点和 B 点）及拱顶（C 点）三个点确定圆弧线，其具体操作如下：

命令：a ARC　　//在命令行输入 a 后按【空格】键

指定圆弧的起点或 ［圆心（C）］：　　　　//捕捉图 2-10 所示图形中的 A 点作为圆弧起点

指定圆弧的第二个点或 ［圆心（C）/端点（E）］：@1000，500　　//输入 @1000，500 后按【空格】键（通过相对直角坐标的方式指定圆弧的第二个点 C）

指定圆弧的端点：　　//捕捉图 2-10 所示图形中的 B 点作为圆弧端点

还可以通过如下操作步骤来绘制图 2-11 中的圆弧：

命令：a ARC　　//在命令行输入 a 后按【空格】键

指定圆弧的起点或 ［圆心（C）］：　　　　//捕捉图 2-10 所示图形中的 A 点作为圆弧起点

指定圆弧的第二个点或 ［圆心（C）/端点（E）］：from 基点：<偏移>：@0，500

//在命令行输入 from 后按【空格】键，捕捉直线 AB 的中点，再输入@ 0，500 后按【空格】键以确定 C 点

指定圆弧的端点：　　　//捕捉图 2-10 所示图形中的 B 点作为圆弧端点

第二种操作方法在指定圆弧的第二个点时，借助了 FROM 捕捉方式来指定点位置。若用户在绘图过程中能够直接捕捉到圆弧的第二点，则不需要借助其他捕捉方式来辅助指定点，直接通过鼠标点取相应的点位置即可。

**2. 以其他方式绘制圆弧**

选择"绘图"→"圆弧"菜单命令，弹出如图 2-12 所示的菜单，在该菜单中还包含了如下几种绘制圆弧的方式：

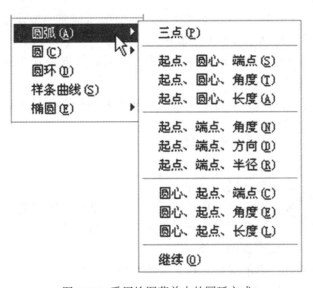

图 2-12　采用绘图菜单中的圆弧方式

（1）三点（P）：以指定圆弧的起点、第二个点及端点来绘制圆弧。

（2）起点、圆心、端点（S）：以指定圆弧的起点、圆心及端点来绘制圆弧。

（3）起点、圆心、角度（T）：以指定圆弧的起点、圆心及包含角度来绘制圆弧。

（4）起点、圆心、长度（A）：以指定圆弧的起点、圆心及弦长来绘制圆弧。

（5）起点、端点、角度（N）：以指定圆弧的起点、端点及包含角度来绘制圆弧。

（6）起点、端点、方向（D）：以指定圆弧的起点、端点及起点切向来绘制圆弧。

（7）起点、端点、半径（R）：以指定圆弧的起点、端点及半径来绘制圆弧。

（8）圆心、起点、端点（C）：以指定圆弧的圆心、起点及端点来绘制圆弧。

（9）圆心、起点、角度（E）：以指定圆弧的圆心、起点及包含角度来绘制圆弧。

（10）圆心、起点、长度（L）：以指定圆弧的圆心、起点及弦长来绘制圆弧。

（11）继续（O）：选择该选项，可从一段已有的弧开始画弧。用此选项画的圆弧与已有圆弧沿切线方向相接。

在绘制圆弧过程中，还应掌握如下几个概念：

（1）起点：指圆弧的起点位置。

（2）圆心（C）：指圆弧的圆心位置。

（3）端点（E）：指圆弧的结束点位置。

（4）弦长（L）：指圆弧起点和端点之间的直线距离。

（5）角度（A）：指圆弧的包含角度。

### 2.2.2　使用 PLINE 命令绘制圆弧

在前面的章节中曾提到过使用 PLINE 命令可以绘制圆弧，接下来将详细介绍使用 PLINE 命令绘制圆弧的操作方法。

在绘制多段线过程中指定了起点再输入"圆弧"选项 A 后，在"指定圆弧的端点或［角度（A）/圆心（CE）/闭合（CL）/方向（D）/半宽（H）/直线（L）/半径（R）/第二个点（S）/放弃（U）/宽度（W）］:"提示信息中提供了多种绘制圆弧的方式及设置圆弧的选项，其中各选项含义如下：

（1）指定圆弧的端点：系统自动将用户指定的多段线起点作为圆弧起点，然后指定圆弧的端点。

（2）角度（A）：指定圆弧的包含角度。输入正数将按逆时针方向创建弧线段，输入负数将按顺时针方向创建弧线段。

（3）圆心（CE）：指定圆弧的圆心位置。

（4）闭合（CL）：将起点和端点闭合。

（5）方向（D）：指定圆弧的起点切向。

（6）半宽（H）：指定从圆弧的中心到其中一边的宽度，即总宽度为 1/2。

（7）直线（L）：选择该项，将从绘制圆弧转为绘制直线。

（8）半径（R）：指定圆弧的半径。

（9）第二个点（S）：指定圆弧的第二个点位置。

（10）放弃（U）：选择该项，可取消前一步操作中所绘的线段。

（11）宽度（W）：指定圆弧的宽度。

**实例 2-10**　使用 PLINE 命令绘制如图 2-13 所示的凹陷露天矿台阶坡顶线，其线宽为 0.3，具体操作如下：

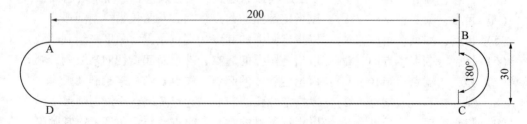

图 2-13　凹陷露天矿台阶坡顶线绘制

命令：pl PLINE　　　//在命令行输入 pl 后按【空格】键

指定起点：　　　//在绘图区中拾取一点(A 点)作为多段线起点

当前线宽为 0.0000　　　//显示当前线宽为 0

指定下一个点或［圆弧(A)/半宽(H)/长度(L)/放弃(U)/宽度(W)］：w　　　//输入"宽度"选项 w 后按【空格】键

指定起点宽度 <0.0000>：0.3　　　//输入起点宽度 0.3 后按【空格】键

指定端点宽度 <0.3000>：　　　//直接按【空格】键以默认多段线端点宽度为 0.3

指定下一个点或［圆弧(A)/半宽(H)/长度(L)/放弃(U)/宽度(W)］：200　　　//启用状态栏中的极轴，移动十字光标指向水平向右方向出现虚线时输入长度 200 后按【空格】键，得到 B 点

指定下一点或［圆弧(A)/闭合(C)/半宽(H)/长度(L)/放弃(U)/宽度(W)］：a　　　//输入"圆弧"选项 a 后按【空格】键

指定圆弧的端点或［角度(A)/圆心(CE)/闭合(CL)/方向(D)/半宽(H)/直线(L)/半径(R)/第二个点(S)/放弃(U)/宽度(W)］：a　　　//输入"角度"选项 a 后按【空格】键以绘制下一段圆弧

指定包含角：-180　　　//输入包含角-180°后按【空格】键(顺时针旋转为负角度)

指定圆弧的端点或［圆心(CE)/半径(R)］：30　　　//移动十字光标指向垂直向下方向出现虚线时输入长度 30 后按【空格】键，得到 C 点

指定圆弧的端点或［角度(A)/圆心(CE)/闭合(CL)/方向(D)/半宽(H)/直线(L)/半径(R)/第二个点(S)/放弃(U)/宽度(W)］：l　　　//输入直线选项 l 后按【空格】键以绘制下一段直线

指定下一点或［圆弧(A)/闭合(C)/半宽(H)/长度(L)/放弃(U)/宽度(W)］：200　　　//移动十字光标指向水平向左方向出现虚线时输入长度 200 后按【空格】键，得到 D 点

指定下一点或［圆弧(A)/闭合(C)/半宽(H)/长度(L)/放弃(U)/宽度(W)］：a　　　//输入"圆弧"选项 a 后按【空格】键

指定圆弧的端点或［角度(A)/圆心(CE)/闭合(CL)/方向(D)/半宽(H)/直线(L)/半径(R)/第二个点(S)/放弃(U)/宽度(W)］：a　　　//输入"角度"选项 a 后按【空格】键以绘制下一段圆弧

指定包含角：-180　　　//输入包含角-180°后按【空格】键

指定圆弧的端点或［圆心(CE)/半径(R)］：　　　//拾取 A 点作为圆弧的端点

指定圆弧的端点或［角度(A)/圆心(CE)/闭合(CL)/方向(D)/半宽(H)/直线(L)/半径(R)/第二个点(S)/放弃(U)/宽度(W)］：　　　//按【空格】键结束 PLINE 命令

**实例 2-11**　某地下矿山设计采用竖井开拓，采用圆形断面，井筒净直径为 4000mm，井壁支护厚度为 300mm。试采用 PLINE 命令绘制该圆形竖井断面轮廓，绘制结果如图 2-14 所示，具体操作如下：

命令：pl PLINE　　　//在命令行输入 pl 后按【空格】键

指定起点：　　　//在绘图区中拾取一点作为多段线起点

当前线宽为 0.0000　　　//显示当前线宽为 0.0000

指定下一个点或［圆弧(A)/半宽(H)/长度(L)/放弃(U)/宽度(W)］：w　　　//输入"宽度"选项 w 后按【空格】键

指定起点宽度 <0.0000>：300　　　//输入起点宽度 300 后按【空格】键

指定端点宽度 <300>：　　　//直接按【空格】键以默认多段线端点宽度为 300mm

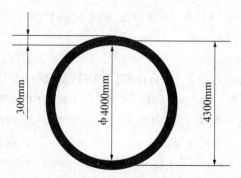

图 2-14　绘制有固定宽度的圆形竖井断面

　　指定下一个点或［圆弧(A)/半宽(H)/长度(L)/放弃(U)/宽度(W)］: a　　//输入"圆弧"选项 a 后按【空格】键

　　指定圆弧的端点或[角度(A)/圆心(CE)/方向(D)/半宽(H)/直线(L)/半径(R)/第二个点(S)/放弃(U)/宽度(W)]: r　　//输入"半径"选项 r 后按【空格】键

　　指定圆弧的半径: 2150　　//输入圆弧的半径 2150 后按【空格】键

　　指定圆弧的端点或［角度(A)］: a　　//输入"角度"选项 a 后按【空格】键

　　指定包含角: 90　　//输入 0°～360°之间的任意一个角度(90°)后按【空格】键(包含角为 90°)

　　指定圆弧的弦方向 <315>: 0　　//输入 0°～360°之间的任意一个角度(0°)后按【空格】键(输入 0 表示圆弧的端点在起点的水平向右方向)

　　指定圆弧的端点或[角度(A)/圆心(CE)/闭合(CL)/方向(D)/半宽(H)/直线(L)/半径(R)/第二个点(S)/放弃(U)/宽度(W)]: cl　　//输入 cl 后按【空格】键将起点和端点闭合

　　此外还可以通过以下方法绘制如图 2-14 所示的圆:

　　(1) 首先用绘圆命令 CIRCLE (C) 绘制直径为 4300mm 的圆。

　　(2) 然后采用打断命令 BREAK (BR) 将该圆打断出一个缺口，输入 BR→【空格】键→选中该圆→在圆周上任意指定第二个打断点，得到如图 2-15 所示的图形。

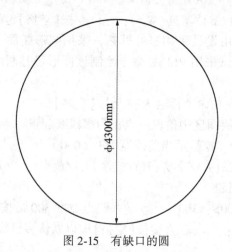

图 2-15　有缺口的圆

（3）此时选中上述操作后剩下的圆弧，输入 PE→【空格】键→【空格】键→输入 W→【空格】键→输入 300→【空格】键→输入 C→【空格】键→【空格】键。

读者应注意，这里所提到的使用 PLINE 命令绘制的圆弧仍然属于多段线类型。多段线只是一种线型类型，并不是具有某种特殊形状的线型。

### 2.2.3 使用 SPLINE 命令绘制样条曲线

**绘制样条曲线的方法：在命令行中执行 SPLINE（SPL）命令。**

在绘制样条曲线的过程中，读者应注意以下几个选项，其含义分别为：

（1）对象（O）：选择该项，可将样条曲线拟合多段线转换为等价的样条曲线。样条曲线拟合多段线是指使用 PEDIT 命令中的"样条曲线"选项，将普通多段线转换成样条曲线的对象。

（2）闭合（C）：选择该项，将样条曲线的端点与起点进行闭合，从而绘制出闭合的样条曲线。

（3）拟合公差（F）：选择该项，可定义曲线的偏差值。值越大，离控制点越远；值越小，离控制点越近。

（4）起点切向：选择该项，可定义样条曲线的起点和结束点的切线方向。

（5）在矿山设计中，有时也可使用 SPLINE 命令绘制矿山道路。

**实例 2-12** 使用 SPLINE 命令绘制如图 2-16 所示的样条曲线，其具体操作如下：

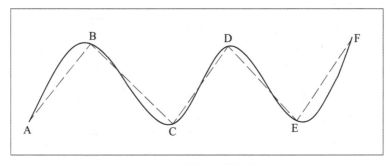

图 2-16　样条曲线绘制

命令：spl SPLINE　　//在命令行输入 spl 后按【空格】键

指定第一个点或［对象(O)］：　　//在绘图区中拾取一点作为样条曲线的起点，如图 2-16 所示图形中的 A 点

指定下一点：　　//拾取下一点，如 B 点

指定下一点或［闭合(C)/拟合公差(F)］<起点切向>：　　//拾取下一点，如 C 点

指定下一点或［闭合(C)/拟合公差(F)］<起点切向>：　　//拾取下一点，如 D 点

指定下一点或［闭合(C)/拟合公差(F)］<起点切向>：　　//拾取下一点，如 E 点

指定下一点或［闭合(C)/拟合公差(F)］<起点切向>：　　//拾取下一点，如 F 点

指定下一点或［闭合(C)/拟合公差(F)］<起点切向>：　　//按【空格】键结束样条曲线的绘制

指定起点切向：　　　//按【空格】键默认样条曲线的起点切向
指定端点切向：　　　//按【空格】键默认样条曲线的端点切向，并结束 SPLINE 命令

### 2.2.4　使用 ELLIPSE 命令绘制椭圆弧

**绘制椭圆弧的方法：在命令行中执行 ELLIPSE（EL）命令后选择"圆弧"选项 A。**

椭圆弧与一般的圆弧有一定的区别，椭圆弧具有长轴与短轴，而不像普通圆弧，所有的半径均相等。在绘制椭圆弧过程中，有如下几个选项需要注意，它们分别为：

（1）中心点（C）：以指定一个圆心的方式来绘制椭圆弧。选择该项后系统提示"键入椭圆弧的起始角和终止角"。

（2）旋转（R）：以椭圆的短轴和长轴的比值把一个圆绕定义的第一轴旋转成椭圆，若键入 0，则绘制出圆。

（3）参数（P）：确定椭圆弧的起始角。AutoCAD 通过一个矢量方程式来计算椭圆弧的角度。

（4）包含角度（I）：指定椭圆弧包角的大小。

绘制椭圆弧与绘制椭圆均属于同一个命令，在后面的章节中还会详细介绍使用 ELLIPSE 命令绘制椭圆的操作方法。

**实例 2-13**　如绘制如图 2-17 所示的椭圆弧，其具体操作如下：

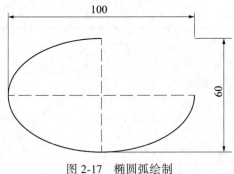

图 2-17　椭圆弧绘制

命令：el ELLIPSE　　　//在命令行输入 el 后按【空格】键
指定椭圆的轴端点或［圆弧（A）/中心点（C）］：a　　　//输入"圆弧"选项 a 后按【空格】键
指定椭圆弧的轴端点或［中心点（C）］：　　　//在绘图区中拾取一点作为椭圆弧的左侧轴端点
指定轴的另一个端点：100　　　//启用状态栏中的极轴，移动十字光标指向水平向右方向出现虚线时输入长度 100 后按【空格】键，得到轴的另一个端点
指定另一条半轴长度或［旋转（R）］：30　　　//在命令行输入 30 后按【空格】键
指定起始角度或［参数（P）］：270　　　//输入起始角度 270 后按【空格】键
指定终止角度或［参数（P）/包含角度（I）］：180　　　//输入终止角度 180 后按【空格】键

注意，从椭圆弧的起始角度到终止角度是按逆时针方向进行旋转的，在输入起始角度或终止角度时的0°方向为平面直角坐标系 X 轴的负方向，即西侧为0°，南侧为90°，东侧为180°，北侧为270°，依此类推，逐渐递增。

## 2.3　封闭图形绘制

### 2.3.1　使用绘线命令绘制封闭图形

一般来说，封闭图形是指图形的起始点与结束点均在同一个点位置，且至少是由 3 条边构成的图形。在前面的章节中所介绍的运用直线、弧线等绘制出来的图形都是可以封闭的。本节简单地归纳使用绘线命令绘制封闭图形的方法。

1. 使用 LINE 命令绘制封闭图形

使用 AutoCAD 绘图最基本的一项绘图命令就是 LINE 命令，使用 LINE 命令不但可以绘制直线段，也可绘制具有封闭特性的图形。

在介绍 LINE 命令时，举了一个简单的实例，即绘制如图 2-1 所示的矿体横剖面，在命令行提示"指定下一点或［闭合（C）/放弃（U）］:"时，输入"闭合"选项 C 后按【空格】键，然后，系统自动将直线的结束点与起始点重合，此时就形成了一个封闭的图形。

实际上，使用 LINE 命令绘制封闭图形，与前面章节中介绍的使用 LINE 命令绘制直线段的方法是一样的，只不过在绘制闭合图形时，在命令行提示信息中选择了"闭合"选项，从而使系统自动闭合图形，而不会出现误差。

2. 使用 PLINE 命令绘制封闭图形

使用 PLINE 命令绘制封闭图形与使用 LINE 命令绘制封闭图形方法类似，当用户指定了图形的多条边界后，在命令行中会给出"指定下一点或［圆弧（A）/闭合（C）/半宽（H）/长度（L）/放弃（U）/宽度（W）］:"提示信息，在该提示信息中选择"闭合"选项即可绘制封闭的图形。

由于其操作方法与使用 LINE 命令绘制封闭图形较为相似，在此不再作过多的介绍。

3. 使用其他绘线命令绘制封闭图形

在 AutoCAD 中，还有其他绘线命令具有绘制封闭图形的功能，如样条曲线（SPLINE）、修订云线（REVCLOUD）等命令。

用户在绘制修订云线时应注意，在命令行提示信息中没有"闭合"选项，用户只有在绘制过程中将云线的结束位置靠近起始位置，系统会自动捕捉到起始点，从而将结束点与起始点进行重合，形成闭合。

在 AutoCAD 中，绘弧命令的闭合功能可参照实例 2-11，读者应注意区别绘线命令与绘弧命令的不同。

### 2.3.2　使用 RECTANG 命令绘制矩形

**绘制矩形的方法：在命令行中执行 RECTANG（REC）命令。**

AutoCAD 中的矩形是指人们常说的长方形或正方形（正方形是矩形的一种特殊形

式）。使用 RECTANG 命令不但可以通过多种方式绘制出标准矩形，而且还可以绘制出具有圆角或倒角效果的矩形图案。

1. 以指定角点方式绘制矩形

矩形是由两对边组成的，有 4 个角点，在绘制过程中，只需要知道其中两个对角点的位置，就可以绘制出矩形。在指定矩形的角点位置时，可以使用鼠标拾取点或在命令行中输入坐标值（绝对坐标或相对坐标）来确定。

**实例 2-14**　绘制如图 2-18 所示某地下矿人行材料通风天井矩形断面，其长为 2400，宽为 1600，单位 mm。

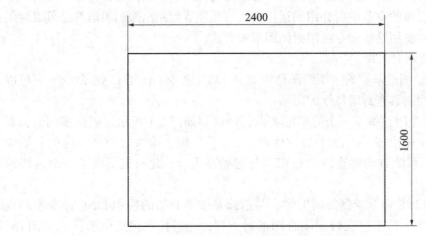

图 2-18　以指定角点或尺寸方式绘制矩形

以指定角点方式绘制如图 2-18 所示矩形的具体操作如下：

命令：rec RECTANG　　//在命令行输入 rec 后按【空格】键

指定第一个角点或 [倒角(C)/标高(E)/圆角(F)/厚度(T)/宽度(W)]：　　//在绘图区中拾取一点作为矩形其中一个角点的位置

指定另一个角点或 [尺寸(D)]：@ 2400，–1600　　//在命令行输入@ 2400，–1600 后按【空格】键以指定矩形对角点的位置(右下角)

2. 以指定尺寸方式绘制矩形

若已知矩形的长度和宽度，则可以通过指定尺寸方式绘制矩形。以指定尺寸方式绘制如图 2-18 所示矩形的具体操作如下：

命令：rec RECTANG　　//在命令行输入 rec 后按【空格】键

指定第一个角点或 [倒角(C)/标高(E)/圆角(F)/厚度(T)/宽度(W)]：　　//在绘图区中拾取一点作为矩形其中一个角点的位置

指定另一个角点或 [尺寸(D)]：d　　//输入"尺寸"选项 d 后按【空格】键以指定尺寸方式绘制矩形

指定矩形的长度 <0.0000>：2400　　//输入矩形的长度 2400 后按【空格】键

指定矩形的宽度 <0.0000>：1600　　//输入矩形的宽度 1600 后按【空格】键

指定另一个角点或 [尺寸(D)]：　　//指定矩形另一个角点的方向(当第一个角度固

定以后会出现四种方向），晃动鼠标在相应的方向上单击鼠标左键即可，也可选择"尺寸"选项，重新指定矩形的长、宽尺寸

应注意，在指定了矩形的尺寸后，命令行再次出现"指定另一个角点或［尺寸（D）］："提示，该提示信息是提示用户指定另一个角点所在的方向，并非指定角点的具体位置。读者应注意区分其与直接指定角点绘制矩形的区别。

3. 绘制圆角或倒角矩形

使用 RECTANG 命令还可以绘制具有圆角或倒角效果的矩形。

**实例 2-15** 绘制如图 2-19 所示的圆角矩形，其中圆角半径为 8，矩形固定宽度为 2，其具体操作如下：

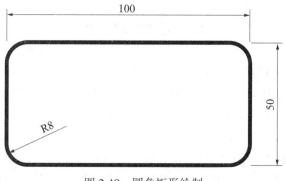

图 2-19 圆角矩形绘制

命令：rec RECTANG　　//在命令行输入 rec 后按【空格】键

指定第一个角点或［倒角（C）/标高（E）/圆角（F）/厚度（T）/宽度（W）］：w　　//输入"宽度"选项 w 后按【空格】键

指定矩形的线宽 <0.0000>：2　　//输入矩形的线宽 2 后按【空格】键

指定第一个角点或［倒角（C）/标高（E）/圆角（F）/厚度（T）/宽度（W）］：f　　//输入"圆角"选项 f 后按【空格】键

指定矩形的圆角半径 <0.0000>：8　　//输入圆角半径 8 后按【空格】键

指定第一个角点或［倒角（C）/标高（E）/圆角（F）/厚度（T）/宽度（W）］：　　//在绘图区中拾取一点作为矩形其中一个角点的位置

指定另一个角点或［尺寸（D）］：@100，-50　　//在命令行输入@100，-50 后按【空格】键以指定矩形对角点的位置(右下角)

**实例 2-16** 绘制如图 2-20 所示倒角矩形，其中第一个倒角距离为 6，第二个倒角距离为 8，矩形固定宽度为 2，具体操作如下：

命令：rec RECTANG　　//在命令行输入 rec 后按【空格】键

指定第一个角点或［倒角（C）/标高（E）/圆角（F）/厚度（T）/宽度（W）］：w　　//输入"宽度"选项 w 后按【空格】键

指定矩形的线宽 <0.0000>：2　　//输入矩形的线宽 2 后按【空格】键

指定第一个角点或［倒角（C）/标高（E）/圆角（F）/厚度（T）/宽度（W）］：c　　//输入

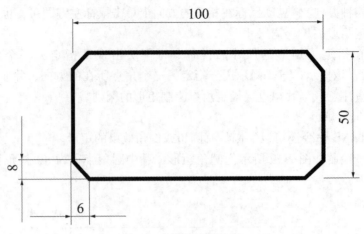

图 2-20　倒角矩形绘制

"倒角"选项 c 后按【空格】键

　　指定矩形的第一个倒角距离 <0.0000>：6　　　//输入第一个倒角距离 6 后按【空格】键

　　指定矩形的第二个倒角距离 <6.0000>：8　　　//输入第二个倒角距离 8 后按【空格】键

　　指定第一个角点或［倒角(C)/标高(E)/圆角(F)/厚度(T)/宽度(W)］：　　　//在绘图区中拾取一点作为矩形其中一个角点的位置

　　指定另一个角点或［尺寸(D)］：@ 100，−50　　　//在命令行输入@ 100，−50 后按【空格】键以指定矩形对角点的位置(右下角)

　　由于倒角是由两条边形成的，因此，在绘制倒角矩形的过程中，需要用户指定第一个倒角距离和第二个倒角距离。

　　在绘制矩形的过程中，还需要读者了解以下几个选项：

　　(1) 倒角 (C)：设定矩形的倒角。

　　(2) 标高 (E)：设定矩形在三维空间中的基面高度。

　　(3) 圆角 (F)：设定矩形的圆角。

　　(4) 厚度 (T)：设定矩形的厚度，即三维空间 Z 轴方向的高度。

　　(5) 宽度 (W)：设置矩形的线条宽度。

　　使用 RECTANG 命令绘制的矩形是一条封闭的多段线，可以用 PEDIT 进行编辑。也可使用 EXPLODE 命令分解成单一线段后分别进行编辑。

　　注意：无论是绘制圆角矩形还是倒角矩形，矩形线条是否有固定宽度，只需在执行RECTANG 命令后，事先设置好圆角参数、倒角参数和固定宽度即可，参数设置好以后，剩余绘制矩形的方法又回到前述所讲采用"指定角点方式"或"指定尺寸方式"绘制。

### 2.3.3　使用 POLYGON 命令绘制正多边形

**绘制正多边形的方法：在命令行中执行 POLYGON（POL）命令。**

　　使用 POLYGON 命令可以绘制由 3~1024 条边组成的正多边形。在执行多边形的边数时，系统默认多边形的边数是 4 条，因此也常使用 POLYGON 命令绘制正方形。紧接前面的操作，在指定多边形边的数目后，即可开始绘制正多边形。可通过两种方式绘制正多边形，一种是以指定中心点方式绘制正多边形，另一种是以指定边长方式绘制正多边形。

在绘制正多边形的过程中涉及以下两个概念：

（1）内接于圆（I）：以中心点到多边形各顶点距离的方式确定多边形，如图 2-21 所示。

（2）外切于圆（C）：以中心点到多边形各边垂直距离的方式确定多边形，如图 2-22 所示。

指定正多边形的绘制方式后，在命令行最后提示"指定圆的半径："时，该圆的半径也就是指与正多边形相接或相切的圆的半径。

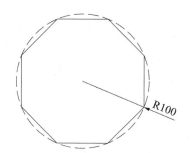

图 2-21　通过"内接于圆"绘正多边形

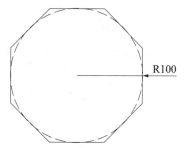

图 2-22　通过"外切于圆"绘正多边形

**1. 以指定中心点方式绘多边形**

由于正多边形每条边的长度都相等，因此，正多边形具有一个中心点。在绘制过程中，若知道正多边形的中心点位置及中心点到顶点的距离（或到边的垂直距离）即可绘制出正多边形。若已知中心点到顶点的距离，则采用内接于圆的方式绘制，如图 2-21 所示；若已知中心点到边的垂直距离，则采用外切于圆的方式绘制，如图 2-22 所示。

**实例 2-17**　如使用 POLYGON 命令绘制如图 2-22 所示正多边形。其具体操作如下：

命令：pol POLYGON　　//在命令行输入 pol 后按【空格】键

输入边的数目 <4>：8　　//在命令行输入 8 后按【空格】键

指定正多边形的中心点或［边（E）］：　　//在绘图区中拾取一点作为正多边形的中心点

输入选项［内接于圆（I）/外切于圆（C）］<I>：c　　//输入 c 后按【空格】键

指定圆的半径：100　　//输入 100 后按【空格】键

**2. 以指定边长方式绘制正多边形**

由于正多边形各条边的长度都相等，因此用户只需要知道其中一条边的长度仍然可以绘制出相应的正多边形。

**实例 2-18**　如图 2-23 所示，绘制边长 AB 为 100，且 AB 与 X 轴正方向的夹角为 30° 的正多边形，其具体操作如下：

命令：pol POLYGON　　//在命令行输入 pol 后按【空格】键

输入边的数目 <4>：6　　//输入 6 后按【空格】键

指定正多边形的中心点或［边（E）］：e　　//输入 e 后按【空格】键

指定边的第一个端点：　　//在绘图区中拾取一点作为其中一条边的第一个端点 A

指定边的第二个端点：@100<30　　//输入@100<30 后按【空格】键(通过相对极坐标的方式指定边的第二个端点 B)

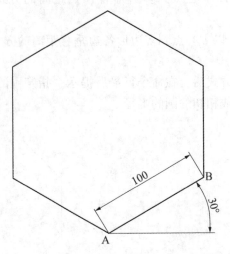

图 2-23　以指定边长方式绘制正多边形

使用 POLYGON 命令绘制的正多边形是封闭的多段线，可以用 PEDIT 命令对其进行编辑（如设置固定宽度等）。因为正多边形实际上是多段线，所以不能用"中心点"捕捉方式来捕捉多边形的中心点。

### 2.3.4　使用 CIRCLE 命令绘圆

**绘制圆的方法：在命令行中执行 CRICLE（C）命令。**

选择"绘图"→"圆"菜单命令后，在弹出的菜单中即可选择相应的绘圆方式，如图 2-24 所示。

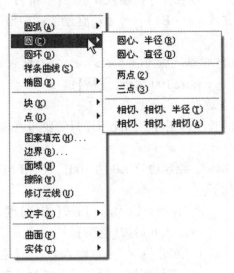

图 2-24　绘圆菜单

1. **以指定圆心和半径（直径）方式绘圆**

在命令行执行命令 CIRCLE 后，即可在绘图区中拾取一点作为圆的圆心。若在"指定圆的半径或［直径（D）］:"提示信息下直接输入数值为"指定圆心和半径"方式绘圆，若在该信息提示下输入 D 后再输入数值则为"指定圆心和直径"方式绘圆。

2. **以指定点方式绘圆**

可通过指定的"两点"或"三点"的方式绘圆，指定的"两点"或"三点"指的是圆直径的两个端点及圆周上的任意三个点（这三点不能在同一条直线上，即要能形成一个圆）。

在命令行执行命令 CIRCLE 以后，在"指定圆的圆心或［三点（3P）/两点（2P）/相切、相切、半径（T）］:"提示信息下输入"2P"或"3P"后按【空格】键即可通过在绘图区指定"两点"或"三点"的方式进行绘圆。

3. **以指定切点和半径方式绘圆**

相切、相切、半径：在命令行执行命令 CIRCLE 以后，在"指定圆的圆心或［三点（3P）/两点（2P）/相切、相切、半径（T）］:"提示信息下输入"T"后按【空格】键即可通过"相切、相切、半径"的方式进行绘圆。即依次在绘图区中指定圆与其他对象上的两个不同切点，然后再指定圆的半径将圆绘制出来。

相切、相切、相切：指定圆与其他对象上的三个切点，从而将圆绘制出来。通过此种方式绘圆不能在命令行进行操作，只能选择"绘图"→"圆"菜单命令，在弹出的菜单中选择"相切、相切、相切"选项，才可以指定三个切点方式绘圆。

**实例 2-19** 在绘制凹陷露天矿境界坡顶线或坡底线过程中，需绘制开段沟两个端部的圆弧，已知该圆弧半径为 8，如图 2-25 所示（图中虚线部分可采用"修剪"命令进行修剪），其具体操作如下：

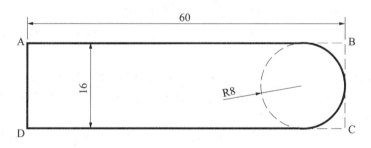

图 2-25 通过"相切、相切、半径"绘圆

命令：c CIRCLE　　　//在命令行输入 c 后按【空格】键

指定圆的圆心或［三点(3P)/两点(2P)/相切、相切、半径(T)］: t　　//输入"相切、相切、半径"选项 t 后按【空格】键

指定对象与圆的第一个切点：　　//在直线 AB 上任意拾取一点(除了端点以外)作为对象与圆的第一个切点

指定对象与圆的第二个切点：　　//在直线 BC 上任意拾取一点(除了端点以外)作为对象与圆的第二个切点

指定圆的半径 <8.0000>：8　　//输入圆的半径 8 后按【空格】键

应注意，圆本身是个整体，不能用 PEDIT、EXPLODE 命令编辑。另外，可以使用 VIEWRES 命令控制圆的显示分辨率，其值越大，显示的圆越光滑；VIEWRES 值与出图无关，无论其值多大，都不会影响出图后圆的光滑度。

### 2.3.5　使用 ELLIPSE 命令绘椭圆

**绘制椭圆的方法：在命令行中执行 ELLIPSE（EL）命令。**

绘制椭圆与绘制椭圆弧的方法比较类似，主要有如下两种绘制方式：

（1）以指定轴端点方式绘椭圆；

（2）以指定中心点方式绘椭圆。

**实例 2-20**　绘制如图 2-26 所示的椭圆，其长轴长度为 100，短轴长度为 60。以指定中心点方式绘椭圆，具体操作如下：

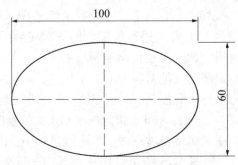

图 2-26　以指定中心点方式绘椭圆

命令：el ELLIPSE　　　//在命令行输入 el 后按【空格】键

指定椭圆的轴端点或 [圆弧(A)/中心点(C)]：c　　　//输入"中心点"选项 c 后按【空格】键

指定椭圆的中心点：　　//在绘图区中拾取一点作为椭圆弧的中心点

指定轴的端点：@50，0　　//在命令行输入 @50，0 后按【空格】键以指定由中心点到右侧轴端点的距离(轴的 1/2 长度)

指定另一条半轴长度或 [旋转(R)]：30　　　//输入另一条半轴长度 30 后按【空格】键

需注意的是，用椭圆命令生成的椭圆是以多段线还是实体显示是由系统变量 PELLIPSE 而决定的。当设置其值为 1 时，生成的椭圆是 PLINE，此时可采用多段线编辑命令 PEDIT 进行编辑；当其值为 0 时，显示的是实体。通常情况下，若需绘制一个有固定宽度的椭圆或椭圆弧，首先将系统变量 PELLIPSE 参数值设为 1，然后才绘制椭圆或椭圆弧，最后再采用多段线编辑命令 PEDIT 设置其固定宽度。

### 2.3.6　使用 DONUT 命令绘圆环

**绘制圆环的方法：在命令行中执行 DONUT（DO）命令。**

使用 DONUT 命令可以连续绘制多个实心或空心圆环。执行 DONUT 命令后，即可根据命令行提示指定圆环的内径和外径大小（在指定圆环的内径和外径时，若内径值为0，则绘制出的圆环为实心圆环）。当用户指定了圆环的内径及外径后，即可在"指定圆环的中心点或 <退出>："提示信息下在绘图区指定圆环的中心点开始绘制多个圆环或按【Esc】键退出 DONUT 命令。

可使用 FILL 命令来控制圆环的填充状态。当 FILL 设置为 ON 时，圆环以实体填充；当 FILL 设置为 OFF 时，圆环以线性填充。此项设置与 1.6.1 "工具菜单中的选项设置"中的"应用实体填充设置"相同。

使用 DONUT 命令绘制的圆环属于多段线类型，用户可以使用 PEDIT 命令对其进行各种编辑，如修改宽度等；也可使用其他编辑命令对圆环进行编辑，如修剪、复制等。

## 2.4 点绘制及对象等分

**绘制点的方法：在命令行中执行 POINT（PO）命令，或选择"绘图"→"点"菜单命令。**

设置点样式的方法：在命令行中执行 DDPTYPE 命令。

点是组成所有对象的最基本的元素。在绘制点之前，用户还可以对点的样式、大小等参数进行设置。执行 DDPTYPE 命令后，打开如图 2-27 所示的"点样式"对话框。

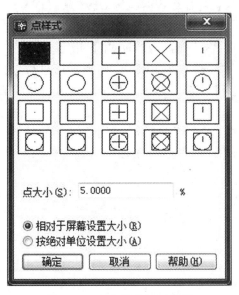

图 2-27 "点样式"对话框

"点样式"对话框的上部列出了 AutoCAD 提供的所有点样式，用户可以根据需要单击相应的对象进行选择。

在设置点的大小时，AutoCAD 提供了"相对于屏幕设置大小"和"按绝对单位设置大小"两种方式。当选中○相对于屏幕设置大小(R) 单选项后，用户可以在"点大小"后的文本框中输入相对屏幕大小的百分比；当选中○按绝对单位设置大小(A) 单选项后，用户可以在"点大小"后的文本框中输入点的绝对大小。完成点样式的设置后，单击 确定 按钮即可。

另外，在命令行中执行 PDMODE 和 PDSIZE 命令也可控制点的样式及大小。这两个命令的含义分别如下：

（1）PDMODE：控制点样式的系统变量，其数值为 0~4、32~36、64~68、96~100，分别与"点样式"对话框中的第一行与第四行点样式相对应。

（2）PDSIZE：控制点形大小的系统变量。当 PDSIZE 的值为正值时，它的值为点形的绝对大小（实际大小）；当 PDSIZE 的值为负值时，则表示点形大小为相对视图大小的百分比，因此视图的放大缩小都不影响点的大小。当 PDSIZE 的值为 0 时，所生成点的大小为绘图区域高度的 5%。

**1. 绘制单点或多点**

单个点是指用户每执行一次绘点命令，就只能创建一个点对象，当点对象创建完成后，系统会自动退出命令。可以通过在命令行中执行 POINT（PO）命令绘制单点。

多个点指的是用户在绘制点的过程中，系统会不断地提示用户指定点，而不会自动退出命令，用户需要按【Esc】键来强制退出绘点命令。选择"绘图"→"点"→"多点"菜单命令，或单击"绘图"工具栏中的 按钮，即可绘制多个点。

**2. 创建定数等分点**

**创建定数等分点的方法：在命令行中执行 DIVIDE（DIV）命令。**

使用 DIVIDE 命令可在某一对象上以等分数目放置点或图块。被等分的对象可以是直线、圆、圆弧、矩形、多段线等，等分数目由用户指定。

若用户在"输入线段数目或［块（B）］："提示信息后选择"块"选项，则可以在要定数等分的对象上创建多个图块（即采用某个图块来等分对象）。有关图块的知识在后面的章节中会详细介绍。

**实例 2-21**　如已知直线 AB 与直线 CD 相交于中点，直线 AC 与直线 BD 为铅垂线且相等。试在图 2-28（a）的基础上采用创建定数等分点的方法绘制如图 2-28（b）所示的折

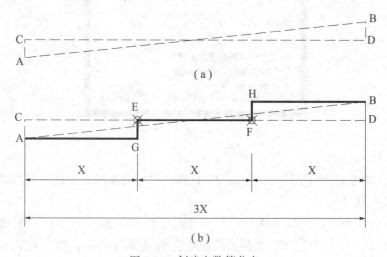

图 2-28　创建定数等分点

线 AGEFHB（在矿图绘制过程中亦会采用定数等分的方法来创建定数等分点，如在已确保上台阶超前下台阶符合相关距离要求的情况下绘制如图 2-29 所示的台阶式采矿工作面），具体操作如下：

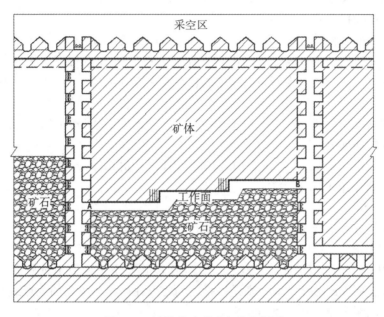

图 2-29　浅孔留矿采矿方法主视图

命令：DDPTYPE　　　//在命令行输入 DDPTYPE 后按【空格】键执行"点样式"命令，弹出如图 2-27 所示"点样式"对话框

正在重生成模型。　　　//在该对话框中第二行第四列的点样式上单击鼠标左键选中后再单击"确定"按钮返回到绘图区

命令：div DIVIDE　　　//在命令行输入 div 后按【空格】键执行"定数等分"命令

选择要定数等分的对象：　　　//将鼠标小方框移动至直线 CD 上单击鼠标左键

输入线段数目或［块（B）］：3　　　//输入 3 后按【空格】键，此时会在图 2-28（b）中产生 E、F 两个等分点

命令：pl PLINE　　　//在命令行输入 pl 后按【空格】键执行"多段线"命令

指定起点：　　　//在绘图区中捕捉 A 点作为起点

当前线宽为 0.0000　　　//显示当前线宽为 0

指定下一个点或［圆弧（A）/半宽（H）/长度（L）/放弃（U）/宽度（W）］：w　　　//输入"宽度"选项 w 后按【空格】键

指定起点宽度 <0.0000>：0.2　　　//输入起点宽度 0.2 后按【空格】键

指定端点宽度 <0.2000>：　　　//直接按【空格】键以默认多段线端点宽度为 0.2

指定下一个点或［圆弧（A）/半宽（H）/长度（L）/放弃（U）/宽度（W）］：　　　//开启状态栏中的极轴、对象捕捉和对象追踪，移动十字光标指向水平向右方向出现虚线后，再晃过 E 点且沿垂直向下方向到两条虚线交叉点附近，此时会出现两条追踪虚线且在交叉点

处出现一个小"×"，单击左键即可得到 G 点(注：没有"×"出现不能单击左键)

　　指定下一点或［圆弧（A）/闭合（C）/半宽（H）/长度（L）/放弃（U）/宽度（W）］:
　//在绘图区中捕捉 E 点

　　指定下一点或［圆弧（A）/闭合（C）/半宽（H）/长度（L）/放弃（U）/宽度（W）］:
　//在绘图区中捕捉 F 点

　　指定下一点或［圆弧（A）/闭合（C）/半宽（H）/长度（L）/放弃（U）/宽度（W）］:
　//移动十字光标指向垂直向上方向出现虚线后，再晃过 B 点且沿水平向左方向到两条虚线交叉点附近，此时会出现两条追踪虚线且在交叉点处出现一个小"×"，单击左键即可得到 H 点

　　指定下一点或［圆弧（A）/闭合（C）/半宽（H）/长度（L）/放弃（U）/宽度（W）］:
　//在绘图区中捕捉 B 点

　　指定下一点或［圆弧（A）/闭合（C）/半宽（H）/长度（L）/放弃（U）/宽度（W）］:
　//按【空格】键结束 PLINE 命令

**3. 创建定距等分点**

　　**创建定距等分点的方法：在命令行中执行 MEASURE（ME）命令。**

　　使用 MEASURE 命令可以在选择对象上用指定的距离放置点或图块。

　　MEASURE 命令与 DIVIDE 命令相比，其操作步骤差不多，只不过后者是以给定数目等分所选实体，而 MEASURE 命令则是以指定的距离在所选实体上插入点或块，直到余下部分不足一个间距为止。在此不再举例。

## 2.5　快速绘制多个图形

### 2.5.1　使用 COPY 命令绘制多个相同对象

　　**操作方法：在命令行中执行 COPY（CO）命令。**

　　使用 COPY 命令可以根据已有对象绘制出一个或多个相同的实体，相当于文件的复制、拷贝，被复制后的对象形体与原实体完全相同。

　　AutoCAD 默认使用 COPY 命令可以一次复制出一个相同的实体。在指定复制的基点时，基点的选择以靠近目标为好，最好使用目标捕捉功能来准确复制对象。

　　若用户在"指定位移的第二点或 <用第一点作位移>:"提示下按【空格】键，则第一个点的坐标值就被当作相对于 X 轴、Y 轴的位移。例如，如果指定基点为（10，30），并在下一个提示下按【空格】键，则该对象从它当前的位置开始在 X 轴方向上移动 10 个单位，在 Y 轴方向上移动 30 个单位。这种情况下，第一个点通常从键盘输入。

　　AutoCAD 2004 及以下版本默认使用 COPY 命令只能将所选对象复制一次，若要将所选对象一次性复制多个，则可以通过 COPY 命令的重复复制功能来完成，即在"指定基点或位移，或者［重复（M）］:"提示下选择"重复"选项即可（即输入 M 后按【空格】键）。在 AutoCAD 2004 以上版本中则不需进行此项操作。

　　在进行重复复制对象时，系统会不断提示"指定位移的第二点或 <用第一点作位移>:"，直到用户按【空格】键或【Esc】键为止。

**实例 2-22** 在如图 2-30 所示的浅孔留矿采矿方法主视图中，若绘制出漏斗底部结构的单个漏斗，则可通过 COPY 命令的重复复制功能来完成如图 2-31 所示图中其余漏斗的绘制，其具体操作如下：

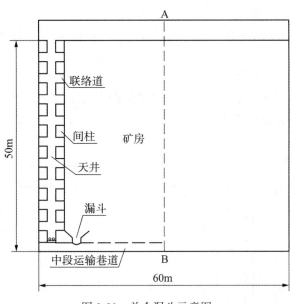

图 2-30 单个漏斗示意图

命令：co COPY 找到 5 个　　//选中如图 2-30 所示漏斗的 5 个对象，在命令行输入 co 后按【空格】键

指定基点或位移，或者［重复(M)］：m　　//输入"重复"选项 m 后按【空格】键

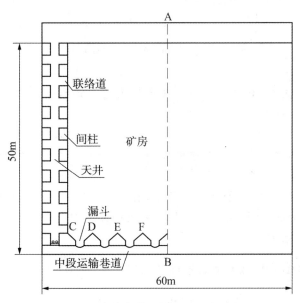

图 2-31 重复复制"多个漏斗"示意图

指定基点：　　　//在绘图区中捕捉如图 2-31 所示的 C 点作为基点

指定位移的第二点或<用第一点作位移>：　　　//在绘图区中捕捉如图 2-31 所示的 D 点，复制对象后会出现 E 点

指定位移的第二点或<用第一点作位移>：　　　//在绘图区中捕捉如图 2-31 所示的 E 点，复制对象后会出现 F 点

指定位移的第二点或<用第一点作位移>：　　　//在绘图区中捕捉如图 2-31 所示的 F 点

指定位移的第二点或<用第一点作位移>：　　//按【空格】键结束 COPY 命令

**实例 2-23**　采用 COPY 命令一次复制如图 2-32 所示的底部结构并移至上中段，结果如图 2-33 所示，其具体操作如下：

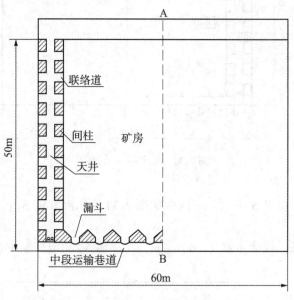

图 2-32　底部结构示意图

命令：co COPY 找到 36 个　　//采用矩形窗选方式框中图 2-32 所示图中的底部结构，在命令行输入 co 后按【空格】键

指定基点或位移，或者［重复（M）］：　　//在绘图区中任意拾取一点作为基点

指定位移的第二点或<用第一点作位移>：@ 0，50　　//在命令行输入@ 0，50 后按【空格】键并结束 COPY 命令

注意：使用 COPYCLIP 命令（相当于采用组合键"Ctrl+C"进行复制）可将绘图区中的图形复制到 Windows 剪贴板上，这些图形可应用到其他文件或软件中（即可通过组合键"Ctrl+V"进行粘贴）。

### 2.5.2　使用 MIRROR 命令绘制对称形体

**操作方法：在命令行中执行 MIRROR（MI）命令。**

使用 MIRROR 命令可以生成与所选实体相对称的图形，即镜像操作。在镜像对象时，

需要用户指出对称轴线，该轴线可是任意方向的，所选对象将根据该轴线进行对称。在镜像操作结束时，可选择删除或保留源对象。

在指定镜像对称线时，该线的方向是任意的，对称线的方向不同，对称图形的位置则不同，利用这一特性可绘制一些特殊图形。

**实例 2-24** 在如图 2-33 所示图中已经绘制出左侧间柱及上下中段底部结构，虚线 AB 为中心线，试采用 MIRROR 命令绘制右侧间柱及底部结构，镜像结果如图 2-34 所示，其具体操作如下：

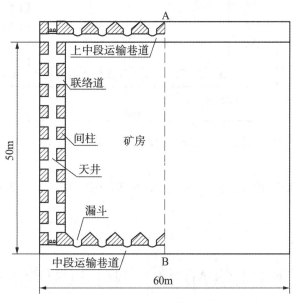

图 2-33 复制一次底部结构示意图

命令：mi MIRROR 找到 126 个 //首先采用矩形窗选方式框中如图 2-33 所示虚线 AB 左侧间柱及上下中段的底部结构，然后在命令行输入 mi 后按【空格】键

指定镜像线的第一点： //在绘图区中捕捉 A 点作为镜像线的第一点（也可以是 AB 线上的其他任意点）

指定镜像线的第二点： //在绘图区中捕捉 B 点作为镜像线的第二点（也可以是 AB 线的其他不同于第一点的任意点）

是否删除源对象？［是（Y）／否（N）］<N>： //直接按【空格】键以默认不删除源对象并结束 MIRROR 命令

需注意的是，镜像后的图形中填充图案的方向也相反，故需采用 MATCHPROP（MA）命令进行特性匹配，即单击左键选中图 2-34 中虚线 AB 左侧的其中一个填充图案→输入命令 MA→【空格】键→出现鼠标小方框后分别单击虚线 AB 右侧的填充图案→直至特性匹配完成后按【空格】键即可。

在进行镜像操作时有一种特殊情况，即当镜像文字后，镜像后的文字的位置、形状均与原文字对称，但不具有可读性。若要使其具有可读性，需在镜像操作前先设置一个系统变量，将 MIRRTEXT 的值设为 0（关），则镜像后的文字就具有可读性，如图 2-35（a）

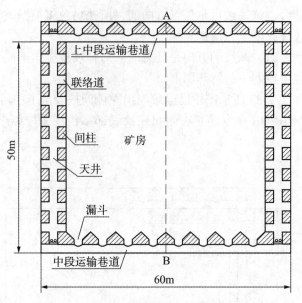

图 2-34　镜像右侧间柱及底部结构示意图

所示；若将 MIRRTEXT 的值设为 1（开），则不具有可读性，如图 2-35（b）所示。

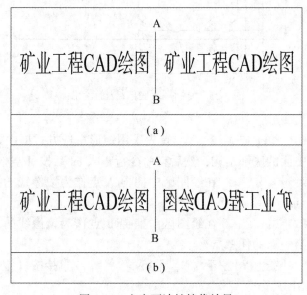

图 2-35　文字可读性镜像效果

### 2.5.3　使用 OFFSET 命令绘制平行或同心结构的形体

**操作方法：在命令行中执行 OFFSET（O）命令。**

使用 OFFSET 命令可以根据指定距离或通过点，建立一个与所选对象平行或具有同心结构的形体，即偏移对象操作。能被偏移的对象可以是直线、多段线、圆、圆弧、椭圆、矩形、样条曲线等。若偏移的对象为封闭的形体，则偏移后图形被放大或缩小，原实体不变。

在偏移对象时，所指定的偏移距离必须为大于 0 的数。若在"指定偏移距离或 [通过 (T)] <通过>:"提示下输入"通过"选项 T 后按【空格】键，则将创建通过指定点的对象。在该提示信息下亦可通过在绘图区域中拾取两点的方式来指定偏移距离，此时该两点间连线的距离即为偏移距离。

**1. 绘制平行结构的形体**

要绘制与所选对象相平行的形体，则被偏移的对象只能是未封闭的图形。

**实例 2-25** 如某地下开采矿山 1200m 中段运输巷道中心线测量拐点坐标如表 2-3 所示，巷道宽为 3m，试采用多段线和偏移命令在平面图中绘制该中段运输巷道，绘制结果如图 2-36 所示。其绘制方法如下：

表 2-3                   **巷道测量拐点坐标表**

| 巷道测量拐点编号 | 1980 西安坐标系 | |
|:---:|:---:|:---:|
| | X 坐标 | Y 坐标 |
| 测点 1 | 2648790.63 | 34521124.02 |
| 测点 2 | 2648832.87 | 34521433.73 |
| 测点 3 | 2648904.72 | 34521504.28 |
| 测点 4 | 2648933.95 | 34521629.94 |
| 测点 5 | 2649013.04 | 34521691.13 |
| 测点 6 | 2649040.59 | 34521818.95 |
| 测点 7 | 2649158.34 | 34521968.42 |

（1）坐标轴互换：选中表 2-3 中的内容复制，打开 Excel 软件，将其粘贴到 Excel 空表中，在"Y 坐标"列右侧增加一列"拐点坐标(Y,X)"。将坐标的 X 轴、Y 轴互换。鼠标左键单击 D1，输入"=C1&","&B1"后按【Enter】键，此时在 D1 中显示测点 1 的拐点坐标"34521124.02,2648790.63"；拖动 D1 自动填充柄至 D7，得到其他拐点的坐标，如表 2-4 所示。

表 2-4                   **巷道测量拐点坐标互换表**

| 行号 | 测点编号<br>（A 列） | 1980 西安坐标系 | | 测点坐标（Y，X）<br>（D 列） |
|:---:|:---:|:---:|:---:|:---:|
| | | X 坐标<br>（B 列） | Y 坐标<br>（C 列） | |
| 1 | 测点 1 | 2648790.63 | 34521124.02 | 34521124.02，2648790.63 |
| 2 | 测点 2 | 2648832.87 | 34521433.73 | 34521433.73，2648832.87 |
| 3 | 测点 3 | 2648904.72 | 34521504.28 | 34521504.28，2648904.72 |

续表

| 行号 | 测点编号<br>（A 列） | 1980 西安坐标系 | | 测点坐标（Y，X）<br>（D 列） |
| --- | --- | --- | --- | --- |
| | | X 坐标<br>（B 列） | Y 坐标<br>（C 列） | |
| 4 | 测点 4 | 2648933.95 | 34521629.94 | 34521629.94，2648933.95 |
| 5 | 测点 5 | 2649013.04 | 34521691.13 | 34521691.13，2649013.04 |
| 6 | 测点 6 | 2649040.59 | 34521818.95 | 34521818.95，2649040.59 |
| 7 | 测点 7 | 2649158.34 | 34521968.42 | 34521968.42，2649158.34 |

（2）绘制巷道中心线：选定区域"D1：D7"并复制（使用快捷键"Ctrl+C"），此时打开 AutoCAD 软件（最好是新建一个 AutoCAD 文件）。在命令行输入 PL 后按【空格】键，将十字光标移至命令行中"指定起点："后单击左键，再使用快捷键"Ctrl+V"粘贴坐标至命令行。在绘图区域中得到如图 2-36 所示巷道中心线，命令行的提示为"指定下一点或［圆弧（A）/闭合（C）/半宽（H）/长度（L）/放弃（U）/宽度（W）］："，直接按【空格】键结束 PLINE 命令。

（3）偏移巷道边缘线：在命令行输入 O 后按【空格】键，再输入 1.5 后按【空格】键，将鼠标小方框移动至巷道中心线上单击鼠标左键选中，十字光标移至中心线左上方区域内任意拾取一点作为偏移方向；再将鼠标小方框移动至巷道中心线上单击鼠标左键选中，十字光标移至中心线右下方区域内任意拾取一点作为偏移方向，按【空格】键结束 OFFSET 命令，即可得到图 2-36，但图中巷道拐弯处需采用圆角命令 FILLET 来设置转弯半径。通常情况下，可事先将巷道中心线进行圆角处理，再偏移得到巷道边缘线，此内容将在后述内容中进行讲解。

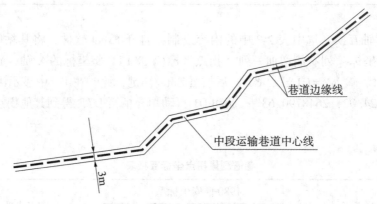

图 2-36　中段运输巷道绘制示意图

### 2. 绘制同心结构的形体

要绘制与所选对象具有同心结构的形体，被偏移的对象可以是封闭的图形或圆弧等。使用 OFFSET 命令绘制同心结构的形体与绘制平行结构的形体的操作方法是相同的，在此不再重述。

　　**实例 2-26**　某矿采用露天开采，设计终了台阶坡面角为 65°，台阶高度为 10m，台阶坡面水平投影距离为 4.66m，安全平台宽 3m，清扫平台宽 6m，运输平台宽 6m，每隔两个安全平台设计一个清扫平台，在平面图上圈定露天开采终了境界时则可采用偏移命令进行。如图 2-37 所示，当绘制完坡顶线 a 时，接下来是一个清扫平台，需绘制上一个边坡的坡底线 b，则可以采用 OFFSET 命令进行，同理可根据坡底线 b 绘制坡顶线 c，其具体操作如下：

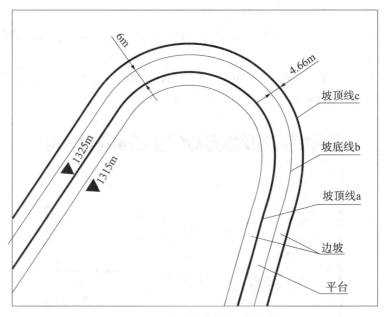

图 2-37　露天境界圈定示意图

　　命令：o OFFSET　　　//在命令行输入 o 后按【空格】键

　　指定偏移距离或［通过(T)］＜通过＞：6　　　//在命令行输入 6 后按【空格】键

　　选择要偏移的对象或 ＜退出＞：　　　//将鼠标小方框移动至坡顶线 a 上单击鼠标左键选中

　　指定点以确定偏移所在一侧：　　　//十字光标移至坡顶线 a 上方区域内任意拾取一点作为偏移方向

　　选择要偏移的对象或 ＜退出＞：　　　//按【空格】键结束 OFFSET 命令

　　命令：　OFFSET　　　//按【空格】键重复执行 OFFSET 命令

　　指定偏移距离或［通过(T)］＜6.0000＞：4.66　　　//在命令行输入 4.66 后按【空格】键

　　选择要偏移的对象或 ＜退出＞：　　　//将鼠标小方框移动至坡底线 b 上单击鼠标左键选中

　　指定点以确定偏移所在一侧：　　　//十字光标移至坡底线 b 上方区域内任意拾取一点作为偏移方向

　　选择要偏移的对象或 ＜退出＞：　　　//按【空格】键结束 OFFSET 命令

需要注意的是，在边坡两侧出入沟处，需根据地形进行修剪及缓坡等处理，此内容需结合矿山设计进行讲解，在此不再详述。

### 2.5.4　使用 ARRAY 命令阵列绘制图形

**操作方法：在命令行中执行 ARRAY（AR）命令。**

使用 ARRAY 命令可将指定目标以矩形或环形方式进行阵列复制，阵列后的各个对象都可独立编辑。

1. 矩形阵列对象

矩形阵列对象是指，将所选对象按照一定的方向进行阵列复制，阵列后的所有对象形成一个矩形样式。

执行 ARRAY 命令后，系统打开如图 2-38 所示"阵列"对话框，系统默认在该对话框中选中单选项，即 AutoCAD 默认采用矩形阵列方式。

图 2-38　"阵列"对话框矩形阵列单选项

图 2-38 所示的对话框中各选项含义如下：

（1）行：在该文本框中指定矩形阵列对象的行数。

（2）列：在该文本框中指定矩形阵列对象的列数。

（3）行偏移：在该文本框中指定矩形阵列对象后对象之间的行间距，可单击其后的按钮在绘图区中拾取两点作为行偏移值。若行偏移值为负数，则在源对象的下方进行矩形阵列。

（4）列偏移：在该文本框中指定矩形阵列对象后对象之间的列间距，可单击其后的按钮在绘图区中拾取两点作为列偏移值。若列偏移值为负数，则在源对象的左侧进行矩形阵列。

（5）阵列角度：在该文本框中指定矩形阵列对象的角度。

（6）选择对象：参数设置完成后，单击按钮在绘图区中选择要进行阵列复制的对象。

若在"阵列"对话框中单击按钮，则可在绘图区中指定一个矩形区域，系统将根据这个矩形区域自动计算出矩形阵列的行偏移和列偏移值。

**实例 2-27** 在绘制浅孔留矿采矿方法主视图过程中，阵列复制如图 2-39 所示图形中左下角的 a 对象（共包含 6 个直线对象），其中行偏移值为 5m（即联络道间距），阵列效果如图 2-40 所示，其具体操作如下：

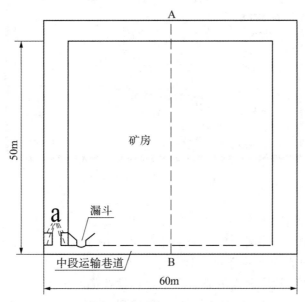

图 2-39　单个联络道示意图

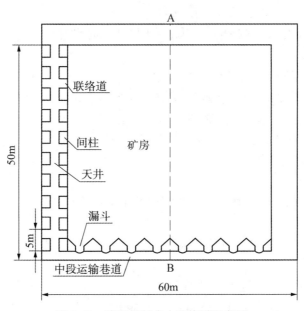

图 2-40　阵列复制多个联络道示意图

（1）在命令行输入 AR 后按【空格】键，弹出如图 2-41 所示的"阵列"对话框，在

该对话框中选中 ⚪矩形阵列(R) 单选项。

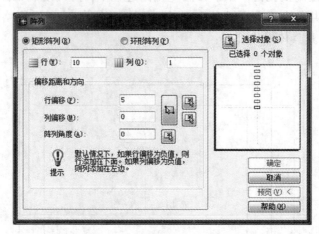

图 2-41　矩形阵列对话框设置

（2）在"行"文本框中输入"10"，在"列"文本框中输入"1"。

（3）在"行偏移"文本框中输入偏移值"5"。由于要形成垂直向上的阵列，故输入的是+5；若要形成垂直向下的阵列，则应输入−5。若只知道两个点，但不知道阵列的具体行偏移值，则可通过拾取两点的方式来指定行偏移值。单击"行偏移"文本框右侧的 🔳按钮，系统会暂时关闭"阵列"对话框，返回到绘图区中，分别指定该两个点即可。

（4）由于只有 1 列，因此可以不用在"列偏移"文本框中指定偏移值。而且图形是垂直向上的阵列，因此"阵列角度"应设为 0。

（5）单击"选择对象"按钮🔳，返回绘图区中选择要阵列的对象 a 中的 6 条直线，然后按【空格】键。

（6）系统返回"阵列"对话框，可单击 确定 按钮，确认阵列操作。或者在该对话框中单击 预览(V) < 按钮，预览阵列的效果，然后再单击 接受 按钮即可。

此外，也可以通过矩形阵列复制图 2-39 中的漏斗，其方法与上述例子大致相同，此时为 1 行 8 列，行偏移值为 0，列偏移值为漏斗间距 6，阵列角度为 0，其阵列效果如图 2-40 所示。读者可以尝试操作一下。

2. 环形阵列对象

环形阵列对象是指，将所选对象围绕指定的中心点进行旋转复制，阵列完成后，所有对象组成一个环形样式。

执行 ARRAY 命令后，在打开的"阵列"对话框中选中环形阵列单选项，打开如图 2-42 所示的对话框。

图 2-42 所示对话框中各选项含义如下：

（1）中心点：在其后的 X 和 Y 文本框中指定环形阵列参照的中心点坐标位置。通常单击其后的🔳按钮，在绘图区中以拾取点的方式指定中心点。

（2）方法：在该下拉列表框中选择环形阵列的方式，AutoCAD 提供了"项目总数和填充角度"、"项目总数和项目间的角度"和"填充角度和项目间的角度"3 种方式。

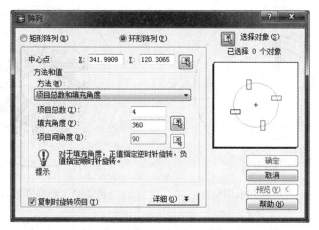

图 2-42 "阵列"对话框环形阵列单选项

（3）项目总数：指定将所选对象进行环形阵列后生成的对象个数。

（4）填充角度：指定环形阵列所围绕中心点进行旋转复制的角度，如要环形阵列一周，则填充角度为 360°。

（5）项目间角度：指定阵列对象基点之间的包含角和阵列的中心，默认方向值为 90。

（6）□复制时旋转项目(T)：若选中该复选框，则在环形阵列的同时，每一个阵列生成的对象也围绕中心点进行旋转。

若在该对话框中单击 详细(D) ▼ 按钮，则在对话框的下方显示"对象基点"栏，如图 2-43 所示。在该栏中可相对于选定对象指定新的参照（基准）点，对对象进行阵列操作时，这些选定对象将与阵列圆心保持不变的距离。

图 2-43 对象基点窗口

通常默认系统设置，即在该栏中选中□设为对象的默认值(D)复选框。

**实例 2-28** 阵列复制如图 2-44 所示的某矿山选矿厂的水力旋流器，效果如图 2-45 所示，其具体操作如下：

（1）在命令行输入 AR 后按【空格】键，弹出"阵列"对话框，在该对话框中选中 ⊙ 环形阵列(P) 单选项，打开如图 2-46 所示对话框。

（2）单击"中心点"选项后的 按钮，系统会暂时关闭"阵列"对话框，返回到绘图区中，在绘图区中指定环形阵列的参照点。

（3）系统返回"阵列"对话框，在"方法"下拉列表框中选择"项目总数和填充角度"；在"项目总数"文本框中输入"12"；在"填充角度"文本框中输入"360"。

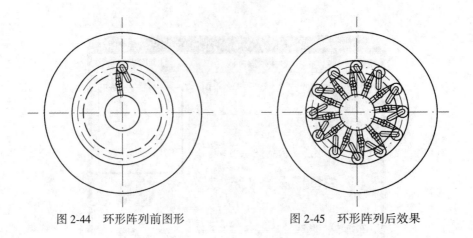

图 2-44　环形阵列前图形　　　　　图 2-45　环形阵列后效果

（4）单击"选择对象"按钮⬛，返回绘图区中选择要阵列的对象"水力旋流器"，然后按【空格】键。

（5）系统返回"阵列"对话框，单击⬛⬛⬛确定⬛⬛⬛按钮即可。

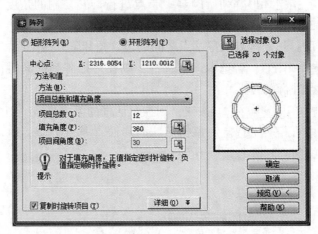

图 2-46　　"阵列"对话框环形阵列设置

# 2.6　边界和面域创建

在进行工程图形绘制过程中，有时需为闭合区域创建边界和面域。为闭合区域创建边界后，可在错综复杂的图形中较为方便地对该闭合区域进行图案填充等操作；为闭合区域创建面域后，则可方便地为该闭合区域进行图案填充以及计算其面积和周长等。

## 2.6.1　边界创建

**操作方法：在命令行中执行 BOUNDARY（BO）命令。**

所谓边界创建就是某个封闭区域的轮廓，使用边界命令可以根据封闭区域内的任一指定点来自动分析该区域的轮廓，并以多段线或面域的形式单独生成为边界。

执行 BOUNDARY 命令后，打开如图 2-47 所示"边界创建"对话框。

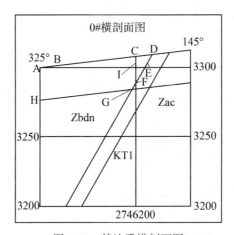

图 2-47　"边界创建"对话框

该对话框是"边界图案填充"对话框的一部分（关于"边界图案填充"内容将在"图案填充"部分进行讲解）。在"边界创建"对话框中各选项含义如下：

（1）拾取点：单击 按钮返回到绘图区，在封闭区域内指定任一点来自动分析该区域的轮廓，此时 AutoCAD 将以新的边界集（以多段线或面域的形式）叠加在原有边界集上。

（2）对象类型：该下拉列表框中包括"多段线"和"面域"两个选项，用于指定边界的保存形式。

（3）边界集：该选项用于指定进行边界分析的范围，其缺省项为"当前视口"，即在定义边界时，AutoCAD 会分析所有在当前视口中可见的对象。

**实例 2-29**　在图 2-48 中，需对 ABCDEFGH 组成的闭合区域创建边界，其具体操作如下：

图 2-48　某地质横剖面图

（1）由于在图 2-48 中线条交错复杂，故此时可提取相应需要的图形对象到该图外再进行后续操作，可选中图中与所需边界 ABCDEFGH 有关的图形对象 ABCD、DEFG、GH、AH 及外围图框和相应的字母标注元素，选中后在命令行输入 CO 再按【空格】键，指定外围图框左下角点作为基点，然后在绘图区中找到空白处单击左键进行粘贴，得到如图2-49 所示图形。

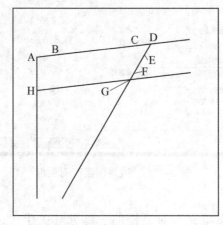

图 2-49　提取相应图形对象

（2）在命令行输入 BO 后按【空格】键，弹出如图 2-47 所示"边界创建"对话框。单击拾取点前的■按钮，返回绘图区，在图 2-49 中 ADGH 闭合区域内任意拾取一点后按【空格】键。此时已经为该闭合区域叠加了一个新的边界对象（若删除该新边界对象后，仍为原图 2-49），边界创建效果如图 2-50 所示。

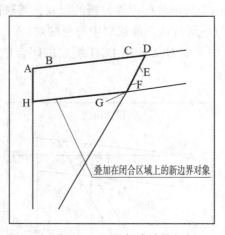

叠加在闭合区域上的新边界对象

图 2-50　边界创建效果

（3）选中图 2-50 中已经创建的边界，在命令行输入 CO 后按【空格】键，指定该图中 A 点为基点，再捕捉到图 2-48 中的 A 点后单击左键即可，如图 2-51 所示。

此外，在矿山地形地质图中需填充地层底色，由于图形错综复杂，对象元素较多，也

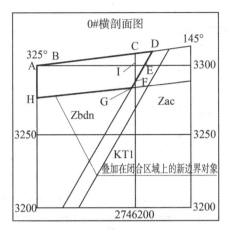

图 2-51　剖面图边界创建结果

可以采用上述方法创建新的边界后再进行图案填充。若原有闭合区域由无数个对象组成，此时选择对象较为复杂，可以先将整个图形复制出一个备份，再将与闭合区域相交的对象删除后创建新的边界。在操作时需根据实际情况灵活处理。

### 2.6.2　面域创建

**操作方法：在命令行中执行 REGION（REG）命令。**

在 AutoCAD 中，面域是一种比较特殊的二维对象，是由封闭边界所形成的二维封闭区域。面域的边界由端点相连的曲线组成，曲线上的每个端点仅连接两条边。AutoCAD 不接受所有相交、不相交或自交的曲线。

REGION 命令只能通过平面闭合环来创建面域，即组成边界的对象是自行封闭的，或者与其他对象有公共端点从而形成封闭的区域，而且它们必须在同一平面上。如果对象是内部相交而构成的封闭区域（外部有延长线），则不能使用 REGION 命令来生成面域，此时可以通过使用边界命令 BOUNDARY 来创建边界。

对于已经创建的面域对象，用户可以进行图案填充和着色等操作，还可以分析面域的几何特性（如面积和周长）和物理特性（如质心、惯性矩等）。面域对象还支持布尔运算，即可以通过差集（SUBTRACT）、并集（UNION）或交集（INTERSECT）来创建组合面域。

执行面域命令 REGION 后，系统将找出选择集中所有的平面闭合环并分别生成面域对象，提示"已提取 n 个环"及"已创建 n 个面域"。

**实例 2-30**　如图 2-52 所示为某矿体横断面，是由多条直线、样条曲线、多段线及圆弧对象组成的自行封闭图形，但不在同一平面上（即高程有所不同），试将该矿体横断面创建为一面域，其具体操作如下：

（1）由于组成矿体横断面边界的对象是自行封闭的，但不在同一平面上，此时可选中所要转换为同一平面上的所有对象（图 2-52 所示的矿体横断面的所有边界对象）后，再在命令提示区输入 CHANGE 命令→【空格】键→输入 P→【空格】键→输入 E→【空

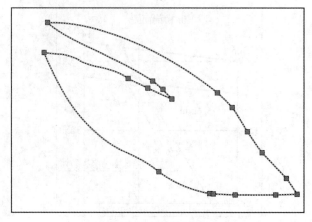

图 2-52　创建面域

格】键→输入 0→【空格】键→【空格】键，完成设置后便可创建面域（若所有对象均在同一平面上，便不需进行此项操作步骤）。

（2）在命令行输入 REG（REGION）命令→【空格】键→选中矿体横断面边界的所有对象→【空格】键，此时便创建了一个面域（即矿体边界由多个对象变为 1 个对象）。

## 2.7　图案填充

AutoCAD 提供实体填充以及 50 多种行业标准填充图案，可以使用它们区分对象的部件或表现对象的材质。AutoCAD 还提供 14 种符合 ISO（国际标准化组织）标准的填充图案。AutoCAD 的图案填充功能为用户提供了简单方便的填充图案方法。用户可以选用不同的填充方式和填充图案，也可根据需要定制（自定义）填充图案，并且可以对已填充的图案进行编辑。

### 2.7.1　创建填充图案

**操作方法：在命令行中执行 BHATCH（H/BH）命令。**

执行 BHATCH 命令后，打开如图 2-53 所示的"边界图案填充"对话框后，在该对话框中设置相应的参数即可为图形创建填充图案。该对话框共包含"图案填充"、"高级"和"渐变色"三个选项卡，鉴于"高级"选项卡不常用，故在此不再详述。以下对"图案填充"和"渐变色"选项卡进行介绍。

（1）"图案填充"选项卡主要用于定义要应用的填充图案的外观，包括填充图案样式、比例、角度等参数，其中各选项含义如下：

①类型：在该下拉列表框中选择填充图案的类型，有预定义、用户定义和自定义 3 种类型，通常默认其设置。

②图案：可在该下拉列表框中选择要填充的图案名称，或单击其后的▢按钮，在打开如图 2-54 所示的"填充图案选项板"对话框中选择要填充的图案。

图 2-53 "边界图案填充"对话框

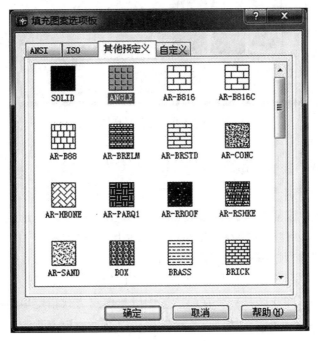

图 2-54 "填充图案选项板"对话框

③类样例：显示用户所选填充图案的缩略图。

④自定义图案：在该下拉列表框中列出可用的自定义图案。六个最近使用的自定义图案将出现在列表顶部。只有在"类型"下拉列表框中选择了"自定义"选项，此选项才可用。

⑤角度：设置填充图案的填充角度。

⑥比例：设置填充图案的填充比例。

⑦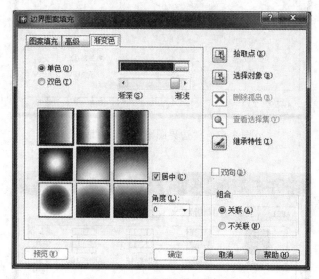相对图纸空间⑭：选中该复选框，则相对于图纸空间单位缩放填充图案。该选项在图纸空间可用。

⑧间距：指定用户定义图案中的直线间距。

⑨ISO 笔宽：基于选定笔宽缩放 ISO 预定义图案。

（2）单击"渐变色"选项卡，打开如图 2-55 所示的对话框，通过该对话框可以对图形创建渐变色填充，其中各选项含义如下：

图 2-55　"渐变色"选项卡

①单色⑩：选中该单选项指定使用从较深色调到较浅色调平滑过渡的单色填充。

②双色⑪：选中该单选项指定在两种颜色之间平滑过渡的双色渐变填充。

③居中⑫：选中该复选框，指定对称的渐变配置。如果没有选定此复选框，渐变填充将朝左上方变化，创建的光源在对象左边的图案上。

④角度：在该下拉列表框中指定渐变填充时，颜色的填充角度。

（3）在"边界图案填充"对话框中还有如下几个选项，其各项含义分别如下：

①（拾取点）：单击该按钮，在绘图区中以拾取点方式指定填充区域。

②（选择对象）：单击该按钮，在绘图区中以选择对象方式指定填充区域。

③（删除孤岛）：从边界定义中删除通过"拾取点"方式检测为孤岛的任何对象，但不能删除外部边界。

④（查看选择集）：显示绘图区中选中的填充区域。

⑤（继承特性）：单击该按钮，将现有图案填充或填充对象的特性应用到其他图案填充或填充对象。

⑥双向⑰：对于用户定义的图案，选中此复选框将绘制第二组直线，这些直线与初始直线成 90°角，从而构成交叉填充。只有在"图案填充"选项卡的"类型"下拉列表框

中选择了"用户定义"时，此选项才可用。

⑦组合：控制图案填充或渐变填充是否关联。关联填充是指当用户将填充边界进行放大或缩小时，填充图案也会相应地放大或缩小。

另外，在实际填充图形的过程中，部分选项不会被使用，读者只需掌握系统默认的可用选项的含义即可。

**实例 2-31**　填充如图 2-56 所示浅孔留矿采矿方法主视图中矿石所在区域部分，其中填充比例为 0.1，填充角度为 0，结果如图 2-57 所示，其具体操作如下：

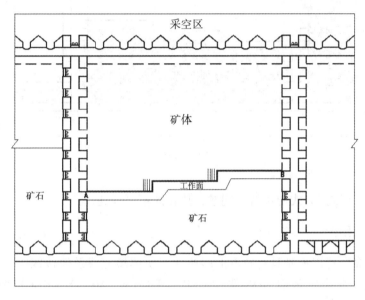

图 2-56　未填充图形

(1) 在命令行输入 H 后按【空格】键，弹出如图 2-53 所示的"边界图案填充"对话框。

(2) 在"图案填充"选项卡的"类型"下拉列表框中选择"预定义"选项。

(3) 单击"图案"下拉列表框右侧的▢按钮，打开如图 2-54 所示的"填充图案选项板"对话框，在该对话框中单击"GRAVEL"填充图案▨，然后单击　确定　按钮返回"边界图案填充"对话框。

(4) 默认"角度"下拉列表框中选择数值"0"，在"比例"下拉列表框中输入"0.1"。

(5) 单击"拾取点"按钮▣，返回绘图区中分别在矿石区域内拾取一点（指定填充区域）后按【空格】键。

(6) 系统返回"边界图案填充"对话框，按【空格】键即可得到如图 2-57 所示填充图形（若要对图 2-57 中其他区域进行图案填充，如对矿体部分进行填充，也可采用上述方法进行操作，读者可以尝试一下）。

此外，AutoCAD 还可以通过命令行方式（输入 HATCH 全写）、通过工具选项板（其命令形式为 TOOLPALETTES）以及使用 SOLID 命令等方式为图形创建填充图案，鉴于采

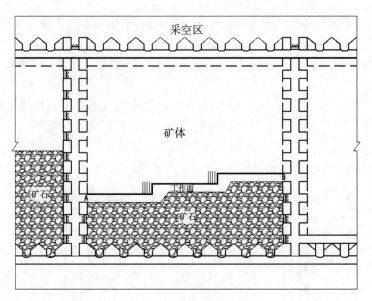

图 2-57　填充效果

用以上讲述的图案填充方式便可解决问题，故在此不再详述。

### 2.7.2　控制填充图形

使用 FILL 命令可以控制具有宽度的多段线、实体填充线及轨迹线等的宽度显示，该命令的"开/关"状态将影响 DONUT、SOLID、TRACE、MLINE、RECTANG、POLYGON 以及 PLINE 等命令的执行结果。

执行 FILL 命令后，在"输入模式［开（ON）/关（OFF）］<开>："提示下即可指定填充模式的开、关状态。设置填充模式后，需要进行视图重显（REGENALL/REA）或视图重生成（REGEN/RE）后才能显示相应结果。

由 FILL 命令控制的具有宽度的实体，必须是实体本身就具有宽度，而并非是使用图层来设置的线宽。

### 2.7.3　编辑填充图案

**操作方法：在命令行中执行 HATCHEDIT（HE）命令。**

使用 HATCHEDIT 命令可对创建的填充图案进行各种编辑，如调整填充角度、比例或更换填充图案等。

执行 HE 命令并选择相应的填充图案后，系统打开如图 2-58 所示"图案填充编辑"对话框，在该对话框中修改各项参数后，单击 确定 按钮即可。

此外，双击填充图案也可打开"图案填充编辑"对话框，在其中对填充图案进行编辑操作。

图 2-58 "图案填充编辑"对话框

# 2.8 文本输入与编辑

## 2.8.1 设置标注文本样式

在使用 AutoCAD 绘图时,图样中一般均有少量文字用以说明图样中未表达出的设计信息,此时就需要用到文字标注功能。在 AutoCAD 中创建文字对象时,文本外观都由与其关联的文字样式所决定。AutoCAD 默认"Standard"文字样式为当前样式,用户也可根据需要创建新的文字样式,或对文字样式进行修改。

1. 新建文字样式

**操作方法:在命令行中执行 STYLE(ST)命令。**

执行 ST 命令后,打开如图 2-59 所示"文字样式"对话框,通过该对话框即可以建立新的文字样式,或对当前文字样式的参数进行修改。在"文字样式"对话框中有部分选项含义如下:

(1) 重命名(R) :单击该按钮,可重命名文字样式。

(2) 删除(D) :单击该按钮,可删除当前图形中没有使用的文字样式。

(3) □使用大字体(U) :选择该复选框可以使用亚洲语系的大字体(如汉字)。

(4) 字体样式:设置字体的格式,如正规、斜体、加粗。当选中□使用大字体(U) 复选框时,在此列表框中才可以选择大字体。

(5) 预览(P) :在该按钮前面的文本框中输入相应的文字,然后单击该按钮,可在"预览"栏中预览相应的文字效果。

**实例 2-32** 如新创建一文字样式,其中样式名为"仿宋",字体名为"仿宋_GB2312",高度为 10,宽度比例为 0.8,默认其余设置,建立新文字样式其具体操作

图 2-59　"文字样式"对话框

如下：

（1）在命令行输入 ST 后按【空格】键，打开如图 2-59 所示"文字样式"对话框。

（2）在"文字样式"对话框中单击 新建(N)... 按钮，打开如图 2-60 所示的"新建文字样式"对话框。

图 2-60　"新建文字样式"对话框

（3）在该对话框的"样式名"文本框中输入新文字样式的名称"仿宋"后，单击 确定 按钮返回"文字样式"对话框。

（4）在"字体"栏的"字体名"下拉列表框中选择当前文字样式所要使用的字体"仿宋_ GB2312"（需注意的是，在该列表框中有些字体名前带有"@"符号，若选中此种类型的字体，在用 TEXT 命令或 MTEXT 命令在该样式下书写单行文本或多行文本时，则显示出来的除英文大小写字母以外的每个文字均按逆时针方向旋转了 90°）。

（5）在"高度"文本框中指定当前文字样式所要采用的文字高度 10（需注意的是，若设置高度为 0，则在用 DTEXT 命令或 TEXT 命令书写文本时，系统会提示用户指定文字高度，可通过在绘图区中指定两点的方式或者直接输入相应高度数值来指定；若将高度设置为不为 0 的其他值，则在用 DTEXT 命令或 TEXT 命令书写文本时，系统都不会提示指定文字高度，这样书写出来的文本高度是不变的，包括使用该文字样式进行的尺寸标注。此外，高度值不能为负数）。

（6）可在"效果"栏中选中相应的复选框，设置文字样式的特殊效果。可在"宽度比例"和"倾斜角度"文本框中指定文字样式所采用的文字宽度比例及倾斜角度。此例中指定宽度比例为 0.8。

（7）默认其余设置，用户在"文字样式"对话框中所进行的设置，可在"预览"栏中显示出相应的文字效果。

（8）完成设置后，单击 应用(A) 按钮再单击 关闭(C) 按钮即可。

**2. 应用文字样式**

要应用文字样式，首先得将其置为当前文字，在 AutoCAD 中有如下两种设置当前文字样式的方法。

（1）在命令行输入 ST 后按【空格】键，在打开的"文字样式"对话框的"样式名"下拉列表框中选择要置为当前的文字样式，然后单击 关闭(C) 按钮即可。

（2）在"样式"工具栏的"文字样式控制"下拉列表框中选择要为当前文字应用的样式即可，如图 2-61 所示。

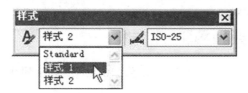

图 2-61　"文字样式控制"下拉列表框

将文字样式置为当前后，就可以使用文字标注命令标注文字了，所标注的文字即采用了当前的文字样式设置。

**3. 修改文字样式**

若要对文字样式进行修改，可通过如下方法来完成。其具体操作如下：

（1）在命令行输入 ST 后按【空格】键，打开"文字样式"对话框。

（2）在该对话框中按照新建文字样式的方法，对文字样式的参数进行修改。

（3）单击 应用(A) 按钮后，单击 关闭(C) 按钮即可。

**4. 重命名文字样式**

若要重命名文字样式，可通过如下两种方法来完成：

（1）在命令行输入 ST 后按【空格】键，在打开的"文字样式"对话框的"样式名"下拉列表框中选择要重命名的文字样式，然后单击 重命名(R) 按钮，打开如图 2-62 所示"重命名文字样式"对话框，在该对话框的"样式名"文本框中输入新的名称后，单击 确定 按钮即可。

图 2-62　"重命名文字样式"对话框

（2）在命令行输入 REN（RENAME）后按【空格】键，打开如图 2-63 所示的"重命名"对话框，在"命名对象"列表中选择"文字样式"，在"项目"列表中选择要修改的文字样式名称，然后在 重命名为(R): 按钮右侧的文本框中输入新的名称后，单击 确定 或 重命名为(R): 按钮即可。

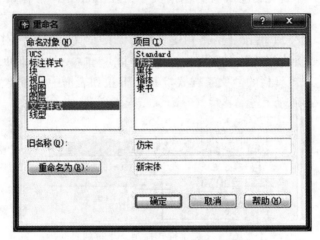

图 2-63    "重命名"对话框

### 2.8.2    创建单行文本标注

1. 单行文本标注

**操作方法：在命令行中执行 TEXT 或 DTEXT（DT）命令。**

使用 TEXT 命令标注的文本，其每行文字都是独立的对象，可以单独进行定位、调整格式等编辑操作。

**实例 2-33**    如使用 DT 命令且在实例 2-31 中所创建的"仿宋"样式下，创建如图 2-64 所示文本标注，旋转角度为 0°，以左中方式对齐。其命令行操作如下：

变质石英杂砂岩
夹绿泥绢云板岩

图 2-64    单行文本标注

命令：dt TEXT        //在命令行输入 dt 后按【空格】键
当前文字样式： 仿宋    当前文字高度： 10.0000        //系统显示当前文字样式及文字高度
指定文字的起点或［对正(J)/样式(S)］：j        //输入"对正"选项 j 后按【空格】键
输入选项［对齐(A)/调整(F)/中心(C)/中间(M)/右(R)/左上(TL)/中上(TC)/右上

（TR）/左中（ML）/正中（MC）/右中（MR）/左下（BL）/中下（BC）/右下（BR）]：ml　　//输入"左中"选项 ml 后按【空格】键

　　　指定文字的左中点：　　//在绘图区中拾取一点作为文字的左中点

　　　指定文字的旋转角度 <0>：　　//直接按【空格】键以默认文字的旋转角度为 0

　　　输入文字：变质石英杂砂岩　　//输入第一行文字内容后按【Enter】键换行

　　　输入文字：夹绿泥绢云板岩　　//输入第二行文字内容后按【Enter】键换行

　　　输入文字：　　//按【Enter】键结束 TEXT 命令

2. 在单行文本中输入特殊符号

　　在标注文本时，常需要输入如下画线（＿）、百分号（%）、度数（°）等特殊符号，这些特殊符号在 AutoCAD 中有专门的代码，只要标注文字时，输入符号的代码，即将该符号输入到图形中。这些特殊符号的代码及表现形式如表 2-5 所示。

表 2-5　　　　　　　　　　　单行文本特殊符号代码

| 代码输入 | 字　符 | 说　明 |
|---|---|---|
| %%o | ― | 上画线 |
| %%u | ― | 下画线 |
| %%d | ° | 度 |
| %%p | ± | 正/负公差符号 |
| %%c | Φ | 直径符号 |
| %%% | % | 百分比符号 |

　　**实例 2-34**　如使用 DT 命令且在前述实例 2-31 所创建的"仿宋"样式下，创建如图 2-65 所示文本标注，其命令行操作如下：

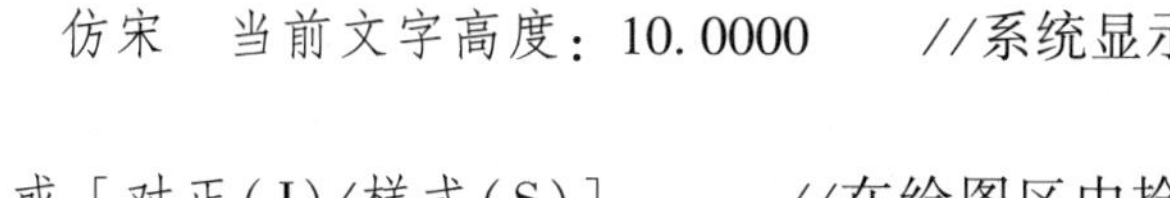

$$\overline{角度的允许误差为} \pm 2°$$

图 2-65　单行文本特殊符号标注

　　命令：dt TEXT　　//在命令行输入 dt 后按【空格】键

　　当前文字样式：　仿宋　当前文字高度：10.0000　　//系统显示当前文字样式及文字高度

　　指定文字的起点或 [对正(J)/样式(S)]：　　//在绘图区中拾取一点作为文字的起点

　　指定文字的旋转角度 <0>：　　//直接按【空格】键以默认文字的旋转角度为 0°

　　输入文字：%%u 角度的允许误差为%%o%%p2%%d　　//输入"%%u 角度的允许误差为%%o%%p2%%d"后按【Enter】键换行

　　输入文字：　　//按【Enter】键结束 TEXT 命令

87

在单行文本标注时，如果输入的符号显示为"?"（如 Ø 符号），则表示当前字体库中没有该符号，只需将当前字体改为"txt. shx"即可。

3. 编辑或修改单行文本

**操作方法：在命令行中执行 DDEDIT（ED）命令（或在单行文本的笔画上双击左键）。**

在绘图过程中如果标注的文本不符合绘图的要求，往往需要在原有的基础上进行修改，在 AutoCAD 中可用 DDEDIT 命令快速编辑文本内容，包括增加或替换字符等。

以修改上例文字为例，执行 ED 命令后，系统提示"选择注释对象或［放弃（U）］:"，在该提示下选择要编辑的单行文字，系统将打开如图 2-66 所示的"编辑文字"对话框，可在该对话框的"文字"文本框中输入新的文本内容后，按【Enter】键确认修改同时退出 DDEDIT 命令即可。

图 2-66 "编辑文字"对话框

### 2.8.3 创建多行文本标注

1. 多行文本标注

**操作方法：在命令行中执行 MTEXT（T/MT）命令。**

使用 MTEXT 命令也可以在绘图区中创建标注文字。它与单行文字的区别在于，使用 MTEXT 命令标注的包含多行段落的文字是一个整体，可对其进行整体编辑；而使用 TEXT 命令标注的文字，其中各行文字是相对独立的，可以单独对某段文字进行编辑。

执行 MTEXT 命令后，命令行操作如下：

命令: t MTEXT　　　//在命令行输入 t 后按【空格】键
当前文字样式: 仿宋　当前文字高度: 10　　//系统显示当前文字样式及文字高度
指定第一角点:　　//在绘图区中拾取一点作为多行文字区域的左上角点
指定对角点或［高度（H）/对正（J）/行距（L）/旋转（R）/样式（S）/宽度
（W）］:　　//在右下角拾取一点

在"指定对角点或［高度（H）/对正（J）/行距（L）/旋转（R）/样式（S）/宽度（W）］:"提示信息中的部分选项，其中各项含义如下：

（1）高度：指定所要标注的多行文字的高度。

（2）对正：指定多行文字的对齐方式，如中心对齐、左对齐等。

（3）行距：指定多行文字的行间距，它适用于具有两行以上的标注文字。

（4）旋转：指定多行文字的旋转角度。

（5）样式：指定多行文字所采用的文字标注样式。

（6）宽度：指定多行文字所能显示的单行文字宽度。

指定多行文字区域后，系统打开如图 2-67 所示"文字格式"对话框和"文字格式"工具栏，在该对话框中输入相应的文字后，单击 确定 按钮即可创建多行文字标注。

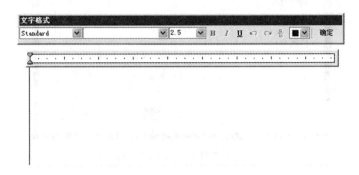

图 2-67　"文字格式"对话框和工具栏

用户可通过对话框上方的"文字格式"工具栏来设置文字的样式，如选择文字样式、字体、高度、加粗（**B**）、倾斜（*I*）、下画线（U）、颜色（■）等。在输入框中单击鼠标右键，弹出如图 2-68 所示快捷菜单，在该菜单中选择相应的选项即可对文字的各个参数进行设置。

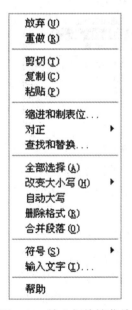

图 2-68　输入框快捷菜单

该快捷菜单的各选项含义如下：

（1）缩进和制表位：选择该项打开如图 2-69 所示"缩进和制表位"对话框，在该对话框中设置段落的缩进和制表位。段落的第一行和其余行可以采用不同的缩进。

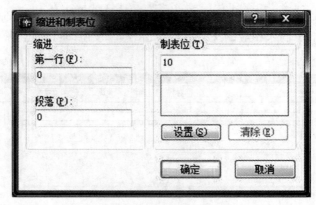

图 2-69　"缩进和制表位"对话框

（2）对正：选择该命令弹出如图 2-70 所示的子菜单，在该子菜单中选择文字的对齐方式。

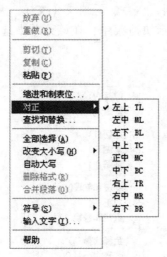

图 2-70　"对正"子菜单

（3）查找和替换：选择该项打开如图 2-71 所示的"替换"对话框，在该对话框中可对当前输入框中的文本进行查找和替换操作。

（4）全部选择：选择该命令将选中输入框中的所有文本内容。

（5）改变大小写：选择该命令在弹出的快捷菜单中选择"大写"或"小写"命令，改变选定文字的大小写。

（6）自动大写：将所有新输入的文字转换成大写，自动大写不影响已有的文字。

（7）删除格式：清除选定文字的粗体、斜体或下画线格式。

（8）合并段落：将选定的段落合并为一段，并用空格替换每段的回车符。

（9）符号：在光标位置处插入列出的符号或不间断空格，在后面的章节中将会详细介绍。

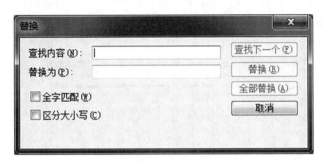

图 2-71 "替换"对话框

（10）输入文字：选择该命令打开如图 2-72 所示"选择文件"对话框，在该对话框中选择任意 ASCII 或 RTF 格式的文件。输入的文字保留原始字符格式和样式特性，但可以在多行文字编辑器中编辑和格式化输入的文字。应注意输入文字的文件必须小于 32K。

图 2-72 "选择文件"对话框

2. 在多行文本中输入特殊符号

在多行文本中输入特殊符号的操作相对于单行文字，要简单一些。

**实例 2-35** 使用多行文字标注命令创建如图 2-73 所示标注文本，其具体操作如下：

如图2-14所示竖井断面的井筒净直径为φ4000mm

如图2-51所示0#横剖面图左侧的方位角为325°

图 2-73 多行文本特殊符号标注

（1）在命令行输入 T 后按【空格】键，在绘图区中拾取一点，然后在其右下方再拾取一点。

（2）系统打开多行文字编辑窗口，在该窗口中输入"如图 2-14 所示竖井断面的井筒净直径为%%c4000mm"后按【Enter】键换行,再输入"如图 2-51 所示 0#横剖面图左侧的方位角为 325%%d",如图 2-74 所示。

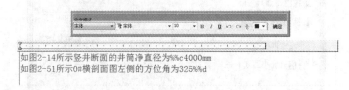

图 2-74　多行文本文字编辑窗口

（3）为了确保在图 2-73 中能显示直径和度符号,应选中编辑框中的所有文字,再在"字体"下拉列表框中选择所需宋体,再单击"文字格式"工具栏中的 确定 按钮即可。

也可在多行文字编辑窗口中直接输入特殊符号的代码形式来输入特殊符号。若在多行文字编辑窗口中单击鼠标右键,在弹出的快捷菜单中选择"符号"→"其他"菜单命令,将打开如图 2-75 所示的"字符映射表"窗口,通过该窗口可以在多行文字中插入特殊符号。

![字符映射表窗口]

图 2-75　"字符映射表"窗口

在"字符映射表"窗口中选中要插入的特殊符号后,单击 选择(S) 按钮,再单击 复制(C) 按钮,然后在多行文本编辑窗口中粘贴（Ctrl+V）特殊符号即可。

3. 编辑或修改多行文本

操作方法:在命令行中执行 DDEDIT（ED）命令（或在多行文本的笔画上双击左键）。

实际上,从这几种方法可以看出,编辑多行文字与编辑单行文字的方法是相同的,但为何要将其分别进行介绍呢？这是因为,虽然编辑文字的命令相同,但所选的文字类型不同,则打开的对话框也就不同。

如执行 ED 命令后，在命令行提示"选择注释对象或［放弃（U）］:"时，选择由 MTEXT 命令创建的多行文字，则将会打开如图 2-74 所示多行文字编辑窗口，在该窗口对多行文字进行各种编辑操作后，单击"文字格式"工具栏中的 确定 按钮即可。

### 2.8.4  比例缩放标注文本

**操作方法：在命令行中执行 SCALETEXT 命令。**

使用 SCALETEXT 命令可以更改一个或多个文字对象（如文字、多行文字和属性）的比例（或高度），可以指定相对比例因子或绝对文字高度，或者调整选定文字的比例以匹配现有文字的高度。每个文字对象使用同一个比例因子设置比例，并且保持当前的位置。该命令在调整矿业工程图形的文本标注或调整因版本原因替换字体后形成的字体特性改变时特别有用。

执行 SCALETEXT 命令后，系统会提示选择需缩放的标注文字，然后再提示"输入缩放的基点选项［现有（E）/左（L）/中心（C）/中间（M）/右（R）/左上（TL）/中上（TC）/右上（TR）/左中（ML）/正中（MC）/右中（MR）/左下（BL）/中下（BC）/右下（BR）］<现有>:"，该提示中部分选项与执行 TEXT 命令的选项相同，在此仅介绍选择"现有"选项后的系统提示信息。

输入"E"后，系统提示"指定新高度或［匹配对象（M）/缩放比例（S）］:"，该提示中各项含义如下：

（1）指定新高度：为标注文本设置新的高度。

（2）匹配对象：缩放最初选定的文字对象以与选定的文字对象大小匹配。选择该选项后，系统提示"选择具有所需高度的文字对象:"，在该提示下选择文字对象来匹配所选对象。

（3）缩放比例：按参照长度和指定的新长度比例缩放所选文字对象。选择该选项后，系统提示"指定缩放比例或［参照（R）］<2>:"，在该提示下指定比例因子。

### 2.8.5  绘图区文本快显

**操作方法：在命令行中执行 QTEXT 命令即可调整文本显示状态。**

如果图形中文本内容较多，在图形进行复制、移动等各种编辑操作时，命令的执行速度会变慢。在这种情况下，用户可以使用 QTEXT 命令将文本设置为快速显示方式，使图形中的文本以线框的形式显示，从而提高图形的显示速度。

执行 QTEXT 命令后，系统提示"输入模式［开（ON）/关（OFF）］<OFF>:"，在该提示下指定文本的快显方式，输入"ON"打开文本快显，输入"OFF"关闭文本快显。执行文本快显操作后，需要在命令行输入 REGEN 命令后按【空格】键来重生成视图，从而观察到相应的效果。如开启文本快显后图 2-73 的显示效果如图 2-76 所示。

### 2.8.6  汉字输入法符号输入

在标注文本时，有时需要输入一些特殊的标点符号、希腊字母、数字序号或数学符号等，采用以上讲述方法无法找到相应符号时，此时可通过任意一种汉字输入法的软键盘来完成。其具体操作如下：

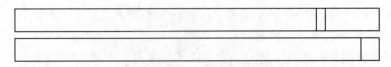

图 2-76　文本快显开启显示效果

（1）在标注文本过程中，需插入某种特殊符号，此时切换出任意一种汉字输入法，如"华宇拼音输入法"，其状态栏如图 2-77 所示。

图 2-77　华宇拼音输入法状态栏

（2）将鼠标指针放在图 2-77 所示软键盘图标上单击右键，弹出如图 2-78 所示特殊符号快捷菜单。

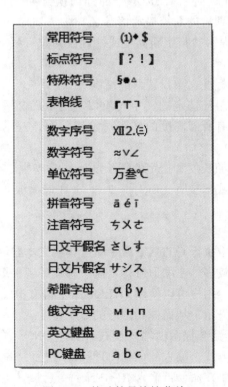

图 2-78　特殊符号快捷菜单

（3）鼠标左键单击所需要的符号类型如"数字序号"后将在窗口右下角打开如图 2-79 所示的"数字序号"软键盘，用户便可在该软键盘中用鼠标选择所需要的"数字序号"。

图 2-79　"数字序号"软键盘

### 2.8.7　向字库内添加新字体

在 AutoCAD 中，默认字库内的字体往往较少，若要添加新字体，只需将"*.shx"新字体形文件复制后粘贴到 AutoCAD 安装目录下的"Fonts"文件夹内即可。添加完成后，即可在文字样式的"字体名"列表框中找到该字体。

## 本 章 小 结

本章主要结合部分矿业工程图介绍了文字输入与编辑的方法以及直线、弧线、封闭图形及点等的绘制方法，讲述了为封闭图形创建边界、面域及填充图案。同时为了提高绘图效率，对相同的图形对象进行复制、镜像、偏移及阵列等操作进行了重点讲解。

## 综 合 练 习

2-1　将下面的绘图命令对应到其命令名之后。

| point | 圆 |
| line | 面域 |
| xline | 单行文字 |
| pline | 点 |
| mline | 正多边形 |
| ray | 定数等分 |
| spline | 创建内部图块 |
| polygon | 图案填充 |
| rectangle/ rectang | 定距等分 |
| circle | 射线 |
| arc | 创建外部图块 |
| dount | 插入块 |
| ellipse | 样条曲线 |
| region | 直线 |
| text/dtext | 圆弧 |

| | |
|---|---|
| mtext | 绘制二维面 |
| block | 多段线 |
| wblock | 椭圆 |
| insert | 矩形 |
| bhatch | 多线 |
| divide | 圆环 |
| measure | 射线 |
| solid | 多行文字 |

2-2　已知某矿山的矿区范围拐点坐标如表 2-6 所示，试采用多段线命令 PLINE 并结合 Excel 表格绘制该矿的矿区范围。

表 2-6　　　　　　　　　　　　　某矿区范围拐点坐标表

| 拐点编号 | 1980 西安坐标系 | |
|---|---|---|
| | X 坐标 | Y 坐标 |
| 矿 1 | 2835600. 00 | 33481480. 00 |
| 矿 2 | 2835710. 00 | 33482650. 00 |
| 矿 3 | 2834300. 00 | 33482860. 00 |
| 矿 4 | 2834600. 00 | 33481260. 00 |

2-3　试采用多段线命令 PLINE、圆弧命令 ARC、复制命令 COPY 和多段线编辑命令 PEDIT 等绘制如图 2-80 所示放矿漏斗断面图，图中所有对象固定宽度为 0.1，图中单位为 m。

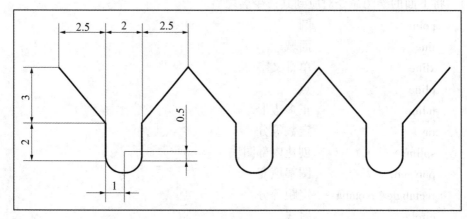

图 2-80　放矿漏斗断面图

2-4　试采用多段线命令 PLINE、复制命令 COPY、偏移命令 OFFSET、阵列命令 ARRAY 和镜像命令 MIRROR 等绘制如图 2-81 所示某选矿厂局部"云锡式摇床"平面布置图，图中单位为 m。

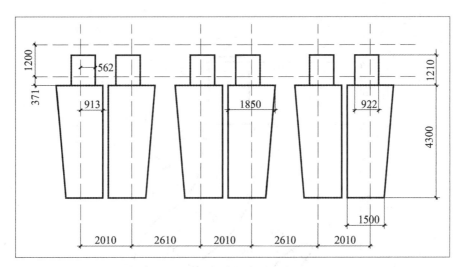

图 2-81 云锡式摇床平面布置图

2-5 试采用多段线命令 PLINE、偏移命令 OFFSET、单行文字命令 TEXT、图案填充命令 BHATCH 和修剪命令 TRIM 等绘制如图 2-82 所示某矿山的安全设施"截洪沟断面结构图",图中单位为 mm。

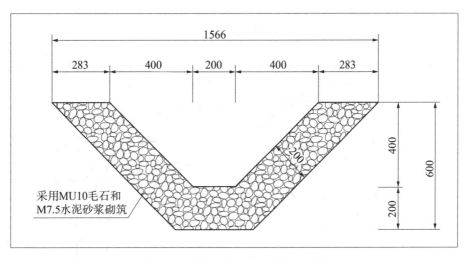

图 2-82 截洪沟断面结构图绘制练习

2-6 试采用多段线命令 PLINE、矩形命令 RECTANG、圆命令 CIRCLE 和修剪命令 TRIM 等绘制如图 2-83 所示某选矿厂行车吊钩,图中单位为 mm。

2-7 试采用直线命令 LINE、圆命令 CIRCLE、椭圆命令 ELLIPSE、正多边形命令 POLYGN、矩形命令 RECTANG、单行文字命令 TEXT、图案填充命令 BHATCH、"绘图"→"圆"菜单命令、旋转命令 ROTATE 和修剪命令 TRIM 等绘制如图 2-84 所示图形,填充图案名称为"ANSI31",填充比例为 1;并采用 BOUNDARY 命令为图案填充区域创建边界(提示:可将与图案填充区域边界相关的 4 个对象选中后,采用 COPY 命令复制到空白区域,再进行边界创建操作)。

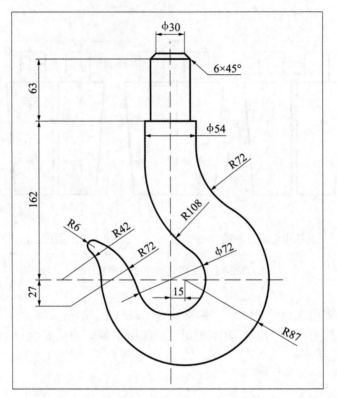

图 2-83 行车吊钩

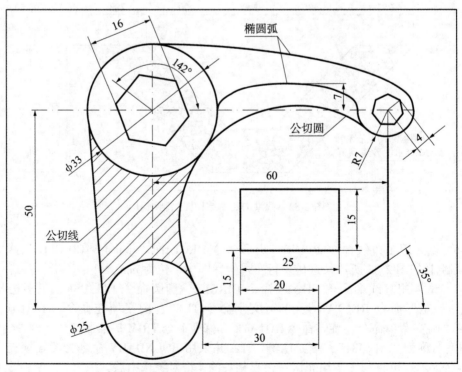

图 2-84 多种绘图命令综合运用练习图

2-8  绘制一固定宽度为 5 的椭圆，其长轴长度为 120，短轴长度为 80（操作提示：首先将系统变量 PELLIPSE 参数值设为 1，然后用椭圆命令 ELLIPSE 绘制该椭圆，最后再采用多段线编辑命令 PEDIT 设置其固定宽度，多段线编辑命令 PEDIT 的运用可参考第 3 章相应内容）。

2-9  怎样给闭合区域创建边界和面域？其意义何在？

2-10  创建填充图案的具体步骤是什么？如何编辑已有填充图案？如何进行"自定义填充图案"设置？

2-11  单行文本与多行文本的区别是什么？如何向 AutoCAD 字库内添加新字体？

# 第3章 图形修改

【学习目标】

本章主要结合部分矿业工程图实例介绍修改工程图形所需进行的删除、移动与变形、修剪与延伸、夹点编辑以及线编辑等内容。通过本章的学习，读者应能灵活地运用所介绍的修改命令与技巧来编辑矿业工程等二维图形。

为了便于操作，在进行图形修改之前，设置 AutoCAD 系统变量 PICKFIRST 参数为"1"，以控制在发出某个修改命令之前选择对象。若该参数为"0"，则为在发出命令之后选择对象。

## 3.1 删除

删除对象的方法：选中要删除的对象后在命令行中执行 ERASE（E）命令或按下键盘上的【Delete】键。

**实例 3-1** 以绘制如图 3-1（b）所示的正五角星为例，说明删除对象的操作步骤。首先需绘制正五边形，然后隔点连线形成正五角星，如图 3-1（a）所示，下面要做的就是删除多余的正五边形，其具体操作如下：

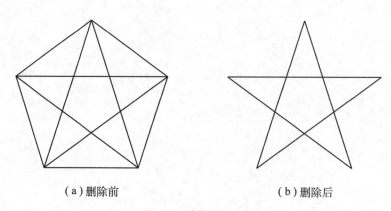

（a）删除前         （b）删除后

图 3-1 删除图形对象

命令：指定对角点：　　//选中绘图区域中要删除的对象"正五边形"

命令：e ERASE 找到 1 个　　//命令行输入 e 后按【空格】键并结束 ERASE 命令

## 3.2 移动与变形

### 3.2.1 移动

**移动对象的方法：选中要移动的对象后在命令行中执行 MOVE（M）命令。**

MOVE 命令用于把单个对象或多个对象从当前的位置移至新位置，这种移动并不改变对象的尺寸和方位。

**实例 3-2** 如在图 3-2 中，AB 为中心线，在图 3-2（a）中的间柱及底部结构部分的位置需进行移动，移动后如图 3-2（b）所示，其具体操作如下：

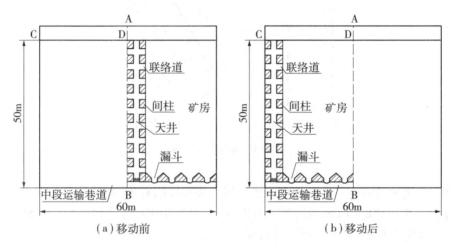

（a）移动前　　　　　　　　（b）移动后

图 3-2　移动图形对象

命令：指定对角点：　　　　//选中绘图区域中要移动的目标对象"间柱及底部结构部分"

命令：m MOVE 找到 101 个　　//在命令行输入 m 后按【空格】键

指定基点或位移：　　//在绘图区域中任意指定一点作为基点

指定位移的第二点或 <用第一点作位移>：@-30，0　　//在命令行输入@-30，0 后按【空格】键并结束 MOVE 命令

此例亦可通过如下操作步骤进行移动：

命令：指定对角点：　　　　//选中绘图区域中要移动的对象"间柱及底部结构部分"

命令：m MOVE 找到 101 个　　//在命令行输入 m 后按【空格】键

指定基点或位移：　　//在绘图区域中指定 D 点作为基点

指定位移的第二点或 <用第一点作位移>：　　//在绘图区域中指定 C 点作为位移的第二点，并结束 MOVE 命令

注意：在一些难以确定对象坐标的移动中，MOVE 命令常与夹点或目标捕捉方式配合使用。

101

### 3.2.2　旋转

**旋转对象的方法：选中要旋转的对象后在命令行中执行 ROTATE（RO）命令。**

**1. 以指定角度方式旋转**

在指定旋转角度时，源对象的位置为 0°，若输入的旋转角度为正，实体将作逆时针方向旋转；若输入的角度为负，则实体作顺时针方向旋转。

**实例 3-3**　某矿体倾角为 60°，可先画出垂直的横断面如图 3-3（a）所示，再将其旋转后得到如图 3-3（b）所示矿体横断面，其旋转过程具体操作如下：

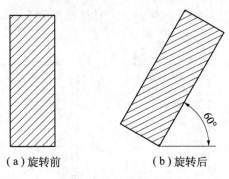

（a）旋转前　　　　　　　　（b）旋转后

图 3-3　旋转图形对象

命令：指定对角点：　　//选中绘图区域中要旋转的对象"矿体"

命令：ro ROTATE　UCS 当前的正角方向：　ANGDIR＝逆时针　ANGBASE＝0　找到 2 个　//在命令行输入 ro 后按【空格】键

指定基点：　　//在绘图区域中指定矩形右下角点作为基点

指定旋转角度或〔参照（R）〕：−30　　//在命令行输入−30 后按【空格】键并结束 ROTATE 命令

**2. 根据参照对象旋转对象**

使用 ROTATE 命令还可以将对象参照某个基点进行旋转，该命令不会改变对象的整体尺寸大小。即在"指定旋转角度或〔参照（R）〕："提示下选择"参照"选项，可将对象与用户坐标系的 X 轴和 Y 轴对齐，或者与图形中的几何特征对齐。选择该项后，系统会提示用户指定当前的绝对旋转角度和所需的新旋转角度。

基点选择与旋转后的图形的位置有关，因此应根据绘图需要准确捕捉基点，且基点最好选择在已知的对象上，这样不容易引起混乱。

**实例 3-4**　某矿矿区地形地质平面图如图 3-4 所示，试采用旋转命令将整个图形进行旋转，使图中勘探线（图中所有勘探线均平行）呈水平状态，以便绘制勘探线剖面图或进行采矿工程设计等操作，旋转结果如图 3-5 所示，其具体操作如下：

命令：指定对角点：　　//选中绘图区域中要旋转的对象"整个图形"

命令：ro ROTATE　UCS 当前的正角方向：　ANGDIR＝逆时针　ANGBASE＝0　找到 90 个　//在命令行输入 ro 后按【空格】键

指定基点：　　//在 0#勘探线（任意一条勘探线）上任意指定一点作为基点

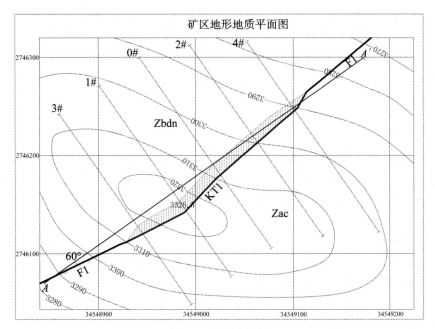

图 3-4　旋转前图形

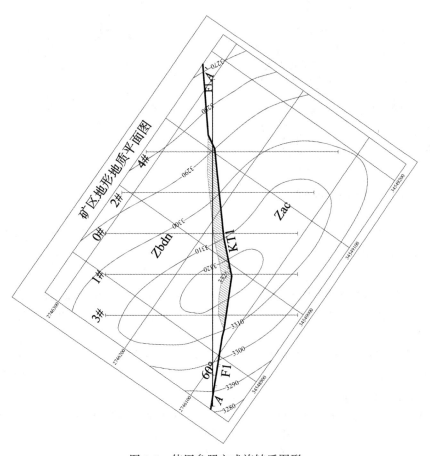

图 3-5　使用参照方式旋转后图形

指定旋转角度或［参照(R)］：r　　//输入"参照"选项 r 后按【空格】键

指定参照角 <0>：　　//在 0#勘探线上的左上部分任意指定一点

指定第二点：　　//在 0#勘探线上的右下部分任意指定一点

指定新角度：0　　//在命令行输入 0 后按【空格】键(或将十字光标移动至水平向右方向单击左键)并结束 ROTATE 命令

### 3.2.3　比例缩放

**缩放对象的方法：选中要缩放的对象后在命令行中执行 SCALE（SC）命令。**

SCALE 命令可以改变实体的尺寸大小。该命令可以把整个实体或者实体的一部分沿 X 轴、Y 轴、Z 轴方向使用相同的比例因子放大或缩小，由于三个方向的缩放率相同，保证了缩放实体的形状不变。

1. 以指定比例方式缩放

指定比例缩放对象即是通过输入比例因子的方式来控制图形的大小。当用户使用 SCALE 命令以指定比例因子方式缩放对象时，若比例因子大于 1，则放大对象，若比例因子小于 1 且大于 0，则缩小对象。应注意，比例因子必须为大于 0 的数值。

**实例 3-5**　如使用 SCALE 命令将图 3-6 所示图形中直径为 120 的圆缩放 0.5 倍，效果如图 3-7 所示，其具体操作如下：

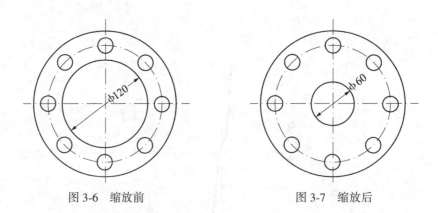

图 3-6　缩放前　　　　　　　　　　　　图 3-7　缩放后

命令：指定对角点：　　//选中绘图区域中要缩放的对象"直径为 120 的圆"

命令：sc SCALE 找到 1 个　　/在命令行输入 sc 后按【空格】键

指定基点：　　//捕捉图 3-6 中直径为 120 的圆的圆心

指定比例因子或［参照(R)］：.5　　//在命令行输入 .5(在 AutoCAD 命令行中小数点前为 0 可以不输入，即输入 .5 等同于输入 0.5)后按【空格】键并结束 SCALE 命令

2. 根据参照对象缩放对象

以参照方式缩放对象，是将用户当前的测量值作为新尺寸的基础。以该方式缩放对象，需指定当前测量的尺寸及对象的新尺寸(该尺寸可通过在绘图区域中指定两点的方式进行)，如果新长度大于参照长度，则将对象放大。

**实例 3-6**　已知某正五边形间隔一个顶点的任意两个顶点间的连线长，如何绘制该正五边形，假如某正五边形间隔一个顶点的任意两个顶点间的连线长为 100，首先通过"内接于圆"的方式任意绘制一正五边形(此例中内接于圆的半径取 100，为任意指定的数

值，亦可指定其他数值），如图 3-8（a）所示，然后通过图 3-8（a）中 A 点绘制一水平向右长度为 100 的直线，接下来要做的就是采用参照方式来缩放对象，缩放效果如图 3-8（b）所示。其具体操作如下：

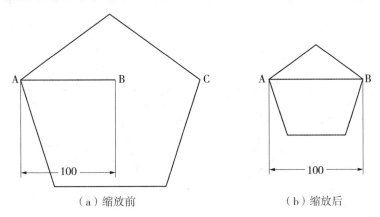

（a）缩放前　　　　　　　　　　　　　　（b）缩放后

图 3-8　使用参照方式缩放图形

命令：指定对角点：　　　//选中绘图区域中要缩放的对象"图 3-8(a)中的正五边形"
命令：sc SCALE 找到 1 个　　//在命令行输入 sc 后按【空格】键
指定基点：　　//捕捉图 3-8(a)中的 A 点作为基点
指定比例因子或［参照(R)］：r　　//输入"参照"选项 r 后按【空格】键
指定参照长度 <1>：　　//捕捉图 3-8(a)中的 A 点作为参照长度的第一点
指定第二点：　　//捕捉图 3-8(a)中的 C 点作为参照长度的第二点
指定新长度：　　//捕捉图 3-8(a)中的 B 点作为新长度的第二点并结束 SCALE 命令

### 3.2.4　拉伸

**拉伸目标对象的方法：在命令行中执行 STRETCH（S）命令。**
使用 STRETCH 命令可以按指定的方向和角度拉伸或缩短实体。它可以拉长、缩短或改变对象的形状。在选择拉伸实体时，只能使用交叉窗口方式，与窗口相交的实体将被拉伸，窗口内的实体将随之移动。

### 3.2.5　分解

**分解对象的方法：选择要分解的对象后在命令行中执行 EXPLODE（X）命令即可。**
使用 EXPLODE 命令可以把图块分解为各实体，把多段线分解为直线或圆弧，把一个尺寸标注分解为线段、箭头和文本，把一个图案填充分解为若干线条。

## 3.3　修剪与延伸

### 3.3.1　修剪

**修剪对象的方法：在命令行中执行 TRIM（TR）命令。**
执行修剪命令后的多种常用修剪方式如下：

（1）在命令行输入 TR→【空格】键→单击鼠标右键→左键依次单击图形中需修剪的部位→【Esc】键结束修剪命令。图 3-9（a）为采用 5 条多段线所绘制的五角星，对图中的虚线部分进行修剪便可以采用此种方式，修剪后的效果如图 3-9（b）所示。

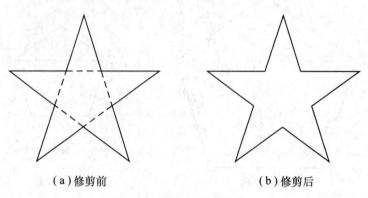

（a）修剪前　　　　　　　　　　　　（b）修剪后

图 3-9　采用常用修剪方式一

（2）在命令行输入 TR→【空格】键→选择与修剪部位相交的对象（即修剪边界，有时需同时选择与修剪部位两端相交的对象）→【空格】键→左键依次单击图形中需修剪的部位→【Esc】键结束修剪命令。例如对图 3-10（a）中的露天底部周界内地形线进行修剪便可以采用此种方式，修剪后的效果如图 3-10（b）所示。

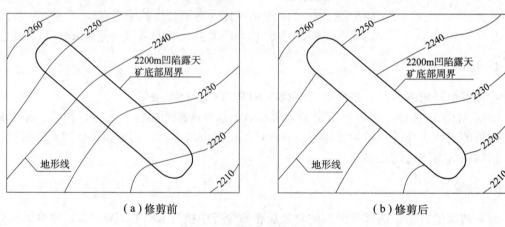

（a）修剪前　　　　　　　　　　　　（b）修剪后

图 3-10　采用常用修剪方式二

（3）在命令行输入 TR→【空格】键→选择与修剪部位相交的对象→【空格】键→输入 F→【空格】键→在绘图区域根据需要依次指定多个点所形成的虚折线穿过所有修剪对象需修剪的一端→【空格】键→【Esc】键结束修剪命令。例如对图 3-11（a）中超出内部矩形以外的地形线进行修剪便可以采用此种方式，修剪后的效果如图 3-11（b）所示，在进行上述操作中输入 F 后按【空格】键，依次指定多个点所形成的虚折线，如图 3-12 所示。

在绘制矿业工程图的过程中，读者应结合实际情况灵活运用以上几种常用的修剪方式。

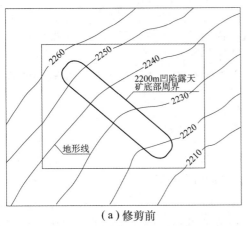

（a）修剪前

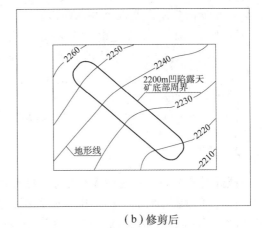

（b）修剪后

图 3-11　采用常用修剪方式三

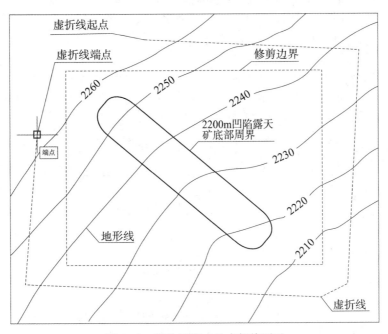

图 3-12　栏选后形成的虚折线图示

使用 TRIM 命令可以根据修剪边界修剪超出边界的线条，被修剪的对象可以是直线、圆、弧、多段线、样条曲线和射线等。使用 TRIM 命令修剪对象时，需要用户选择修剪边界和被修剪的线段。修剪边界与被修剪的线段必须处于相交状态。在选择要修剪的对象时，只能使用点选方式进行，而不能用窗选方式。

TRIM 命令除了可以修剪对象以外，还可以延伸对象。在"选择要修剪的对象，或按住【Shift】键选择要延伸的对象，或［投影（P）/边（E）/放弃（U）］:"提示信息中，系统提示按住【Shift】键选择要延伸的对象，即当用户在执行 TRIM 命令过程中，选择了修剪边界后，又需要延伸某条线段时，可以按【Shift】键然后单击要延伸的对象，该线段就会自动延伸到用户所选择的修剪边界。

在执行 TRIM 命令过程中，还有如下几个选项需要读者了解，它们的含义如下：

（1）投影（P）：指定修剪对象时 AutoCAD 使用的投影模式。

（2）边（E）：确定是在另一对象的隐含边处修剪对象，还是仅修剪对象到与它在三维空间中相交的对象处。

（3）放弃（U）：撤销上一步修剪操作。

### 3.3.2　延伸

**延伸对象的方法：在命令行中执行 EXTEND（EX）命令。**

执行延伸命令后的多种常用延伸方式如下：

（1）在命令行输入 EX→【空格】键→单击鼠标右键→左键依次单击图形中延伸对象需延伸的一端→【Esc】键结束延伸命令。或采用在命令行输入 EX→【空格】键→交叉窗选中图中所有对象→【空格】键→左键依次单击图形中延伸对象需延伸的一端→【Esc】键结束延伸命令。例如对图 3-13（a）中多条未相交的直线进行延伸便可以采用此种方式，延伸后的效果如图 3-13（b）所示。

 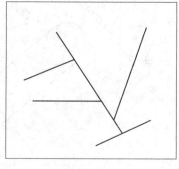

（a）延伸前　　　　　　　　　　　　（b）延伸后

图 3-13　采用常用延伸方式一

（2）在命令行输入 EX→【空格】键→选择延伸边界（即延伸对象将要延伸到的对象）→【空格】键→左键依次单击图形中延伸对象需延伸的一端→【Esc】键结束延伸命令。如对图 3-14（a）中的直线 a、直线 b 和直线 c 均延伸至直线 d 则可以采用此种方式，延伸后的效果如图 3-14（b）所示。

（3）在命令行输入 EX→【空格】键→选择延伸边界→【空格】键→输入 F→【空格】键→在绘图区域中根据需要依次指定多个点所形成的虚折线穿过所有延伸对象将要延伸的一端→【空格】键→【Esc】键结束延伸命令。例如将图 3-15（a）中的所有直线均延伸至圆周界则可以采用此种方式，延伸后的效果如图 3-15（b）所示。

（4）将两条可能相交但实际没有相交的直线延伸至交点的方法：输入 EX→【空格】键→选择两条直线→【空格】键→输入 E→【空格】键→输入 E→【空格】键→左键分别单击两条直线需延伸的一端→【Esc】键结束延伸命令。例如将图 3-16（a）中的直线 a

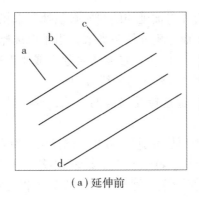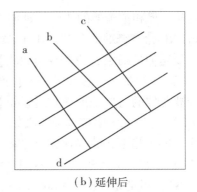

（a）延伸前　　　　　　　　　　　（b）延伸后

图 3-14　采用常用延伸方式二

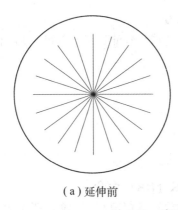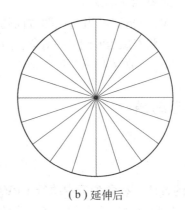

（a）延伸前　　　　　　　　　　　（b）延伸后

图 3-15　采用常用延伸方式三

和直线 b 延伸至交点则可以采用此种方式，延伸后的效果如图 3-16（b）所示。

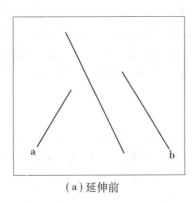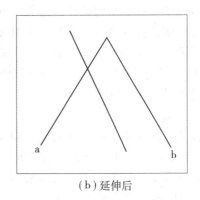

（a）延伸前　　　　　　　　　　　（b）延伸后

图 3-16　采用常用延伸方式四

　　在绘制矿业工程图过程中，读者应结合实际情况灵活运用以上几种常用的延伸方式。
　　EXTEND 命令用于把直线、弧和多段线等的端点延长到指定的边界，这些边界可以是直线、圆弧或多段线。与使用 TRIM 命令修剪对象类似，使用 EXTEND 命令延伸对象也需要用户选择延伸边界和被延伸的线段。延伸边界与被延伸的线段必须处于未相交状态。

使用 EXTEND 命令修剪线条与使用 TRIM 命令延伸线条类似，当用户选择了延伸边界后，在"选择要延伸的对象，或按住【Shift】键选择要修剪的对象，或［投影（P）/边（E）/放弃（U）］:"提示下按住【Shift】键单击要修剪的线段即可。

在"选择要延伸的对象，或按住【Shift】键选择要修剪的对象，或［投影（P）/边（E）/放弃（U）］:"提示中各选项含义如下：

（1）投影（P）：指定 AutoCAD 延伸对象时所使用的投影方式。选择该选项后，系统提示"输入投影选项［无（N）/UCS（U）/视图（V）］<UCS>:"，该提示中各项含义如下：

（2）无（N）：指定无投影。AutoCAD 只延伸在三维空间与边界的边相交的对象。

（3）UCS（U）：指定到当前用户坐标系（UCS）XY 平面的投影。AutoCAD 延伸在三维空间不与边界对象相交的对象。

（4）视图（V）：指定沿当前视图方向的投影。

（5）边（E）：将对象延伸到另一对象的隐含边或只延伸到三维空间中实际相交的对象。

（6）放弃（U）：放弃上一步延伸操作。

## 3.4　打断与倒角

### 3.4.1　打断

**打断对象的方法：在命令行中执行 BREAK（BR）命令。**

使用 BREAK 命令可把已有的线条分离为两段，被分离的线段只能是单独的线条，不能是任何组合形体，如图块、编组等。该命令可通过指定两点、选择对象后再指定两点这两种方式断开形体。

1. 将对象打断于一点

将对象打断于一点是指将线段进行无缝断开，分离成两条独立的线段，但线段之间没有空隙。具体方法是：在命令行中执行 BREAK（BR）命令并选择对象后，在"指定第二个打断点或［第一点（F）］:"提示信息下输入 f 后按【空格】键，在"指定第一个打断点:"提示信息下在绘图区中指定第一个打断点，在"指定第二个打断点:"提示信息下输入@后按【空格】键即可。

2. 以两点方式打断对象

以两点方式打断对象也就是在对象上创建两个打断点，使对象以一定的距离断开。

使用 BREAK 命令打断对象时，系统提示"选择对象:"，在选择对象的同时，用户将鼠标指针移到对象上的位置将会被系统作为第一个打断点（这一点是初学者最容易忽视的），也可在"指定第二个打断点或［第一点（F）］:"提示信息下输入 f 后按【空格】键，以重新指定第一个打断点，然后在系统提示下指定第二个打断点。

### 3.4.2　圆角

**创建圆角对象的方法：在命令行中执行 FILLET（F）命令。**

FILLET 命令用来对两个对象进行圆弧连接（例如，绘制本章综合练习 3-5 中的钢轨部分）；它还能对多段线的多个顶点进行一次性倒圆。在使用此命令进行圆角对象时，应先设定圆弧半径，然后再进行倒圆。

在执行 FILLET 命令的过程中，系统提供了如下几个选项，各选项含义如下：

（1）选择第一个对象：在此提示下选择第一个对象，该对象用于定义二维圆角的两个对象之一，也可以用来选择三维实体的边。

（2）多段线（P）：在二维多段线中两条线段相交的每个顶点处插入圆角弧。

（3）半径（R）：指定圆角弧的半径。

（4）修剪（T）：确定是否修剪选定的边到圆角弧的端点。

（5）多个（U）：给多个对象集加圆角。AutoCAD 将重复显示主提示和“选择第二个对象：”提示，直到用户按【Enter】键结束命令。

例如，对实例 2-24 中采用 PLINE 命令所绘制的巷道中心线创建圆角，转弯半径为15m，其在命令行中的操作步骤为：输入 F→【空格】键→输入 R→【空格】键→输入 15→【空格】键→输入 P→【空格】键→选中巷道中心线。

注意：若在对两条直线进行圆（倒）角操作时，出现“两个图元不共面”的提示时，无法进行圆（倒）角。此时，可选中所要圆（倒）角的对象后，在命令提示区输入CHANGE 命令→【空格】键→ 输入 P→【空格】键→输入 E→【空格】键→输入 0→【空格】键→【空格】键，完成设置后便可进行圆（倒）角。

### 3.4.3　倒角

**创建倒角对象的方法：在命令行中执行 CHAMFER（CHA）命令。**

CHAMFER 命令用于将两条非平行直线或多段线做出有斜度的倒角。使用时应先设定倒角距离，然后再指定倒角线。例如，绘制本章综合练习 3-5 中的轨枕部分。

在对图形进行倒角过程中，有如下几个选项需要读者注意：

（1）多段线（P）：在二维多段线的所有顶点处产生倒角。

（2）距离（D）：设置倒角距离。

（3）角度（A）：以指定一个角度和一段距离的方法来设置倒角的距离。

（4）修剪（T）：设定是否在倒角对象后，仍然保留被倒角对象原有的形状。

（5）方式（M）：在“距离”和“角度”两个选项之间选择一种方法。

（6）多个（U）：给多个对象集加倒角。命令行将重复显示主提示和“选择第二个对象”提示，直到用户按【Enter】键结束命令。

## 3.5　夹点编辑

夹点在 AutoCAD 中用一些小方框表示，它们出现在指定对象的关键点上，可以拖动这些夹点执行拉伸、移动、旋转、缩放或镜像等操作。通过夹点可以将命令和对象选择结合起来，从而提高编辑速度。

当对象处于夹点状态且用户再次选中某个已选定的夹点时，系统会提示“指定拉伸点或［基点（B）/复制（C）/放弃（U）/退出（X）］：”，在该提示下键入各选项的命令，即可对所选对象进行拉伸、移动、旋转、缩放和镜像操作。此外，在该提示下不按

111

【空格】键可进行对象拉伸，按 1 次【空格】键可进行对象移动，按 2 次【空格】键可进行对象旋转，按 3 次【空格】键可进行对象缩放，按 4 次【空格】键可进行对象镜像。

### 3.5.1　夹点拉伸

当建立夹点并单击某一夹点后，该夹点变为红色，再单击鼠标右键，弹出快捷菜单，选择"拉伸"项，系统提示"＊＊拉伸＊＊指定拉伸点或［基点（B）/复制（C）/放弃（U）/退出（X）］:"。其中各选项含义如下：

（1）指定拉伸点：缺省选项，提示用户输入拉伸的目标点。

（2）基点（B）：提示用户输入一点作为拉伸的基点。

（3）复制（C）：在拉伸实体时，同时复制实体。

（4）放弃（U）：取消刚才所作的编辑。

（5）退出（X）：退出夹点编辑方式。

### 3.5.2　夹点移动

夹点移动功能与 MOVE 命令的功能相似，即将对象从当前的位置移动到新位置，在移动的同时还可以选择复制选项对图形进行复制操作。

选中某夹点后，系统提示"指定拉伸点或［基点（B）/复制（C）/放弃（U）/退出（X）］:"，在该提示下键入"MO"后，系统提示"指定移动点或［基点（B）/复制（C）/放弃（U）/退出（X）］:"，在该提示下指定移动点或选择相应的选项进行移动操作。

### 3.5.3　夹点镜像

夹点镜像功能与 MIRROR 命令功能相似，即将所选对象按指定的镜像线做镜像处理，同时还可以选择"复制"选项对图形进行多次复制。

选中某夹点后，系统提示"指定拉伸点或［基点（B）/复制（C）/放弃（U）/退出（X）］:"，在该提示下键入"MI"，系统提示"指定第二点或［基点（B）/复制（C）/放弃（U）/退出（X）］:"，在该提示下指定镜像操作的对称轴点或选择相应的选项进行镜像操作。

### 3.5.4　夹点旋转

夹点旋转功能与 ROTATE 命令的功能相似，即将所选对象围绕基点旋转指定的角度，同时还可以选择"复制"选项对图形进行多次复制（即进行旋转复制）。

选中某夹点后，系统提示"指定拉伸点或［基点（B）/复制（C）/放弃（U）/退出（X）］:"，在该提示下键入"RO"，系统提示"指定旋转角度或［基点（B）/复制（C）/放弃（U）/参照（R）/退出（X）］:"，在该提示下指定旋转角度或选择相应的选项进行旋转操作，其中，选择"参照"选项可以参照其他实体旋转所选对象。

**实例 3-7**　如图 3-17 所示为某矿山选矿厂已经绘制出的其中一个水力旋流器，试采用夹点旋转的复制功能旋转复制出其余 5 个水力旋流器，其旋转复制效果如图 3-18 所示。其具体操作步骤如下：

图 3-17 旋转复制前图形

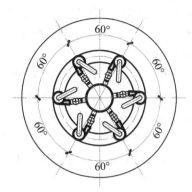

图 3-18 旋转复制后效果

选中已经绘制好的原图形"水力旋流器"中的所有对象同时显示出夹点→左键单击该图形中所显示的任意一个夹点→【空格】键→【空格】键→在命令行输入 C→【空格】键→在命令行输入 B→【空格】键→捕捉图中外围圆的圆心作为旋转复制的中心点→输入第一个所要复制的目标图形与原图形之间的夹角（可以按顺时针或逆时针方向进行旋转，顺时针方向角度为负数，逆时针方向角度为正）60°→【空格】键→输入第二个所要复制的目标图形与原图形之间的夹角 120°→【空格】键→输入第三个所要复制的目标图形与原图形之间的夹角 180°→【空格】键→输入第四个所要复制的目标图形与原图形之间的夹角 240°→【空格】键→输入第五个所要复制的目标图形与原图形之间的夹角 300°→【空格】键→【空格】键结束旋转复制。

### 3.5.5 夹点缩放

夹点缩放功能与 SCALE 命令的功能相似，即将所选对象相对于基点进行缩放，同时还可以选择"复制"选项对图形多次复制。

选中某夹点后，系统提示"指定拉伸点或［基点（B）/复制（C）/放弃（U）/退出（X）］："，在该提示下键入"SC"，系统提示"指定比例因子或［基点（B）/复制（C）/放弃（U）/参照（R）/退出（X）］："，在该提示信息下指定缩放的比例因子或选择相应的选项进行缩放操作，其中，选择"参照"选项可以参照其他实体缩放所选对象。

## 3.6 线编辑

### 3.6.1 多段线编辑

**操作方法：在命令行中执行 PEDIT（PE）命令。**

绘制了多段线后，还可以使用专门的多段线编辑（PEDIT）命令来对其进行各种编辑，如改变线宽、拟合曲线等。

使用 PEDIT 命令可对多段线的宽度、顶点位置等参数进行修改，还可将直线转换为多段线，或将多段线转换为样条曲线等。它可以编辑任何类型的多段线和多段线形体，也可用于编辑多边形网格。总之，使用 PEDIT 命令可编辑的对象类型有直线（L）、多段线（PL）、矩形（REC）、正多边形（POL）、圆弧（A）以及由直线或多段线所组成的任意封闭或不封闭图形等。

执行 PEDIT 命令后，命令行提示如下：

命令：pe PEDIT     //在命令行输入 pe 后按【空格】键

选择多段线或［多条（M）］：    //选择要编辑的多段线

输入选项［打开（O）/合并（J）/宽度（W）/编辑顶点（E）/拟合（F）/样条曲线（S）/非曲线化（D）/线型生成（L）/放弃（U）］：    //选择相应选项进行所需编辑操作

其中各选项含义如下：

（1）多条（M）：选择该项可选择多条多段线，则同时对其进行各种编辑操作。

（2）打开/闭合（O/C）：选择该项可闭合或打开多段线对象。当所选多段线是封闭的，则该项变为"打开"，可以重新打开多段线；若所选多段线是打开的，则该项变为"闭合"，可以对多段线进行闭合操作。

（3）合并（J）：可将相连的直线段或者弧线段连成一条多段线，该项在多段线是"打开"状态时可用。

（4）宽度（W）：该项主要用于修改多段线新的线型宽度。

（5）编辑顶点（E）：依次指定多段线显示在绘图区部分的点顺序。执行该选项 E 后，在命令行中会出现"［下一个（N）/上一个（P）/打断（B）/插入（I）/移动（M）/重生成（R）/拉直（S）/切向（T）/宽度（W）/退出（X）］<N>"的提示信息，如继续执行其中的插入选项 I 后，便可在指定点（带"×"的点）后通过在绘图区中拾取一个点来增加插入一个新的点。有时需在由无数个点所组成的多段线（如地形地质图中的地形等高线、地质剖面图中的地表地形线、矿体纵投影图中的矿体露头线等）的某两个相邻点之间增加一个插入点，便可以采用这种方法，读者可尝试操作。

（6）拟合（F）：创建圆弧拟合多段线（由圆弧连接每对顶点的平滑曲线）。该曲线通过多段线的所有顶点并使用指定的切线方向。

（7）样条曲线（S）：对多段线进行样条拟合，它是由多段线顶点控制生成的样条曲线，该曲线不一定经过这些顶点，因此，拟合曲线更显光滑。

（8）非曲线化（D）：删除拟合曲线或样条曲线插入的多余顶点，并拉直多段线的所有线段。保留指定给多段线顶点的切向信息，用于随后的曲线拟合。

（9）线型生成（L）：通过多段线的顶点生成连续线型。关闭此选项，将在每个顶点处以点画线开始和结束生成线型。"线型生成"不能用于宽度变化的多段线。

（10）放弃（U）：取消上一次操作。

当执行多段线编辑命令后，命令行提示选择多段线时，若用户选择的是直线，则命令行为提示用户是否将其转换为多段线，选择"是"，则可将所选直线转换为多段线，从而再对其进行各种编辑操作。

**实例 3-8**  试采用多段线编辑命令 PEDIT 将如图 3-19（a）所示的矿区地形图中采用多段线所描绘的多条地形线同时拟合为圆滑曲线，其拟合后效果如图 3-19（b）所示，具体操作步骤如下：

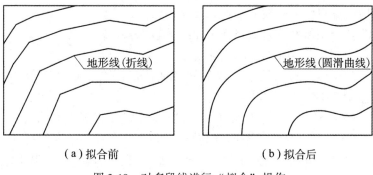

（a）拟合前　　　　　　　　　（b）拟合后

图 3-19　对多段线进行"拟合"操作

选中其中任意两条地形线→在命令行输入 PE→【空格】键→输入"多条"选项 M→【空格】键→选中图中所有地形线→【空格】键→输入"拟合"选项 F→【空格】键→【空格】键结束操作。

**实例 3-9**　试采用多段线编辑命令 PEDIT 将运用直线命令 LINE 所绘制的多条连续折线进行合并后再拟合为圆滑曲线，其具体操作步骤如下：

选中其中任意一段直线→在命令行输入 PE→【空格】键→直接按【空格】键以默认将其转换为多段线→输入"合并"选项 J→【空格】键→选中所有需要合并的直线→【空格】键→输入"拟合"选项 F→【空格】键→【空格】键结束操作。

### 3.6.2　样条曲线编辑

**操作方法：在命令行中执行 SPLINEDIT（SPE）命令。**

AutoCAD 为样条曲线增设了一个专门的编辑命令——"样条曲线编辑（SPLINEDIT）"命令，使用该命令可对样条曲线的顶点、精度、反转方向等参数进行设置。

执行 SPLINEDIT 命令后，命令行操作如下：

命令：spe SPLINEDIT　　　//在命令行输入 spe 后按【空格】键
选择样条曲线：　　　//选择要编辑的样条曲线
输入选项 [拟合数据(F)/闭合(C)/移动顶点(M)/精度(R)/反转(E)/放弃(U)]：
//选择相应选项来编辑样条曲线

在命令行提示信息中有如下几个选项：

（1）拟合数据（F）：选择该项后，命令行提示"输入拟合数据选项 [添加（A）/闭合（C）/删除（D）/移动（M）/清理（P）/相切（T）/公差（L）/退出（X）] <退出>："，其中各选项含义如下：

①添加（A）：在样条曲线中增加拟合点。

②闭合/打开（C/O）：如果选定的样条曲线是闭合的，AutoCAD 将用"打开"选项来代替"闭合"选项。选择该项可以闭合或打开样条曲线。

③删除（D）：从样条曲线中删除拟合点并且用其余点重新拟合样条曲线。

④移动（M）：移动拟合点到新位置。

⑤清理（P）：从图形数据库中删除样条曲线的拟合数据。

⑥相切（T）：编辑样条曲线的起点和端点切向。

⑦公差（L）：使用新的公差值将样条曲线重新拟合至现有点。

⑧退出（X）：返回到 SPLINEDIT 主提示。

（2）闭合/打开（C/O）：如果选定的样条曲线已闭合，则"闭合"选项变为"打开"。该选项主要用于闭合或打开样条曲线。

（3）移动顶点（M）：重新定位样条曲线的控制顶点并且清理拟合点。

（4）精度（R）：精确调整样条曲线定义。选择该项后，命令行提示"输入精度选项［添加控制点（A）/提高阶数（E）/权值（W）/退出（X）］<退出>:"，其中各选项含义如下：

①添加控制点（A）：增加控制部分样条的控制点数。

②提高阶数（E）：增加样条曲线上控制点的数目。

③权值（W）：更改不同样条曲线控制点的权值。较大的权值将样条曲线拉近其控制点。

（5）反转（E）：反转样条曲线的方向。

（6）放弃（U）：取消上一次编辑操作。

# 本 章 小 结

本章主要介绍了修改矿业工程图所需进行的删除、移动与变形、修剪与延伸、夹点编辑以及线编辑等内容。

# 综 合 练 习

3-1　将下面的修改命令对应到其命令名之后。

|  |  |
| --- | --- |
| copy | 面域 |
| mirror | 打断 |
| array | 拉伸 |
| offset | 倒角 |
| rotate | 复制 |
| move | 比例缩放 |
| erase | 修改已填充对象 |
| explode | 镜像 |
| trim | 样条曲线编辑 |
| extend | 删除 |
| stretch | 文字编辑 |
| region | 多段线编辑 |
| lengthen | 移动 |

| | |
|---|---|
| scale | 圆角 |
| break | 分解 |
| chamfer | 阵列 |
| fillet | 直线拉长 |
| pedit | 旋转 |
| hatchedit | 延伸 |
| ddedit | 修剪 |
| splinedit | 偏移 |

3-2 试采用直线命令 LINE、圆命令 CIRCLE、偏移命令 OFFSET、圆角命令 FILLET、复制命令 COPY 和修剪命令 TRIM 等绘制如图 3-20 所示图形。

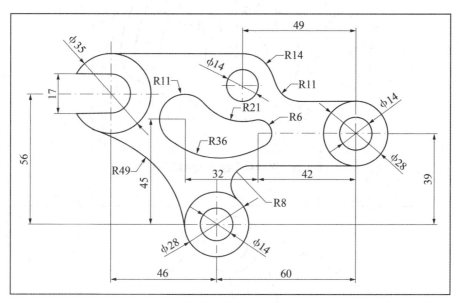

图 3-20 多种命令综合运用练习图一

3-3 试采用直线命令 LINE、圆命令 CIRCLE、偏移命令 OFFSET、镜像命令 MIRROR、圆角命令 FILLET、打断命令 BREAK 和修剪命令 TRIM 等绘制如图 3-21 所示图形。

3-4 试采用直线命令 LINE、圆命令 CIRCLE、偏移命令 OFFSET、圆角命令 FILLET、修剪命令 TRIM 以及夹点旋转的复制功能等绘制如图 3-22 所示图形。

3-5 试采用多段线命令 PLINE、矩形命令 RECTANG、图案填充命令 BHATCH、镜像命令 MIRROR、偏移命令 OFFSET、圆角命令 FILLET、倒角命令 CHAMFER 以及修剪命令 TRIM 等绘制如图 3-23 所示某地下矿山巷道有轨运输轨道细部结构图，图中单位为 mm。

3-6 修剪和延伸的方式大致有哪几种？各有什么区别？

3-7 如何将某个对象于该对象上的某一个指定点进行打断？

3-8 若在对两条直线进行圆（倒）角操作时，出现"两个图元不共面"的提示，无法进行圆（倒）角，则此时应如何操作才能对这两条直线进行圆（倒）角？

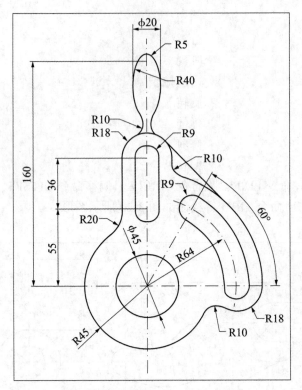

图 3-21　多种命令综合运用练习图二

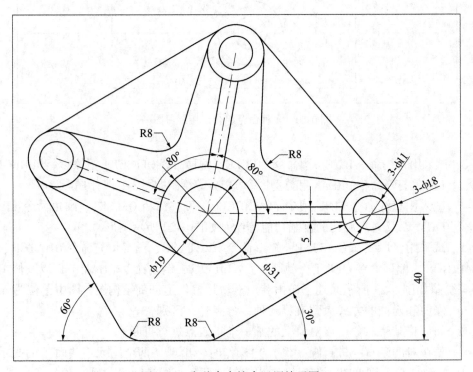

图 3-22　多种命令综合运用练习图三

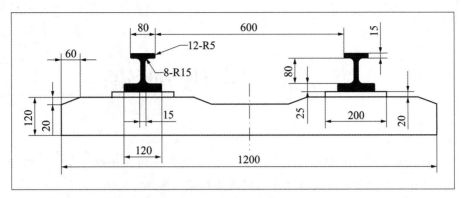

图 3-23 轨道细部结构图绘制练习

3-9 什么是对象夹点？它有什么用途？

3-10 设置已绘多段线固定宽度的方法是什么？对运用直线命令 LINE 所绘制的多条连续折线进行合并后再拟合为圆滑曲线的步骤是什么？并在 AutoCAD 中进行演练。

3-11 将多个被打断命令 BREAK 打断了缺口的圆同时设置一新的"固定宽度"并进行"闭合"的操作步骤是什么？并在 AutoCAD 中进行演练（操作提示：首先选中其中任意两个有缺口的圆，再执行 PEDIT 命令等）。

# 第 4 章　图 块 创 建

【学习目标】
　　通过本章的学习，要求掌握 AutoCAD 图块的定义、使用和编辑方法。在实际矿业工程应用中，根据具体项目要求灵活运用创建图块和图块属性定义。

## 4.1　认识图块

　　使用图块是 AutoCAD 绘图非常重要的一项功能。图块是一组图形实体的总称。在该图形单元中，各实体可以具有各自的图层、线型、颜色等特征。在应用过程中，AutoCAD 将图块作为一个独立的、完整的对象来操作。用户可以根据需要按一定比例和角度将图块插入到任一指定位置。

　　在 AutoCAD 中每一个实体都有其特征参数，如图层、位置、线型、颜色等，而插入的图块是作为一个整体图形单元，即作为一个实体插入，AutoCAD 只需保存图块的特征参数，而不需要保存图块中每一实体的特征参数。因此在绘制相对复杂的图形时，使用图块可以大大节省磁盘空间。

　　图块的修改也为用户的工作带来方便。如果在当前图形中修改或更新一个已定义的图块，AutoCAD 将自动地更新图中插入的所有该图块。

　　在 AutoCAD 中，图块分为内部图块和外部图块两类。内部图块只能在定义它的图形文件中调用，它是跟随定义它的图形文件一起保存的，存储在图形文件内部。外部图块又称外部图块文件，它是以文件的形式保存在计算机中。当定义好外部图块文件后，定义它的图形文件中不会包含该外部图块，也就是指外部图块与定义它的图块文件没有任何关联。用户可根据外部图块特有的功能，随时将其调用到其他图形文件中。

## 4.2　创建内部图块

　　**创建内部图块方法：在命令行中执行 BLOCK（B）命令。**
　　执行 BLOCK 命令后，打开如图 4-1 所示"块定义"对话框，在该对话框中指定相应的参数后即可创建一个内部图块。
　　"块定义"对话框中各选项含义如下：
　　（1）名称：在该下拉列表框中输入要创建的内部图块的名称。
　　（2）基点：在该栏中指定内部图块的基点，这个基点相当于移动、复制对象时所指定的基点。可在 X、Y、Z 文本框中分别输入基点的坐标值，也可单击"拾取点"按钮，在绘图区中拾取一点作为图块的基点。通常将基点定义在图块的内部。

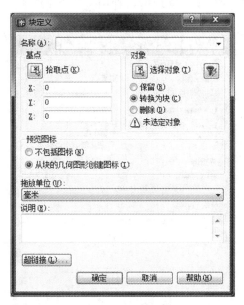

图 4-1 "块定义"对话框

（3）对象：在该栏中单击"选择对象"按钮，可在绘图区中选择要定义为图块的对象。若选中 保留(R) 单选项，则表示在定义好内部图块后，被定义为图块的源对象仍然保留在绘图区中，并且没有被转换为图块；若选中 转换为块(C) 单选项，则表示定义好内部图块后，在绘图区中被定义为图块的源对象也被转换为图块；若选中 删除(D) 单选项，则表示在定义好内部图块后，将删除绘图区中被定义为图块的源对象。

（4）预览图标：在该栏中确定是否随块定义一起保存预览图标并指定图标源文件，通常默认系统设置，它不会对内部图块的本身产生影响。

（5）拖放单位：使用设计中心将块拖放到图形时，指定块的缩放单位。

（6）说明：在该列表框中指定图块的说明文字。

**实例 4-1** 使用 BLOCK 命令将如图 4-2 所示地下矿山采场人行材料通风天井上口图例定义为内部图块，其名称为"人行材料通风天井"，以图形右下角点为基点，在定义好图块后，将源图形删除。其具体操作如下：

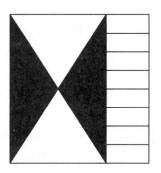

图 4-2 人行材料通风天井

（1）在命令行输入 B 后按【空格】键，弹出如图 4-3 所示"块定义"对话框。

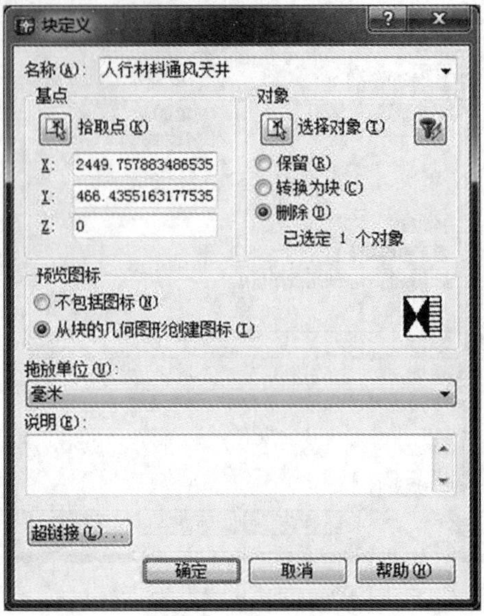

图 4-3　创建内部图块

（2）在"名称"下拉列表框中输入"人行材料通风天井"；单击"基点"栏中的"拾取点"按钮，返回绘图区中指定图形右下角点作为图块基点。

（3）系统自动返回"块定义"对话框，在"对象"栏中单击"选择对象"按钮，返回绘图区中选择要定义为图块的所有对象后按【空格】键。

（4）系统返回"块定义"对话框中，选中⊙删除(D) 单选项。

（5）默认其余设置，单击 确定 按钮即可。

创建图块亦为修改图纸提供方便，在进行修改图纸时，若需对原图块进行修改，此时可重新定义新图块，重新定义新图块的名称仍用原图块的名称，则图纸中所有引用了该图块的地方将自动更新（替换）为新定义的图块。

## 4.3　创建外部图块

**创建外部图块方法：在命令行中执行 WBLOCK（W）命令。**

**实例 4-2**　使用 WBLOCK 命令将如图 4-4 所示的某一指北针图标定义为外部图块，以外部图块文件的形式保存路径为"C：\ Users \ Administrator \ Desktop \ 指北针 . dwg"，其名称为"指北针"，以图中 N 点为基点，并在定义好图块后，将源图形转换为块。其具体操作如下：

（1）在命令行输入 W 后按【空格】键，弹出如图 4-5 所示"写块"对话框。

（2）在"源"栏中选中⊙对象(O) 单选项，即将所选对象保存为外部图块。若选中⊙块(B) 单选项，则可将当前文件中已定义的内部图块保存到计算机中；若选中

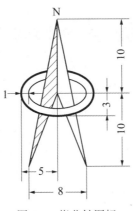

图 4-4 指北针图标

图 4-5 创建外部图块

◎ <u>整个图形(E)</u> 单选项,则可将当前绘图区中的所有图块以外部图块的形式保存到计算机中。

(3) 在"基点"栏中指定外部图块的基点。单击"拾取点"按钮▣,返回绘图区中捕捉图 4-4 所示图形中的 N 点,系统自动返回"写块"对话框中。

(4) 在"对象"栏中单击"选择对象"按钮▣,返回绘图区中选择图 4-4 所示指北针图形,按【空格】键返回"写块"对话框中。用户可在"对象"栏中选中相应的单选项来设定是否保留定义为外部图块的源对象,或将源对象转换为图块,此时选中◎ <u>转换为块(C)</u> 单选项。

(5) 在"文件名和路径"下拉列表框中指定图块要保存的位置及名称。可单击其后的▣按钮,在打开的如图 4-6 所示"浏览图形文件"对话框中指定文件的保存位置。

图 4-6　"浏览图形文件"对话框

（6）在该对话框中指定外部图块所要保存的位置及名称后，单击 保存(S) 按钮返回"写块"对话框中。可在"插入单位"下拉列表框中选择图块插入到图形中的单位，默认为"毫米"。

（7）完成设置后，单击 确定 按钮即可。

## 4.4　插入图块

1. 插入单个图块

**操作方法：在命令行中执行 INSERT（I）命令。**

使用 INSERT 命令可以一次插入单个图块，在插入图块的过程中，可指定图块的缩放比例、旋转角度等参数。

**实例 4-3**　将实例 4-2 中定义的"指北针"外部图块插入到当前图形文件中，其具体操作如下：

（1）在命令行输入 I 后按【空格】键，弹出如图 4-7 所示"插入"对话框。

图 4-7　"插入"对话框

（2）若用户要插入已定义的内部图块，则可在该对话框的名称下拉列表框中选择要插入的内部图块的名称。本例要插入外部图块，则需要单击 浏览(B) 按钮，打开如图 4-8 所示"选择图形文件"对话框。

图 4-8 "选择图形文件"对话框

（3）在该对话框中找到"指北针"图块所在的位置，选中该图块文件，单击 打开(O) 按钮返回"插入"对话框。

（4）若用户要在绘图区中以拾取点方式指定图块的插入位置，则可在"插入点"栏中选中 在屏幕上指定(S) 复选框。若不选中该复选框，则可在 X、Y、Z 文本框中指定图块要插入的坐标位置。

（5）在"缩放比例"栏中指定图块插入到绘图区后的缩放比例。即在 X、Y、Z 文本框中分别指定图块各个方向上的缩放比例；此时若选中 统一比例(U) 复选框，则可将图块进行整体缩放；也可选中 在屏幕上指定(E) 复选框后在命令行中指定缩放比例。

（6）在"旋转"栏中指定图块插入到绘图区后的旋转角度。可在"角度"文本框中输入相应的角度，也可选中 在屏幕上指定(C) 复选框，在命令行中指定旋转角度。

（7）若在对话框中选中 分解(D) 复选框，则插入到绘图区中的图块将被分解。

（8）完成设置后，单击 确定 按钮，返回绘图区中，在绘图区中拾取点作为图块的插入点。

至此，即完成了图块的插入操作。内部图块的插入方法与外部图块类似，在此不再重述。

需注意的是，在指定比例因子时，可将比例因子设为负值，当为负值时，调入的块将作镜像变化。–X 轴以 Y 轴镜像，–Y 轴以 X 轴作镜像。

2. 阵列插入图块

**操作方法：在命令行执行 MINSERT 命令。**

MINSERT 命令实际上是综合了 INSERT 和 ARRAY 命令的操作特点形成的。当用户需要插入多个具有规律的图块时，即可使用 MINSERT 命令来进行，这样不仅能节省绘图时间，还可减少占用的磁盘空间。但使用 MINSERT 命令只能以矩形阵列方式插入图块。由于操作较为简单，执行 MINSERT 命令后依次按照命令提示区提示进行操作即可，故在此不再详述。

3. 以定数或定距等分方式插入图块

以定数或定距等分方式插入图块与以定数或定距等分方式插入点的方法类似。操作步骤为：在命令行中输入 DIVIDE 或 MEASURE 命令→【空格】键→选择等分对象→分别在"输入线段数目或［块（B）］:"或"指定线段长度或［块（B）］"提示下输入"块"选项 B→【空格】键→然后在"输入要插入的块名:"提示下输入要插入的块名→【Enter】键→在"是否对齐块和对象?［是（Y）/否（N）］<Y>:"提示下选择是否对齐输入 Y 或 N→【空格】键，其余操作步骤均与插入点方式相同。读者可参照前面的章节来学习该内容，在此不再举例介绍。

## 4.5　图块属性定义

### 4.5.1　定义属性

在绘制工程图形时，常需要插入多个带有不同名称或附加信息的图块，若依次对各个图块分别进行文本标注，则会降低用户的工作效率，此时就可以为图块定义属性，图块属性是从属于块的信息，当删除块时，其属性也将被删除，属性常用来作为块的文字内容变量，用户在插入图块的时候，为图块指定相应的属性值即可。

图块属性的定义应该在定义块之前进行，一旦图形已经被定义为块，将不可再为块添加新的属性，只能修改原来的属性。属性必须依赖于块而存在，没有块就没有属性。对块的属性操作一般按照下面的步骤进行：

（1）绘制构成块的图形；

（2）定义属性；

（3）将图形和属性一起定义为块；

（4）插入带属性的图块。

**定义图块属性的方法：在命令行中执行 ATTDEF（ATT）命令。**

执行 ATTDEF 命令后，打开如图 4-9 所示"属性定义"对话框，在该对话框中即可为图块属性设置相应的参数。如设置属性模式、属性标记、提示、属性值、插入点、属性文字格式等。图块的属性定义应该在图块定义前完成。

"属性定义"对话框中各选项含义如下：

（1）模式：在该栏中设置属性模式。若选中 ☑不可见① 复选框，则表示插入图块并输入图块的属性值后，该属性值将不在图中显示出来；若选中 ☑固定© 复选框，则表示定义的属性值为一常量，在插入图块时，将保持不变；若选中 ☑验证② 复选框，则表示在插入图块时，系统将对用户输入的属性值再次给出验证提示，以校验已输入的属性值是否正确，若不正确可重新输入一个新值，指定属性为变量属性；若选中 ☑预置® 复选框，则表示在插入图块时将直接以图块默认的属性值插入（若未指定默认值则为空），但输入后仍可以修改该属性值。

（2）属性：在该栏中设置属性参数，包括标记、提示和值。在"标记"文本框中设

图 4-9  "属性定义"对话框

置属性的显示标记,即定义的块属性名称;在"提示"文本框中设置在插入包含属性的图块时在命令行中显示的提示信息,以便于提醒用户指定属性值;在"值"文本框中设置图块默认的属性值。

(3)插入点:在该栏中指定图块属性的显示位置。可单击 拾取点(K) < 按钮在绘图区中以拾取点的方式来指定属性位置,也可直接在 X、Y、Z 文本框中输入相应的坐标值来指定属性位置。

(4)文字选项:在该栏中设置属性的对正方式、文字样式、高度、旋转角度等参数。在"对正"下拉列表框中选择属性值的对齐方式;在"文字样式"下拉列表框中选择属性所要采用的文字样式;在 高度(E) < 按钮右侧的文本框中指定属性的高度,也可单击该按钮在绘图区以拾取两点的方式来指定属性高度;在 旋转(R) < 按钮右侧的文本框中指定属性的旋转角度,也可单击该按钮在绘图区以拾取两点的方式来指定属性旋转角度。

(5) □在上一个属性定义下对齐(A):选中该复选框则表示该属性将继承前一次定义的属性的部分参数,如插入点、对齐方式、字体、字高及旋转角度。该选项仅在当前图形文件中已有属性设置时有效。

**实例 4-4**  定义如图 4-10 所示某露天开采矿山台阶标注的图块属性,其中属性的标记为"台阶高程",属性提示为"请输入台阶高程:",其默认值为"2000m",文字高度为3,左对齐。其具体操作如下:

图 4-10  定义"台阶标注"图块属性

（1）绘制构成块的图形：采用正多边形命令 POLYGN 绘制正三角形，确保三角形的垂直平分线长为 3，并采用 ROTATE 命令将其旋转 180° 得到如图 4-10 所示的倒三角形（可先绘制一任意大小的倒三角形，采用 PLINE 命令通过三角形下顶点向上绘制一长度为 3 的辅助铅垂线，再采用 SCALE 命令根据参照对象"铅垂线"来缩放该三角形，使其垂直平分线长为 3；采用图案填充命令 BHATCH 对该三角形进行实体填充。

（2）属性定义：在命令行输入 STYLE 后按【空格】键，弹出"文字样式"对话框，新建一种文字样式，并在"字体名"下拉列表中选择"宋体"后单击 应用(A) 按钮，再单击 关闭(C) 按钮。然后在命令行输入 ATTDEF 后按【空格】键，弹出如图 4-9 所示"属性定义"对话框。在"属性"栏的"标记"文本框中输入"台阶高程"，在"提示"文本框中输入"请输入台阶高程："，在"值"文本框中输入"2000m"，如图 4-11 所示。在"插入点"栏中单击 拾取点(K) < 按钮，在绘图区中合适位置指定属性的插入显示位置起点（指定倒三角形下顶点水平向右合适位置）。系统自动返回"属性定义"对话框，在"文字选项"栏的"对正"下拉列表框中选择"左"选项，在"文字样式"下拉列表中选择相应的"文字样式"，在 高度(E) < 按钮右侧的文本框中输入"3"。完成上述设置后，单击 确定 按钮即可。

图 4-11 台阶标注"属性定义"对话框

（3）将绘制的三角形填充图形与定义的属性采用 BLOCK 命令一同定义为一个新的图块：创建内部图块名称为"台阶标注"，可拾取三角形的下顶点作为图块基点。此步骤与前面介绍的定义内部块及外部块的方法相同，在此不再重述其具体操作步骤，读者可自行练习该部分内容，以起到巩固前面所学知识的作用。

（4）插入带属性的图块：定义好属性并将其与所绘图形一同定义为新图块后，即可将新图块插入到图形中，并为其指定相应的属性值。在命令行输入 INSERT 后按【空格】键，弹出如图 4-7 所示"插入"对话框，在名称下拉列表框中选择要插入的内部图块的名称"台阶标注"，在"插入点"栏中选中 □在屏幕上指定(S) 复选框，默认图 4-7 中其余的设置，单击 确定 按钮，进入绘图区中指定合适的插入点，按【空格】键默认台阶高程为 2000m（或输入新的台阶高程后再按【空格】键），即可得到如图 4-10 所示带属性的"台阶标注"图块。

### 4.5.2 修改图块属性值

**操作方法：在命令行中执行 ATTEDIT（ATE）命令。**

**实例 4-5** 将如图 4-10 所示已经定义好的某露天开采矿山台阶标注的图块属性值修改为 2010m，其具体操作如下：

在命令行输入 ATE 后按【空格】键，拾取框放在如图 4-10 所示图块属性上单击左键，弹出如图 4-12 所示"编辑属性"对话框，在"请输入台阶高程："文本框中将 2000m 改为 2010m，再单击 确定 按钮即可。

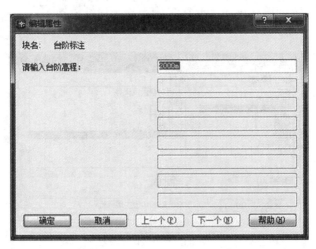

图 4-12　"编辑属性"对话框

此外，亦可在如图 4-10 所示图块属性上双击左键，弹出如图 4-13 所示"增强属性编辑器"对话框，在"值"文本框中将 2000m 改为 2010m，再单击 确定 按钮即可。

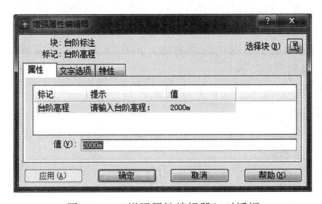

图 4-13　"增强属性编辑器"对话框

## 4.6  重命名图块

**操作方法：在命令行中执行 RENAME（REN）命令。**

创建图块后，用户还可根据实际需要对其进行重新命名。图块的重命名也有多种方法，若是外部图块文件，可直接在计算机中选中该图块文件对其进行重命名；若为内部图块，可使用 RENAME（REN）命令来修改图块名称。在此主要介绍使用 RENAME 命令修改内部图块名称的方法。

**实例 4-6**  将图形文件中已经创建好的"主扇风机"内部图块名称修改为"K40-4-NO10 型主扇风机"，其具体操作如下：

（1）打开图块所在图形文件。

（2）在命令行中执行 RENAME 命令，系统打开如图 4-14 所示"重命名"对话框，在该对话框中可对坐标系、标注样式、图块、图层和视口等对象进行重命名。

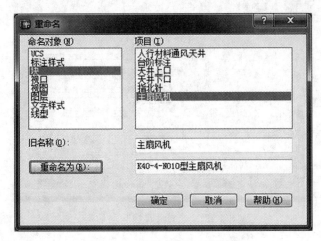

图 4-14  "重命名"对话框

（3）在该对话框左侧的"命名对象"列表框中选择"块"，即对图块进行重命名，在对话框右侧的"项目"列表框中显示了当前图形所有内部图块的名称。

（4）在"项目"列表框中选中要修改的图块名称"主扇风机"，在对话框下方的"旧名称"文本框中自动显示了图块的原名称，再在该文本框下面的文本框中输入新的名称"K40-4-NO10 型主扇风机"。

（5）单击 重命名为(R) 按钮，确认修改为新的名。

（6）单击 确定 按钮即可。

此外，RENAME 命令亦可对标注样式、图层、文字样式以及线型等进行重命名，其操作方法与重命名图块类似。

# 本 章 小 结

本章主要介绍了创建内部图块及外部图块、插入图块、图块属性定义以及重命名图块等内容。

# 综 合 练 习

4-1　试采用 BLOCK 命令将图 4-15 所示某金属地下矿设备材料井下口图例和如图4-16 所示设备材料井上口图例定义为内部图块，其名称分别为"设备材料井下口"和"设备材料井上口"，断面尺寸均为 $3 \times 2m^2$，均以图形左下角点为基点，并在定义好图块后，将源图形转换为块。

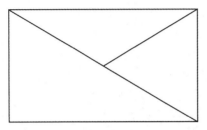

图 4-15　设备井下口

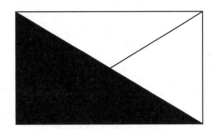

图 4-16　设备井上口

4-2　试采用 WBLOCK 命令将图 4-17 所示某煤矿双滚筒采煤机图例和图 4-18 所示带式输送机图例定义为外部图块，其名称分别为"双滚筒采煤机"和"带式输送机"，尺寸大小和基点自定，并在定义好图块后，将源图形从图形中删除。

图 4-17　双滚筒采煤机

图 4-18　带式输送机

4-3　试绘制如图 4-19 所示某选矿厂"绝对标高标注"图形并为其定义图块属性，其

图 4-19　绝对标高标注

中属性的标记为"绝对高程"，属性提示为"请输入绝对高程："，其默认值为"2340m"，文字高度为 3，左对齐。图形中的三角形为等腰直角三角形，高为 3。

4-4　图块属性定义的步骤包括哪些？进行图块属性定义用途何在？

4-5　怎样进行图块重命名？并在 AutoCAD 中进行演练。

# 第5章 图形查询与标注

【学习目标】
  通过本章的学习,要求掌握对矿业工程图形等图形的距离、面积和周长等内容进行查询,熟悉创建与修改尺寸标注样式以及创建与编辑各类尺寸标注等内容。

## 5.1 图形查询

  在 AutoCAD 中可对某个点的位置、两点间的距离、图形周长及面积进行查询,以便于能更加方便地作图。

1. 查询点坐标位置

  **操作方法:在命令行中执行 ID 命令。**

2. 查询两点间的长度

  **操作方法:在命令行中执行 DIST(DI)命令。**

3. 查询图形的周长与面积

  **操作方法:在命令行中执行 AREA(AA)命令。**

  用户也可以用拾取点方式来查询图形的周长及面积。另外,在命令行提示信息中还包含有如下几个选项,其含义分别如下:

  (1)对象(O):选择该选项后,可以选择单个封闭对象查询面积及周长。

  (2)加(A):该项用于计算各个定义区域和对象的面积、周长,同时也计算所有定义区域和对象的总面积。

  (3)减(S):选择该选项后,可以从总面积中减去指定面积。

  **实例 5-1** 某矿体在 1200m 中段上的水平截面如图 5-1 所示,矿体内有两个夹层,矿体边界线是由直线、多段线、圆弧、样条曲线等多个对象组成的连续闭合体(即各对象之间的端点与端点相连),矿体夹层均为采用多段线绘制的闭合图形。试采用 AREA 命令查询该矿体阴影部分的面积,其具体操作如下:

  (1)将图 5-1 中的填充图案删除(选中图 5-1 中的填充图案,在命令行输入 e 后按【空格】键即可),得到如图 5-2 所示的图形。

  (2)由于在该矿体边界中有样条曲线,故不能采用多段线编辑命令 PE(PEDIT)进行合并。此时可在命令行输入 REG(REGION)命令→【空格】键→选中矿体边界的所有对象→【空格】键,此时便创建了一个面域(即矿体边界由多个对象变为 1 个对象,此外还可以通过输入边界命令 BOUNDARY 后按【空格】键,缩写为 BO,弹出"边界创建"对话框,通过拾取封闭区域内的任一指定点来自动分析该矿体边界的轮廓,读者可以尝试操作一下)。

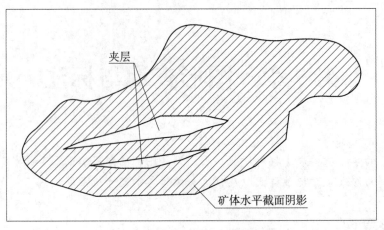

图 5-1　矿体中段水平截面阴影示意图

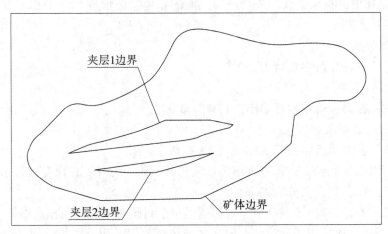

图 5-2　矿体中段水平截面界限示意图

（3）接下来在命令行中采用 AREA 命令进行查询的具体操作步骤如下：

命令：aa AREA　　//在命令行输入 aa 后按【空格】键

指定第一个角点或 ［对象（O）/加（A）/减（S）］：a　　//输入"加"选项 a 后按【空格】键

指定第一个角点或 ［对象（O）/减（S）］：o　　//输入"对象"选项 o 后按【空格】键

（"加"模式）选择对象：　　//将鼠标小方框移动至矿体边界上单击鼠标左键

面积 = 19310.0572，周长 = 624.2863　　//显示矿体边界面积及周长查询结果

总面积 = 19310.0572　　//显示总面积查询结果

（"加"模式）选择对象：　　//直接按【空格】键结束"加"模式操作

指定第一个角点或 ［对象（O）/减（S）］：s　　//输入"减"选项 s 后按【空格】键

指定第一个角点或 ［对象（O）/加（A）］：o　　//输入"对象"选项 o 后按【空格】键

（"减"模式）选择对象：　　//将鼠标小方框移动至夹层 1 边界上单击鼠标左键

面积 = 1152.4659，长度 = 257.1070　　//显示夹层 1 边界面积及周长查询结果

总面积 = 18157.5913　　//显示总面积查询结果

（"减"模式）选择对象：　　//将鼠标小方框移动至夹层 2 边界上单击鼠标左键

面积 = 456.7619，周长 = 184.0633　　//显示夹层 2 边界面积及周长查询结果

总面积 = 17700.8294　　//显示总面积查询结果

（"减"模式）选择对象：　　//直接按【空格】键结束"减"模式操作

指定第一个角点或［对象(O)/加(A)］：　　//按【空格】键结束 AREA 命令。

（4）由以上操作可知，矿体边界的面积为 19310.0572m$^2$，夹层 1 的边界面积为 1152.4659m$^2$，夹层 2 的边界面积为 456.7619m$^2$，该矿体阴影部分的面积为 17700.8294m$^2$。

4. 列表显示

**操作方法：在命令行中执行 LIST（LI）命令。**

使用 LIST 命令可查询对象的图层、空间、颜色、线型、线宽、对象是否闭合、固定宽度、长度、周长、面积以及拐点坐标等内容。

## 5.2　图形标注

### 5.2.1　尺寸标注的组成元素

在进行矿业工程专业设计绘图中，尺寸是一项非常重要的内容，它描述了设计对象各组成部分的大小及相对位置关系，是实际施工的重要依据。

在进行尺寸标注前，应首先设置尺寸标注样式。在专业设计领域中，有关部门还对尺寸标注作了相关规定，比如，在建筑设计中标注对象时，标注箭头应为"建筑标记"样式、标注文本距尺寸线距离为 3 等。通过尺寸标注样式可快速、准确地完成尺寸标注工作。下面先对尺寸标注的组成元素作一个了解。

在前面提到的标注箭头、标注文本等对象都属于尺寸标注的组成元素。一个完整的尺寸标注应由标注文本、尺寸线、尺寸界线、尺寸箭头、圆心标记等几个部分组成，如图 5-3 所示。其中，各组成元素的含义如下：

（1）尺寸文本：通常位于尺寸线上方或中断处，用以表示所选标注对象的具体尺寸大小。在进行尺寸标注时，AutoCAD 会自动生成所标注对象的尺寸数值，用户也可对标注文本进行修改、添加等编辑操作。

（2）尺寸界线：也称为投影线或证示线，用于标注尺寸的界限，由图样中的轮廓线、轴线或对称中心线引出。标注时，尺寸界线从所标注的对象上自动延伸出来，它的端点与所标注的对象接近但并未连接到对象上。

（3）尺寸线：通常与所标注对象平行，放在两尺寸界线之间用于指示标注的方向和范围。通常尺寸线为直线，而角度标注尺寸线则为一段圆弧。

（4）尺寸箭头：在尺寸线两端，用以表明尺寸线的起始位置，用户可为标注箭头指定不同的尺寸大小和样式。

（5）圆心标记：标记圆或圆弧中心点。

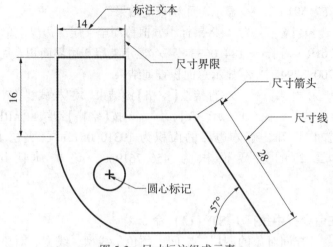

图 5-3　尺寸标注组成元素

### 5.2.2　创建尺寸标注样式

　　**操作方法：在命令行中执行 DIMSTYLE（D/DDIM）命令。**

　　在为对象创建尺寸标注之前，设置尺寸标注样式是必不可少的，因为所有创建的尺寸标注，其格式都是由尺寸标注样式来控制的。

1. 创建新尺寸标注样式

　　在命令行输入 D 后按【空格】键，打开如图 5-4 所示"标注样式管理器"对话框，所有对标注样式进行的管理都可在该对话框中完成。

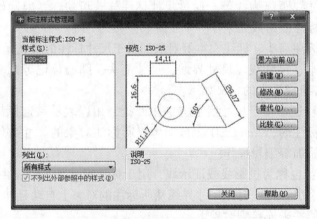

图 5-4　"标注样式管理器"对话框

　　系统默认的尺寸标注样式是 ISO-25，由于该标注样式是基于美国标准设定的，在某种程度上不太适合中国国内设计用户的需要，因此，通常需要创建新的尺寸标注样式，设定符合自己需要的尺寸标注参数，具体操作如下：

（1）在"标注样式管理器"对话框中单击 新建(N)... 按钮，打开如图 5-5 所示"创建新标注样式"对话框。

图 5-5  "创建新标注样式"对话框

（2）在"新样式名"文本框中输入新尺寸标注样式的名称；在"基础样式"下拉列表框中选择新的标注样式是基于哪一个标注样式创建的。由于当前图形中只有 ISO-25 标注样式，因此该下拉列表框中也只有一个选项。通常都会默认该设置，即以系统默认标注样式来创建新的标注样式。

（3）在"用于"下拉列表框中指定新标注样式的应用范围，如应用于所有标注、半径标注、对齐标注等。通常也默认该设置，即创建的新标注样式应用于所有标注。若用户需单独为某种标注创建一个标注样式，则在该下拉列表框中选择相应的标注类型即可。

（4）单击 继续 按钮，系统打开如图 5-6 所示"新建标注样式"对话框，在该对话框中有 6 个选项卡，用户可在这些选项卡中设置各种尺寸变量，完成设置后，单击 确定 按钮即得到一个新的标注样式。

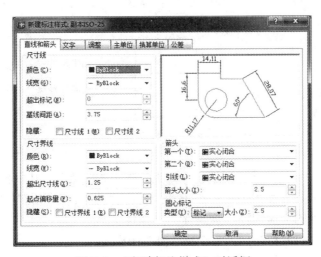

图 5-6  "新建标注样式"对话框

## 2. 设置尺寸标注样式的格式

要创建新的尺寸标注样式，最重要的一步操作就是设置尺寸标注样式的各种格式，这些格式的设定都是在如图 5-6 所示对话框中完成的。

（1）"直线和箭头"选项卡

如图 5-6 所示对话框即为"直线和箭头"选项卡中的内容，通过该选项卡可对尺寸标注的尺寸线、尺寸界线及箭头进行设定。

在"尺寸线"栏中可对尺寸标注中尺寸线的格式进行设定，其中各选项含义如下：

①颜色：在该下拉列表框中选择尺寸线的颜色。

②线宽：在该下拉列表框中选择尺寸线的线宽。

③超出标记：可设置尺寸线超出尺寸界线的长度。若用户设置的标注箭头是箭头形式，则该选项不可用，若设置箭头形式为"倾斜"、"建筑标记"等样式，或取消尺寸箭头，则该选项可用。

④基线间距：可设定基线尺寸标注中尺寸线之间的间距。例如设定图 5-16 中的三个标注中相邻两个标注的尺寸线之间的垂直间距。

⑤隐藏：控制尺寸线的可见性。若选中□尺寸线 1(M) 复选框，则在标注对象时，会隐藏尺寸线 1 的显示；若选中□尺寸线 2 复选框，则在进行尺寸标注时隐藏尺寸线 2 的显示。

在"尺寸界线"栏中可对尺寸标注中尺寸界线的格式进行设定，其中各选项含义如下：

①颜色：在该下拉列表框中选择尺寸界线的颜色。

②线宽：在该下拉列表框中选择尺寸界线的线宽。

③超出尺寸线：可设定尺寸界线超出尺寸线的距离，如图 5-7 所示。

④起点偏移量：可设定尺寸界线与标注实体的距离，如图 5-7 所示。

⑤隐藏：控制尺寸界线的可见性。

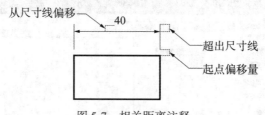

图 5-7 相关距离注释

在"箭头"栏中可对尺寸标注中尺寸箭头的格式进行设定，其中各选项含义如下：

①第一个：控制尺寸标注中第一个尺寸箭头的样式，这是根据用户所绘图形来决定的，例如绘制建筑图形，应选择"建筑标记"样式。

②第二个：控制尺寸标注中第二个尺寸箭头的样式。

③引线：控制快速引线标注中箭头的类型。

④箭头大小：调整尺寸标注中尺寸箭头的大小。

在"圆心标记"栏中可对尺寸标注中圆心标记的格式进行设定，其中各选项含义如下：

①类型：在该下拉列表框中选择圆心标记的类型。

②大小：设定圆心标记的显示大小。

（2）"文字"选项卡

单击"文字"选项卡，得到如图5-8所示对话框，通过该对话框可对尺寸标注中标注文字的参数进行设定。

图 5-8 "文字"选项卡

在"文字外观"栏中可对尺寸标注中标注文字的格式如采用的文字样式、文字高度等进行设定，其中各选项含义如下：

①文字样式：在该下拉列表框中选择尺寸标注默认采用的文字样式，标注文本将按照设定的文字样式参数来显示。

②文字颜色：在该下拉列表框中选择标注文字显示的颜色。

③文字高度：设定标注文字的显示高度。若用户已在文字样式中设置了文字高度，则该数值框中的值无效。

④分数高度比例：设定分数形式字符与其他字符的比例。只有当选择了支持分数的标注格式时，此选项才可用。

⑤□ 绘制文字边框(F)：选中该复选框可为标注文本添加边框。

在"文字位置"栏中可对尺寸标注中标注文字所在的位置进行设定，其中各选项含义如下：

①垂直：在该下拉列表框中选择标注文字相对于尺寸线的垂直对齐位置。

②水平：在该下拉列表框中选择标注文字相对于尺寸线的水平对齐位置。

③从尺寸线偏移：指定标注文字到尺寸线之间的距离，如图5-7所示。

在"文字对齐"栏中可对尺寸标注中标注文字的对齐方式进行设定，其中各选项含义如下：

①○水平：选中该单选项，将所有标注文本水平放置。

②○ 与尺寸线对齐：选中该单选项，将所有标注文本与尺寸线平行对齐。

③○ISO 标准：选中该单选项，当标注文本在尺寸界线内部时，将文本与尺寸线对齐；当标注文本在尺寸线外部时，水平对齐文本。

（3）"调整"选项卡

单击"调整"选项卡，得到如图 5-9 所示对话框，通过该对话框中可对标注文本、尺寸箭头及尺寸界线间的位置关系进行调整。

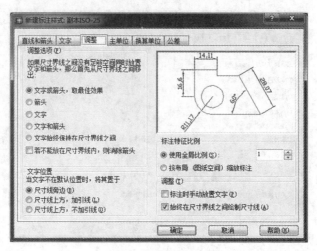

图 5-9　"调整"选项卡

在"调整选项"栏中，当尺寸界线之间没有足够空间标注文本和箭头的放置位置时，有如下几种设定方式，其含义如下：

① 文字或箭头,取最佳效果 ：若选中该单选项，则由系统选择一种最佳方式来安排尺寸文本和尺寸箭头的位置。

② 箭头 ：若选中该单选项，则尺寸箭头放在尺寸界线外侧。

③ 文字 ：若选中该单选项，则标注文本放在尺寸界线外侧。

④ 文字和箭头 ：若选中该单选项，则标注文本和尺寸箭头都放在尺寸界线外侧。

⑤ 文字始终保持在尺寸界线之间：若选中该单选项，则标注文本始终放在尺寸界线之间。

⑥ 若不能放在尺寸界线内,则消除箭头 ：若选中该复选框，表示若尺寸界线之间如果不能够放置箭头，则不显示标注箭头。

在"文字位置"栏中可设定当标注文字不在默认位置时应放置的位置，其中各选项含义如下：

① 尺寸线旁边(B) ：若选中该单选项，则当标注文本在尺寸界线外部时，文本放置在尺寸线旁边。

② 尺寸线上方,加引线（L）：若选中该单选项，则当标注文本在尺寸界线外部时，文本放置在尺寸线上方，并加一条引线相连。

③ 尺寸线上方,不加引线(O) ：若选中该单选项，则当标注文本在尺寸界线外部时，文本放置在尺寸线上方，不加引线。

在"标注特征比例"栏中可设定尺寸标注的缩放比例，其中各选项含义如下：

① 使用全局比例(S) ：选中该单选项，然后在其后的数值框中指定尺寸标注的比例，

所指定的比例值将影响尺寸标注所有组成元素的大小。比如，将标注文本的高度设为5mm，比例因子设置为2，则标注时字高为10mm。

②〇 **按布局（图纸空间）缩放标注**：若选中该单选项，则根据模型空间视口比例设置标注比例。

在"调整"栏中可对尺寸标注的其他选项进行调整，其中各选项含义如下：

①☐ **标注时手动放置文字（P）**：若选中该复选框，则忽略所有水平对正设置，并将文字放置在"尺寸线位置"提示中的指定位置。

②☐ **始终在尺寸界线之间绘制尺寸线(A)**：若选中该复选框，则在标注对象时，始终在尺寸界线之间绘制尺寸线。

（4）"主单位"选项卡

单击"主单位"选项卡，得到如图5-10所示对话框，通过该对话框可对尺寸标注的单位格式进行设定。

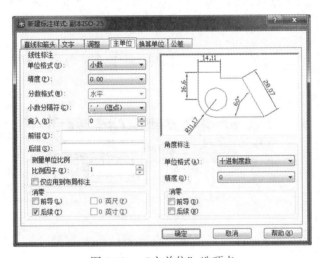

图5-10　"主单位"选项卡

在"线性标注"栏中设定线型尺寸的单位，其中各选项含义如下：

①单位格式：在该下拉列表框中选择线性标注所采用的单位格式，如小数、科学、工程等。

②精度：在该下拉列表框中调整线性标注的小数位数。

③分数格式：在该下拉列表框中设置分数的格式。只有在"单位格式"下拉列表框中选择"分数"时，该选项才可用。

④小数分隔符：在该下拉列表框中选择小数分隔符的类型，如"逗点（，）"、"句点（．）"等。

⑤舍入：设置非角度标注测量值的舍入规则。例如，若设置舍入的值为0.25，则所有长度都将被舍入到最接近0.25个单位的数值。

⑥前缀：在标注文本前面添加一个前缀。

⑦后缀：在标注文本后面添加一个后缀。

⑧比例因子：设置线性标注测量值的比例因子，AutoCAD将标注测量值与此处输入

的值相乘。例如，如果输入 2，AutoCAD 将把 1 毫米的测量值显示为 2 毫米。该数值框中的值不影响角度标注结果。

⑨ ☐ 仅应用到布局标注：选中该复选框，只对在布局中创建的标注应用线性比例值。

⑩消零：消除所有小数标注中的前导零或后续零。例如，前导零：0.2500 变为 .2500；后续零：0.3600 变为 0.36。

在"角度标注"栏中设定角度标注的单位格式，其中各选项含义如下：

①单位格式：设定角度标注的单位格式，如"十进制度数"、"度/分/秒"等。

②精度：设定角度标注的小数位数。

③消零：消除所有小数标注中的前导零或后续零。

由于"换算单位"和"公差"在矿业工程中很少应用，故"换算单位"选项卡和"公差"选项卡在此不再讲述，感兴趣的读者可自行尝试运用。

**3. 设置当前尺寸标注样式**

当用户要参照创建的标注样式来进行尺寸标注时，首先需将该标注样式置为当前，AutoCAD 将采用该样式所设置的参数进行尺寸标注。可通过如下几种方法将标注样式置为当前：

（1）在"样式"工具栏的"标注样式控制"下拉列表框中选择需置为当前的标注样式，如图 5-11 所示。

图 5-11　"样式"工具栏

（2）打开"标注样式管理器"对话框，在该对话框左侧的"样式"列表框中选中需置为当前的标注样式，然后单击 置为当前(U) 按钮即可。

（3）在"标注样式管理器"对话框左侧的"样式"列表框中选中需置为当前的标注样式，单击鼠标右键，在弹出的快捷菜单中选择"置为当前"选项即可，如图 5-12 所示。

图 5-12　"置为当前"标注样式设置对话框

（4）在"标注样式管理器"对话框左侧的"样式"列表中直接双击需置为当前的标注样式即可。

**4. 删除尺寸标注样式**

需要注意的是，当前尺寸标注样式不能被删除。删除标注样式的具体操作如下：

（1）打开"标注样式管理器"对话框，在该对话框左侧的"样式"列表中选中需删除的标注样式。

（2）单击鼠标右键，在弹出的快捷菜单中选择"删除"选项即可，如图 5-13 所示。

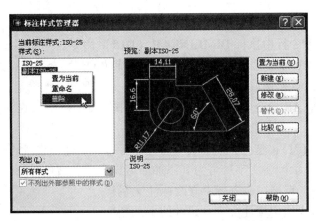

图 5-13　"删除"标注样式设置对话框

### 5.2.3　修改尺寸标注样式

用户可对当前标注样式进行修改，在"标注样式管理器"对话框中，选中要修改的标注样式名称，单击 修改(M)... 按钮，在系统打开的如图 5-14 所示"修改标注样式"对话框中即可修改标注样式。该对话框的使用方法与"新建标注样式"对话框相同，用户可参照前面所讲内容进行操作。

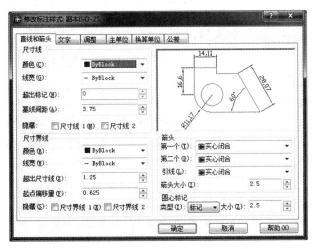

图 5-14　"修改标注样式"对话框

此外，AutoCAD 还可以创建替代尺寸标注样式。替代尺寸标注样式是指当用户在标注某个对象时，既需要用到当前标注样式中设置的参数，又要保留其余参数而采取的方法。例如为标注文本添加前缀或后缀时，可以不修改当前尺寸标注样式，也无需创建一个新的标注样式，而是直接为当前标注样式创建一个替代样式，在替代标注样式中可以设置前缀和后缀，而其他参数与原标注样式的参数相同。当用户在标注对象时，可采用替代的标注样式。若不再需要使用替代的标注样式时，将其删除即可。

### 5.2.4　创建尺寸标注

1. 创建线性尺寸标注

**标注方法：在命令行中执行 DIMLINEAR（DLI）命令。**

使用 DIMLINEAR 命令可以创建水平、垂直或旋转的尺寸标注。它需要指定两点来确定尺寸界线，也可以直接选取需标注的尺寸对象，一旦所选对象确定，系统则自动标注。

在使用 DIMLINEAR 命令创建线性标注的过程中，命令提示信息中包含了如下几个选项供用户设置：

（1）多行文字（M）：选择该项，打开多行文字输入框，可在其中修改标注文字。对话框中的尖括号即表示标注文字，可为其添加前缀或后缀，或删除标注文字。

（2）文字（T）：直接在命令行中修改标注文字。

（3）角度（A）：指定标注文字在尺寸线上的角度。

（4）水平（H）：选择该项标注水平方向上尺寸。

（5）垂直（V）：选择该项标注垂直方向上尺寸。

（6）旋转（R）：标注具有一定倾斜角度的对象。

**实例 5-2**　设置好标注样式后，采用线性尺寸标注第 2 章图 2-18 中矩形的长度和宽度，其具体操作如下：

命令：dli DIMLINEAR　　　//在命令行输入 dli 后按【空格】键

指定第一条尺寸界线原点或 <选择对象>：　　　//捕捉图 2-18 所示图中矩形左上角点作为第一条尺寸界线原点

指定第二条尺寸界线原点：　　　//捕捉图 2-18 所示图中矩形右上角点作为第二条尺寸界线原点

指定尺寸线位置或[多行文字(M)/文字(T)/角度(A)/水平(H)/垂直(V)/旋转(R)]：　　　//在绘图区中所标注直线内垂直向上移动十字光标至适当位置后单击鼠标左键同时结束 DIMLINEAR 命令

标注文字 =2400.0000　　　//显示标注结果

命令：　DIMLINEAR　　//按【空格】键重复执行 DIMLINEAR 命令

指定第一条尺寸界线原点或 <选择对象>：　　　//捕捉图 2-18 所示图中矩形右上角点作为第一条尺寸界线原点

指定第二条尺寸界线原点：　　　//捕捉图 2-18 所示图中矩形右下角点作为第二条尺寸界线原点

指定尺寸线位置或[多行文字(M)/文字(T)/角度(A)/水平(H)/垂直(V)/旋转(R)]：　　　//在绘图区中所标注直线内水平向右移动十字光标至适当位置后单击鼠标左

键同时结束 DIMLINEAR 命令

　　标注文字 = 1600.0000　　//显示标注结果

**实例 5-3**　设置好标注样式后，采用线性尺寸标注创建如图 5-15 所示图中地表岩石移动范围标注，其具体操作如下：

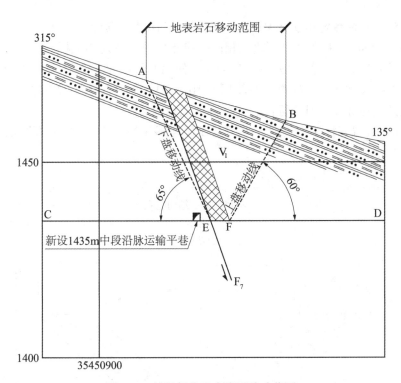

图 5-15　线性标注地表岩石移动范围

　　命令：dli DIMLINEAR　　　//在命令行输入 dli 后按【空格】键

　　指定第一条尺寸界线原点或 <选择对象>：　　//捕捉图 5-15 中 A 点作为第一条尺寸界线原点

　　指定第二条尺寸界线原点：　　//捕捉图 5-15 中 B 点作为第二条尺寸界线原点

　　指定尺寸线位置或[多行文字(M)/文字(T)/角度(A)/水平(H)/垂直(V)/旋转(R)]：t　　//输入"文字"选项 t 后按【空格】键

　　输入标注文字 <36.5835>：地表岩石移动范围　　//输入标注文字"地表岩石移动范围"后按【Enter】键

　　指定尺寸线位置或[多行文字(M)/文字(T)/角度(A)/水平(H)/垂直(V)/旋转(R)]：　　//在绘图区中 AB 之间垂直向上移动十字光标至适当位置后单击鼠标左键同时结束 DIMLINEAR 命令

　　标注文字 = 36.5835　　//显示标注结果

　　注意：此操作已将标注数值替换为文字标注。

2. 创建对齐尺寸标注

　　**标注方法：在命令行中执行 DIMALIGNED（DAL）命令。**

145

创建对齐尺寸标注又称创建平行尺寸标注，是指尺寸线始终与标注对象保持平行。若是圆弧则平行尺寸标注的尺寸线与圆弧的两个端点所产生的弦保持平行。该命令中各选项含义与 DIMLINEAR 命令中各选项含义相同，且标注方法与线性尺寸标注类似，故在此不再重述及举例。

### 3. 创建基线尺寸标注

**标注方法：在命令行中执行 DIMBASELINE（DBA）命令。**

使用 DIMBASELINE 命令可创建自相同基线测量的一系列相关标注，即从上一个标注或选定标注的基线处创建尺寸标注。AutoCAD 使用基线增量值偏移每一条新的尺寸线并避免覆盖上一条尺寸线。应注意，在使用 DIMBASELINE 命令标注对象之前，在图形中必须有已标注的线性标注、对齐标注、坐标标注或角度标注。

**实例 5-4**　设置好标注样式后，采用基线尺寸标注如图 5-16 所示截洪沟断面结构图，其具体操作如下：

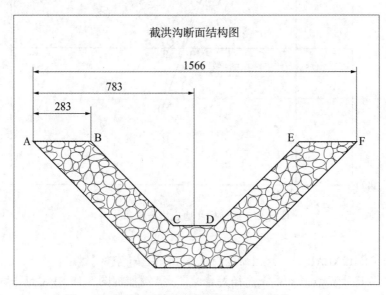

图 5-16　基线标注截洪沟断面结构图（单位：mm）

命令：dli DIMLINEAR　　//在命令行输入 dli 后按【空格】键

指定第一条尺寸界线原点或 <选择对象>：　　//捕捉图 5-16 中 A 点作为第一条尺寸界线原点

指定第二条尺寸界线原点：　　//捕捉图 5-16 中 B 点作为第二条尺寸界线原点

指定尺寸线位置或[多行文字(M)/文字(T)/角度(A)/水平(H)/垂直(V)/旋转(R)]：　　//在绘图区中 AB 直线内垂直向上移动十字光标至适当位置后单击鼠标左键同时结束 DIMLINEAR 命令

标注文字 =283　　//显示标注结果

命令：dba DIMBASELINE　　//在命令行输入 dba 后按【空格】键

指定第二条尺寸界线原点或 [放弃(U)/选择(S)] <选择>：　　//捕捉图 5-16 中直

线 CD 中点作为第二条尺寸界线原点

　　标注文字 =783　　//显示标注结果

　　指定第二条尺寸界线原点或［放弃(U)/选择(S)］<选择>:　　//捕捉图 5-16 中 F
点作为第二条尺寸界线原点

　　标注文字 =1566　　//显示标注结果

　　指定第二条尺寸界线原点或［放弃(U)/选择(S)］<选择>: *取消*　　//按【Esc】
键结束 DIMBASELINE 命令

4. 创建连续尺寸标注

　　**标注方法：在命令行中执行 DIMCONTINUE（DCO）命令。**

　　使用 DIMCONTINUE 命令可从上一个标注或选定标注的第二条尺寸界线处创建线性标
注、角度标注或坐标标注。

　　**实例 5-5**　设置好标注样式后，在实例 5-4 的基础上继续采用连续尺寸标注进行相关
尺寸的标注，标注结果如图 5-17 所示，其具体操作如下：

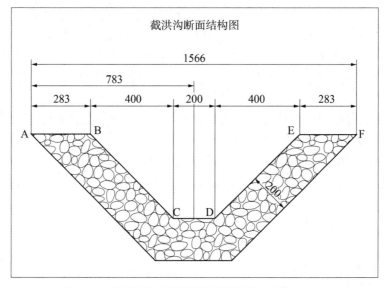

图 5-17　连续标注截洪沟断面结构图（单位：mm）

　　命令: dco DIMCONTINUE　　//在命令行输入 dco 后按【空格】键

　　指定第二条尺寸界线原点或［放弃(U)/选择(S)］<选择>:　　//直接按【空格】键
执行"选择"选项(由于该操作是实例 5-4 的后续操作，故此时的上一个标注是数值为 1566
的标注，而从图 5-17 中可看出，接下来需在直线 AB 的尺寸标注下进行连续标注，即需重
新选择上一个标注)

　　选择连续标注:　　//将鼠标小方框移动到直线 AB 标注的右侧尺寸界线上单击左键

　　指定第二条尺寸界线原点或［放弃(U)/选择(S)］<选择>:　　//捕捉图 5-17 所示
图中 C 点作为第二条尺寸界线原点

　　标注文字 =400　　//显示标注结果

指定第二条尺寸界线原点或［放弃(U)/选择(S)］<选择>：　　//捕捉图 5-17 所示图中 D 点作为第二条尺寸界线原点

标注文字 ＝200　　//显示标注结果

指定第二条尺寸界线原点或［放弃(U)/选择(S)］<选择>：　　//捕捉图 5-17 所示图中 E 点作为第二条尺寸界线原点

标注文字 ＝400　　//显示标注结果

指定第二条尺寸界线原点或［放弃(U)/选择(S)］<选择>：　　//捕捉图 5-17 所示图中 F 点作为第二条尺寸界线原点

标注文字 ＝283　　//显示标注结果

指定第二条尺寸界线原点或［放弃(U)/选择(S)］<选择>：＊取消＊　　//按【Esc】键结束 DIMCONTINUE 命令

**5. 创建半径/直径尺寸标注**

**标注方法：在命令行中执行 DIMRADIUS（DRA）/DIMDIAMETER（DDI）命令。**

使用 DIMRADIUS/ DIMDIAMETER 命令即可标注弧形对象的半径/直径尺寸。在标注过程中，用户也可在命令行提示信息中选择"多行文字"或"文字"选项来改变标注文字（或者用 ET 命令），若选择"角度"选项，则可调整标注文字的旋转角度。

若要将半径或直径尺寸标注的标注结果放置在所选对象的内侧，则需要对标注样式进行修改。在"修改标注样式"对话框"调整"选项卡的"调整选项"栏中选中⊙文字 单选项即可。

**实例 5-6**　设置好标注样式后，采用直径尺寸标注如第 2 章图 2-14 所示图中圆竖井井筒净直径（4000mm），其具体操作如下：

命令：ddi DIMDIAMETER　　//在命令行输入 ddi 后按【空格】键

选择圆弧或圆：　　//将鼠标小方框移动到井筒内壁圆上单击鼠标左键

标注文字 ＝4　　//显示标注结果

指定尺寸线位置或［多行文字(M)/文字(T)/角度(A)］：t　　//输入"文字"选项 t 后按【空格】键

输入标注文字 <4>：%%c4000mm　　//输入标注文字"%%c4000mm"后按【Enter】键（"%%c"为直径符号）

指定尺寸线位置或［多行文字(M)/文字(T)/角度(A)］：　　//捕捉该圆正上方象限点同时结束 DIMDIAMETER 命令

**6. 创建角度尺寸标注**

**标注方法：在命令行中执行 DIMANGULAR（DAN）命令。**

使用 DIMANGULAR 命令即可创建角度尺寸标注。可通过如下两种方法来创建角度尺寸标注：

(1) 以拾取顶点、第一角端点、第二角端点方式创建角度尺寸标注。

(2) 以选择圆弧、圆、直线的方式创建角度尺寸标注。

**实例 5-7**　设置好标注样式后，采用角度尺寸标注如图 5-15 所示图中上下盘地表岩石移动角，其具体操作如下：

命令：dan DIMANGULAR　　//在命令行输入 dan 后按【空格】键

选择圆弧、圆、直线或 <指定顶点>：　　//选择 CE 线

选择第二条直线：　　//选择 AE 线

指定标注弧线位置或 [多行文字(M)/文字(T)/角度(A)]：　　//在 CE 线与 AE 线组成的锐角内部拾取一点同时结束 DIMANGULAR 命令

标注文字 =65　　//显示标注结果

命令：　　DIMANGULAR　　//按【空格】键重复执行 DIMANGULAR 命令

选择圆弧、圆、直线或 <指定顶点>：　　//选择 FB 线

选择第二条直线：　　//选择 FD 线

指定标注弧线位置或 [多行文字(M)/文字(T)/角度(A)]：　　//在 FB 线与 FD 线组成的锐角内部拾取一点同时结束 DIMANGULAR 命令

标注文字 =60　　//显示标注结果

**7. 创建引线标注**

**标注方法：在命令行中执行 QLEADER（LE）命令。**

使用 QLEADER 命令可以创建引线标注，该引线引出的对象是用户自定义的内容，而不是具体的尺寸等信息。常用该命令对图形中的某些特定的对象进行注释说明，以使图形表达更加清楚。

（1）引线设置

执行 LE 命令后按【空格】键，输入"设置"选项 S 后按【空格】键，系统打开如图 5-18 所示"引线设置"对话框，通过该对话框可对引线标注的各个参数进行设置。

图 5-18　"引线设置"对话框

首先介绍在"注释"选项卡对引线注释类型的设置方法，其中各选项含义如下：

①注释类型：设置引线注释文本的类型。如设置引线标注内容的类型为多行文字，引线标注的其他内容，如公差、图块等。

②多行文字选项：在该栏中对引线注释类型为多行文字时的部分参数进行设置。若选中[提示输入宽度(W)]复选框，则表示在引线标注时，提示用户指定文字宽度；若选中[始终左对齐(L)]复选框，则表示引线标注的内容始终左对齐；若选中[文字边框(F)]复选框，则表示创建引线标注后，自动在标注文本上加一边框。

③重复使用注释：在该栏中设置重复使用引线注释的选项。若选中 ○无(N) 单选项，则表示不重复使用注释内容；若选中 ●重复使用下一个(E) 单选项，则表示将本次创建的文字注释复制到下一个引线标注中；若选中 ○重复使用当前(U) 单选项，则表示将上一次创建的文字注释复制到当前引线标注中。

在如图 5-18 所示对话框中单击"引线和箭头"选项卡，打开如图 5-19 所示对话框，通过该对话框可控制引线及箭头外观特征，其中各选项含义如下：

图 5-19    "引线和箭头"选项卡

①引线：在该栏中选择引线标注的引线类型，有"直线"和"样条曲线"两种类型。

②点数：在该栏中设定在创建引线标注时，命令行提示指定引线控制点的个数，默认为 3。

③箭头：在该栏中选择引线标注箭头的类型。

④角度约束：在该栏中设定第一条引线线段与第二条引线线段的角度。

当用户将引线标注的注释类型设为"多行文字"时，在对话框中将显示"附着"选项卡，单击该选项卡，打开如图 5-20 所示对话框，在"多行文字附着"栏中设定多行文字与引线之间的具体位置关系。若选中 □最后一行加下画划(U) 复选框，则在进行引线标注

图 5-20    "附着"选项卡

时，在多行文字的最后一行加上下画线。

（2）引线标注

在"引线设置"对话框中完成参数设置后，单击 确定 按钮，返回绘图区中，即可根据命令行提示创建引线标注了。

**实例 5-8** 创建如图 5-15 所示图中注释为"新设 1435m 中段沿脉运输平巷"的引线标注，其具体操作如下：

命令：le QLEADER　　//在命令行输入 le 后按【空格】键

指定第一个引线点或［设置（S）］＜设置＞：　　　//直接按【空格】键对引线标注进行设置，此时系统打开"引线设置"对话框，在"注释"选项卡的"注释类型"栏中选中 ○多行文字(M) 单选项；再单击"附着"选项卡，在打开的对话框中选中 □最后一行加下画划(U) 复选框；单击 确定 按钮，返回绘图区中

指定第一个引线点或［设置（S）］＜设置＞：　　　//在图 5-15 所示图形中巷道断面底板中点上单击左键

指定下一点：　　//在上一点的左下方拾取一点

指定下一点：　　//在上一点的水平向左方向且在"巷"字下方拾取一点

指定文字宽度 <0>：　　//直接按【空格】键以默认文字宽度为 0

输入注释文字的第一行 <多行文字（M）>：新设 1435m 中段沿脉运输平巷　　//输入引线标注的内容"新设 1435m 中段沿脉运输平巷"后按【Enter】键

输入注释文字的下一行：　　//按【Enter】键结束 QLEADER 命令

8. 快速尺寸标注

**标注方法：在命令行中执行 QUICKDIMENSIONS（QDIM）命令。**

在 AutoCAD 中，系统专门提供了一个标注命令 QDIM，使用该命令可以快速为对象创建线性、对齐、角度、半径、直径等标注。

执行 QDIM 命令后，命令行出现"指定尺寸线位置或［连续（C）/并列（S）/基线（B）/坐标（O）/半径（R）/直径（D）/基准点（P）/编辑（E）/设置（T）］＜半径＞："提示信息，其中各选项含义如下：

（1）连续（C）：创建连续尺寸标注。

（2）并列（S）：创建一系列交错的尺寸标注。

（3）基线（B）：创建基线尺寸标注。

（4）坐标（O）：创建坐标标注。

（5）半径（R）：创建半径尺寸标注。

（6）直径（D）：创建直径尺寸标注。

（7）基准点（P）：为基线标注和坐标标注选择新的基准点。选择该选项后，系统要求指定新的基点，并重新提示选择标注方式。

（8）编辑（E）：编辑尺寸标注。选择该选项后，命令行提示"指定要删除的标注点或［添加（A）/退出（X）］＜退出＞："，在该提示下可删除不需要标注的标注点。

（9）设置（T）：设置关联标注的优先级。

**实例 5-9** 在图 5-17 中演示了连续标注的方法进行连续标注，还可采取快速标注达到相同的目的，快速标注效果如图 5-21 所示，其具体操作如下：

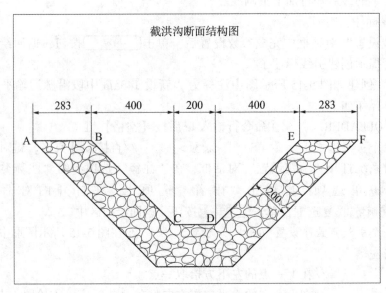

图 5-21    快速标注截洪沟断面结构图（单位：mm）

命令：qdim          //在命令行输入 qdim 后按【空格】键
关联标注优先级 = 端点          //显示关联标注优先级为端点
选择要标注的几何图形：找到 1 个          //在直线 AB 上单击左键
选择要标注的几何图形：找到 1 个，总计 2 个          //在直线 BC 上单击左键
选择要标注的几何图形：找到 1 个，总计 3 个          //在直线 CD 上单击左键
选择要标注的几何图形：找到 1 个，总计 4 个          //在直线 DE 上单击左键
选择要标注的几何图形：找到 1 个，总计 5 个          //在直线 EF 上单击左键
选择要标注的几何图形：          //直接按【空格】键结束选择要标注的几何图形
　　指定尺寸线位置或[连续(C)/并列(S)/基线(B)/坐标(O)/半径(R)/直径(D)/基准点(P)/编辑(E)/设置(T)]<连续>：          //在绘图区中，该多段线内垂直向上移动十字光标至适当位置后单击鼠标左键同时结束 qdim 命令

　　此外，在本例中，若将直线 AB、BC、CD、DE 和 EF 五条线段采用 PEDIT 命令合并为一个对象，则在进行快速标注时，只需选择一次对象。有时也可以采用窗选的方式快速选择多个对象对多个对象同时进行快速标注，故读者在操作时需结合实际情况灵活运用。

### 5.2.5　编辑尺寸标注

　　由于尺寸标注具有关联性，因此用户可以通过 AutoCAD 的拉伸、剪切等编辑命令以及夹点编辑功能同时对图形对象和与其相关的尺寸标注进行修改。同时 AutoCAD 也提供尺寸标注编辑命令对标注的文字及形式进行编辑。

1. 修改尺寸标注文本
　　**操作方法：在命令行中执行 DIMEDIT 和 ED 命令。**
　　注意 DIMEDIT 和 ED 两个命令的操作步骤有所区别。

执行 DIMEDIT 命令可以对标注文字的内容、位置、旋转角度等参数进行设置。下面介绍使用该命令修改尺寸标注文本的方法：在命令行输入 DIMEDIT 命令后按【空格】键，输入"新建"选项 n 后按【空格】键，此时系统打开多行文字输入框，选中其中的"＜＞"符号，将其更改为所需的文本信息，然后单击按钮，系统返回绘图区中，选择要修改文本内容的尺寸标注，按【空格】键结束 DIMEDIT 命令。

2. 修改尺寸界线及标注文字的倾斜角度

**操作方法：修改尺寸界线及标注文字的倾斜角度依然是采用 DIMEDIT 命令来完成。**

修改尺寸界线的倾斜角度，其具体操作步骤为：在命令行输入 DIMEDIT 命令→【空格】键→输入"倾斜"选项 O→【空格】键→选择要修改尺寸界限倾斜角度的尺寸标注（可多选）→【空格】键（结束选择对象）→指定倾斜角度数值→【空格】键（结束 DIMEDIT 命令）。

修改标注文字角度，其具体操作步骤为：在命令行输入 DIMEDIT 命令→【空格】键→输入"旋转"选项 R→【空格】键→指定标注文字新的倾斜角度值→【空格】键→选择要修改标注文字角度的尺寸标注（可多选）→【空格】键（结束选择对象同时结束 DIMEDIT 命令）。

3. 利用夹点调整标注位置

通过以夹点方式调整标注位置是调整标注位置的一种非常方便的方法。选中要调整位置的尺寸标注，当尺寸标注上出现夹点，然后通过鼠标指针单击相应的夹点进行移动即可调整标注位置。

4. 编辑尺寸标注属性

也可以通过"特性"选项板来修改尺寸标注。在绘图区中选中要修改属性的尺寸标注，然后按"Ctrl+1"组合键，打开"特性"选项板，通过"特性"选项板即可修改尺寸标注的各个参数，如直线和箭头、文字、单位等，如图 5-22 所示。

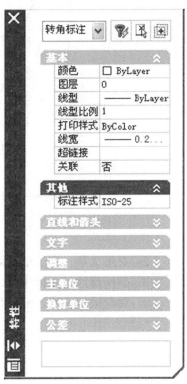

修改完其中一个尺寸标注的属性后，可利用 AutoCAD 的特性匹配功能将"源"对象的属性赋予给"目标"对象，此功能形象地被称为"特性刷"，其操作方法为：选中已修改好属性的尺寸标注→在命令行中输入 MATCHPROP（MA）→【空格】键→左键依次单击或窗选需匹配属性的尺寸标注→【Esc】键结束。

5. 更新标注

**操作方法：在命令行中执行 DIMSTYLE 命令。**

用户在创建尺寸标注过程中，若发现某个尺寸标注不符合要求，可采用替代标注样式的方式修改尺寸标注的相关变量，然后通过 📷（标注更新）按钮使要修改的尺寸标注按所设置的尺寸样式进行更新。

图 5-22 "特性"选项板

# 本 章 小 结

本章主要介绍了矿业工程等图形的距离、面积和周长的查询、创建与修改尺寸标注样式以及创建与编辑尺寸标注等内容。

# 综 合 练 习

5-1　某矿体横断面如图 5-23 所示，矿体内有 1 个夹层，矿体边界线是由直线、多段线、圆弧、样条曲线等多个对象组成的连续闭合体，矿体夹层为采用多段线绘制的闭合图形。试在 AutoCAD 中绘制相似图形并采用 AREA 命令查询该矿体阴影部分的面积。

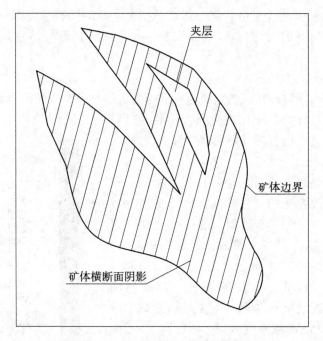

图 5-23　矿体横断面阴影示意图

5-2　对第 2 章、第 3 章及第 7 章中的绘图练习进行尺寸标注。

5-3　如何修改尺寸标注中的箭头大小和文字高度？

5-4　如何采用特性匹配命令 MATCHPROP 匹配尺寸标注属性？

# 第6章　图表转换处理

【学习目标】

在采用 AutoCAD 绘制矿业工程图及采用 Word 文档编制设计说明书的过程中，往往需要制作大量的 Excel 表格，且需将绘制好的 AutoCAD 图形复制到 Word 文档中，或者将用 Excel 或 Word 制作好的表格复制到 AutoCAD 图形文件中，有时也需将图形文件插入到 AutoCAD 文件中进行使用。

通过本章的学习，要求掌握"将 AutoCAD 图形复制到 Word 文档中"、"将 Excel 表复制到 AutoCAD 文件中"以及"将图形文件插入到 AutoCAD 文件中"等在 AutoCAD 绘图软件与 Excel 或 Word 文档之间进行图表转换处理经常使用的一些方法与技巧。

## 6.1　将 AutoCAD 图形复制到 Word 文档中

由于在工作中往往需要在 Word 文档中使用 AutoCAD 编辑好的图纸（图片），但是因为复制和粘贴的方法不同，其结果也有所不同。鉴于 Word 和 WPS 界面基本一致，下面以 Word 为例介绍如何在 Word 文档中复制粘贴 AutoCAD 图纸。将 AutoCAD 图形复制到 Word 文档中大致有以下三种常用的方法：

方法一：打开 AutoCAD 软件及图纸文件；选择并复制图纸部分（可用 AutoCAD 菜单命令或者"Ctrl+C"组合键）；打开 Word 文档，在"编辑"菜单中选择"粘贴"（或按下"Ctrl+V"组合键），或在"编辑"菜单中选择"选择性粘贴"进行操作，如果弹出菜单中没有"选择性粘贴"，点一下弹出菜单下面的伸缩按钮即可显示"选择性粘贴"，点击该选项后弹出如图 6-1 所示"选择性粘贴"对话框。

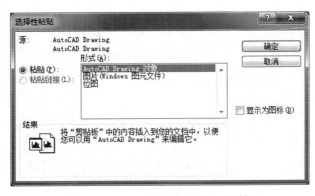

图 6-1　Word "选择性粘贴"对话框

该"选择性粘贴"对话窗口中有三种选择,对应三种结果:

(1) AutoCAD Drawing 对象。双击图片可以调用 AutoCAD 软件进行再次编辑,编辑完成后点击"保存"按钮即可,调整图片放大缩小后仍然很清晰。

(2) 图片(Windows 图元文件)。图片放大缩小不影响清晰度,但是双击图片不能调用 AutoCAD 进行编辑,可用 Word 自带的绘图工具进行再次编辑。

(3) 位图。这种方式原原本本地把 AutoCAD 编辑窗口粘贴过来了,连原来的背景及线条颜色都不变,是位图格式(或者说已经像素化了),放大缩小对图片质量有明显影响,不能再次编辑,这和使用 QQ 屏幕截图或者 PrtSc 键截图效果类似。

需注意的是,图纸粘贴到 Word 文档中后会发现图片比框选的部分范围要大,基本上是按照 AutoCAD 编辑窗口复制过来的。此时,需要使用 Word 的图片编辑工具栏重新修改图片尺寸,对图片四周空白部分进行裁剪(单击选中图片,点击"图片"工具栏中的 按钮,将鼠标指针放置在图片四个角中任意一个角的控点上或图片中部位置控点上,随后按下鼠标左键拖动至适当位置再松开即可,若在按下鼠标左键的同时按下【Alt】键,可拖动到任意需要的位置。有时需反复操作以上步骤,直到将空白边缘刚好裁剪完毕为止。裁剪空白边缘后,可使图片尽可能地放大)或者对图片进行放大、缩小等操作。放大或缩小图片的操作是,单击图片后将鼠标指针放置在图片四个角中任意一个角的控点上,使其呈双向箭头的图标,随后按下鼠标左键拖动至适当位置再松开即可,有时需反复操作以上步骤,直到图片缩放到所需大小为止。通过这种方式缩放图形不会改变图片的长宽比例。

方法二:在 Word 里选择插入→对象→AutoCAD 图形→确定,打开一个 AutoCAD 窗口,在这个窗口中直接进行 AutoCAD 绘图或者打开一个编辑好的 AutoCAD 图形,点击"保存"按钮,然后关闭 AutoCAD 窗口,图形就以图片的形式进入到 Word 文档中,再裁剪图片边缘并调整一下图片大小、位置即可。

方法三:打开 AutoCAD 图形和 QQ 软件(启动 QQ 后便可使用"Ctrl+Alt+A"组合键进行屏幕截图),将所绘图形在绘图区域窗口中最大化,按一下键盘上的【PrtSc】键抓图(此种方式不需启用 QQ 软件,且需注意的是,使用【PrtSc】键抓图的方式会将 AutoCAD 整个操作界面进行复制,将图形粘贴到 Word 文档后还需使用图片编辑工具栏中的裁剪功能对所需图形边缘四周进行裁剪处理)或者按下"Ctrl+Alt+A"组合键框选绘图区域中的图形再点击"完成"按钮即可,此时,打开 Word 文档,在"编辑"菜单中选择"粘贴"(或按下"Ctrl+V"组合键)即可。

## 6.2 将 Excel 表复制到 AutoCAD 文件中

在高于 2004 的 AutoCAD 版本都带有表格制作功能(执行 TABLE 命令即可),但用其制作表格往往不如采用 Excel 软件制作表格方便(如在拆分和合并单元格、表格样式等方面),故在工作中通常是在 Excel 中制作好所需的表格后,再将制作好的 Excel 表格复制到 AutoCAD 文件中,但是因为复制和粘贴的方法不同,其结果也有所不同,具体方法如下:

打开制作好的 Excel 表格文件;选择并复制表格部分(可用 Excel 编辑菜单命令或者

"Ctrl+C"组合键);打开 AutoCAD 文件,在"编辑"菜单中选择"粘贴"(或按下"Ctrl+V"组合键)后在绘图区域中指定插入点,或在 AutoCAD"编辑"菜单中选择"选择性粘贴"进行操作,点击该选项后弹出如图 6-2 所示"选择性粘贴"对话框。

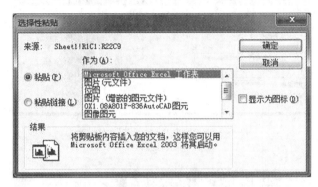

图 6-2 AutoCAD"选择性粘贴"对话框

该"选择性粘贴"对话窗口中有 8 种选择,对应 8 种结果:

(1) Microsoft Office Excel 工作表。双击表格可以调用 Excel 软件进行再次编辑,编辑完成后点击"保存"按钮即可,调整图片放大缩小后仍然很清晰。

(2) 图片(元文件)。图片放大缩小不影响清晰度,但是双击图片不能调用 Excel 软件进行编辑,可用 AutoCAD 编辑整个表格的大小。

(3) 位图。与图片格式相似。

(4) 图片(增嵌的图元文件)。与图片格式相似。

(5) OX1.08A801P-836AutoCAD 图元。此种格式将 Excel 表格直接转换为 AutoCAD 文字表格,即由 AutoCAD 文字和线条组成的表格(Excel 表格若有边框则转换为线条,若无边框则将没有线条)。

(6) 图像图元。这种方式已经将图片像素化了,放大缩小对图片质量有明显影响,不能再次编辑。

(7) 文字。此功能将提取表格中的文字且单行显示。

(8) Unicode 文字。此种方式仅复制表格中的文字,不显示表格边框,且表格格式不变,图片放大缩小不影响清晰度,但是双击图片不能调用 Excel 软件进行编辑。

此外,将 Word 文档中图表复制到 AutoCAD 文件中的方法与将 Excel 表复制到 AutoCAD 文件中的方法类似,在此不再重述。还可将 AutoCAD 中由文字和线组成的表格(AutoCAD 文字表格)转化为 Excel 表格,鉴于不常用,故在此不再进行讲解。

## 6.3 将图片文件插入到 AutoCAD 文件中

将图片文件插入到 AutoCAD 文件中,可在 AutoCAD"插入"菜单中选择"光栅图像",弹出如图 6-3 所示"选择图像文件"对话框,找到所需的图像文件后,点击 打开⑩ 按钮,弹出如图 6-4 所示"图像"对话框,再点击 确定 按钮,返回到绘图区

域中，依次指定插入点和缩放比例因子后按【空格】键即可将该图片文件插入到
AutoCAD 文件中。

图 6-3　"选择图像文件"对话框

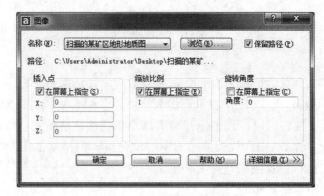

图 6-4　"图像"对话框

此外，无论是在 AutoCAD 文件中的图片还是 Word 文档中的图片均可相互进行复制操
作，即选中图片后在"编辑"菜单中选择"复制"（或按下"Ctrl+C"组合键），再打开
Word 文档或 AutoCAD 文件在"编辑"菜单中选择"粘贴"（或按下"Ctrl+V"组合键）
进行粘贴。

# 本 章 小 结

本章主要介绍了 AutoCAD 绘图软件与 Excel 或 Word 之间的图表转换处理，重点讲述
了将 AutoCAD 图复制到 Word 文档中、将 Excel 表格复制到 AutoCAD 图形文件中以及将图
片文件插入到 AutoCAD 文件中的一些基本方法与操作技巧。

# 综 合 练 习

6-1　将练习 3-2 或任意图形在 AutoCAD 中绘制完毕后并选中复制，打开 Word 文档，
采用 Word "编辑"菜单中的"选择性粘贴"进行操作，要求分别选择第 1 个（AutoCAD
Drawing 对象）、第 2 个（图片）和第 3 个（位图）选项进行操作，并对比粘贴结果之间

的区别。

6-2　在 Excel 中任意制作一有边框的表格并选中复制，打开 AutoCAD 文件，采用 AutoCAD "编辑" 菜单中的 "选择性粘贴" 进行操作，要求选择其中的第 1 个（Microsoft Office Excel 工作表）、第 2 个（图片）、第 5 个（OX1.08A801P-836AutoCAD 图元）和第 8 个（Unicode 文字）选项分别进行操作，并对比粘贴结果之间的区别。

6-3　在 Excel 中任意制作一表格，分别在无边框和有边框的情况下选中复制，打开 AutoCAD 文件，采用 AutoCAD "编辑" 菜单中的 "选择性粘贴" 进行操作，要求选择其中的第 5 个（OX1.08A801P-836AutoCAD 图元）选项进行操作，并对比在无边框和有边框的情况下粘贴结果之间的区别。

6-4　在 AutoCAD 绘图区中绘制一任意图形，选择 AutoCAD "文件" 菜单中的 "输出"，将其文件类型选择为 "位图（＊.bmp）" 后指定文件保存路径，然后再将该图片文件插入到该 AutoCAD 文件中（操作提示：可在 AutoCAD "插入" 菜单中选择 "光栅图像" 后再依次进行后续操作）。

6-5　在 AutoCAD 绘图区中如何插入一幅扫描的地形地质图？找一张扫描好的地形地质图图片进行练习并将其按坐标网格线水平校正，比例尺调整为 1∶1000。

# 第7章 典型矿业工程图绘制实例

【学习目标】

本章主要介绍运用 AutoCAD 绘制典型矿业工程图的方法与技巧，如地形地质图、地质剖面图、矿体纵投影图、露天采场境界图、地下矿采矿方法图、地下矿岩石移动范围圈定、三心拱巷道断面图、排土场布置图、煤矿采区布置图以及选厂主厂房配置平面图等图形的绘制方法与技巧。

通过本章的学习，读者能够灵活地运用 AutoCAD 绘图软件绘制地质、采矿、采煤、安全以及选矿等矿业类相关专业的典型矿业工程图。

## 7.1 地形地质图描绘实例

实例7-1 图7-1是云南某锡矿区地形地质图，为扫描的 JPEG 格式图片，试将此图在 AutoCAD 中进行矢量化处理。

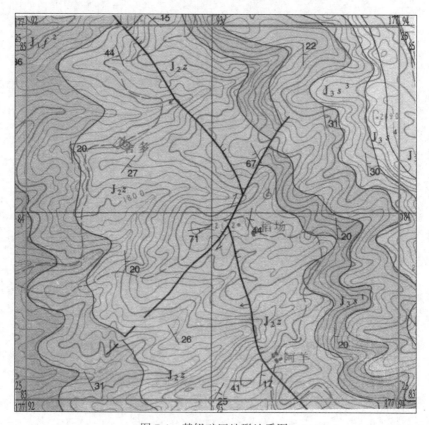

图7-1 某锡矿区地形地质图

160

本例采用 1∶1000 比例绘制，即图上 1mm 代表实际尺寸 1m，其具体操作步骤如下（加载线型、设置文字及标注样式省略）：

1. 新建图层

地形地质图涉及较多的制图要素，运用 LAYER 命令调出图层特性管理器，新建相应的图层，在后续的图形描绘过程中，应保证在相应的图层内绘制相应的制图要素，及时调整当前图层，并关闭无关图层，以方便绘图，根据需要新建如图 7-2 所示图层。

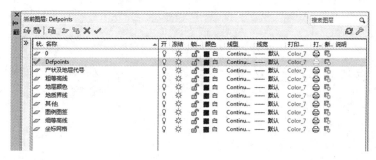

图 7-2　新建图层

2. 在 AutoCAD 中插入该图片

（1）将"其他"图层设置为当前图层，采用拖曳的方法，将图片所在窗口和 AutoCAD 绘图窗口缩小，使两个窗口均可见，把鼠标移至图片位置后按下鼠标左键直至拖动到 AutoCAD 绘图窗口内后再松开。插入图片还可以通过选择"插入"→"光栅图像"菜单命令，在弹出的"选择图像文件"对话框中浏览到该图片文件后，单击"打开"按钮，弹出"图像"对话框，勾选所有复选框后单击"确定"按钮。

（2）在 AutoCAD 工作窗口中左键单击欲放置图片的任意位置或在命令行中直接输入其位置坐标，紧接着在命令行中依次指定缩放比例因子及旋转角度即可。此时图片插入 AutoCAD 后的大小需通过尺寸标注进行查询。

3. 在 AutoCAD 中处理该图片

（1）图片校正。插入图片后，首先应对图片进行水平校正，即先采用 PLINE 命令绘制某一水平坐标线的重合线，再在正交模式下，采用 PLINE 命令绘制通过上述重合线左侧端点的水平线，其操作过程如图 7-3 所示，最后采用 ROTATE 命令对该图片和重合线一并进行参照旋转（可参考实例 3-4 中对参照旋转的应用）使重合线呈水平状态，校正后的效果如图 7-1 所示。

（2）图片缩放。图片水平校正以后，再量测图片中坐标网格尺寸，结合该矢量化图的比例尺 1∶1000，对该图片进行缩放。如在本例中，通过图片标注可以看出原图片坐标网格为公里网，即网距为 1000m，而图片在 AutoCAD 中其网距量测结果为 250m，如图 7-4 所示，故需对本图片采用 SCALE 命令放大 4 倍，图片放大 4 倍后其量测结果如图 7-5 所示。

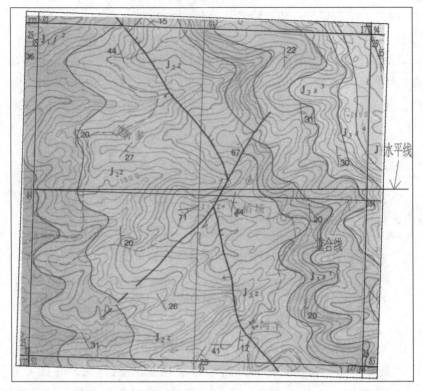

图 7-3　参照旋转图片及重合线

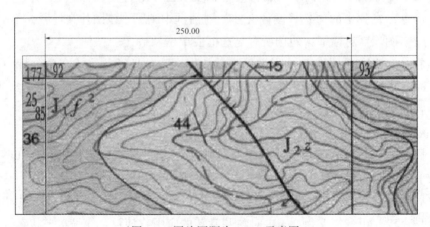

图 7-4　图片网距为 250m 示意图

## 4. 绘制坐标网格

本例图 7-1 中外围 4 条坐标线以内部分为需进行矢量化的内容，可采用 PLINE 命令对照旋转后坐标网格线呈水平或铅垂状态及调整好比例的图片事先描绘一水平和垂直的坐标网格线，其余坐标网格线可采用 OFFSET 命令偏移得到，其偏移距离为 1000m，如图 7-6 所示。

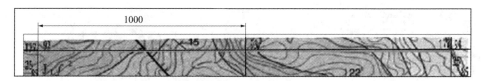

图 7-5 缩放后图片网距为 1000m

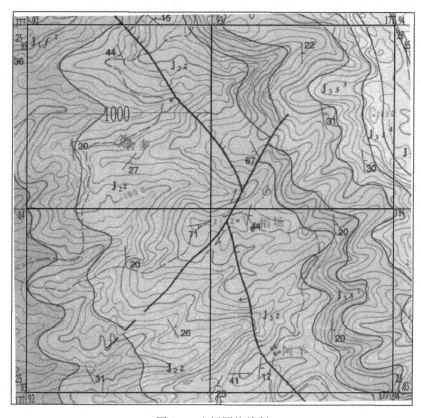

图 7-6 坐标网格绘制

5. 绘制等高线

等高线分为细等高线和粗等高线，应分别进行绘制。

（1）将"粗等高线"图层置为当前图层，采用 PLINE 命令参照图片进行粗等高线的描绘。在描绘过程中，应注意尽量使线条流畅准确，在弯曲段应适当增加控制点数量，直线段可适当减少控制点，有时为了方便描图需反复滚动鼠标滑轮以放大或缩小视图。

（2）采用 TEXT 命令书写相应的地形等高线高程值，粗等高线描绘过程如图 7-7 所示，描绘结果如图 7-8 所示。细等高线的描绘方法同上。

（3）采用多段线编辑命令 PEDIT 将所描绘的多条地形等高线同时拟合为圆滑曲线，便得到如图 7-9 所示地形等高线最终绘制结果。

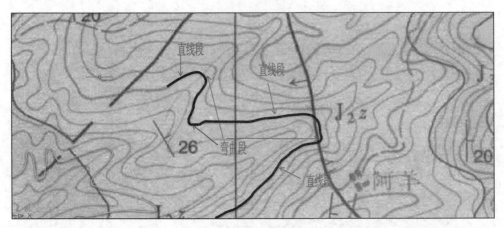

图 7-7 描绘过程演示

图 7-8 粗等高线描绘结果

6. 绘制地质界线

地质界线主要包含地层界线和断层两类，描绘方法类似地形等高线，其结果如图 7-10

图 7-9　地形等高线绘制结果

所示。

### 7. 补充其他相关要素

　　分别将相应的图层设置为当前图层，采用 PLINE、TEXT、RECTANG、COPY、BHATCH 等命令补充地形地质图中的其他制图要素，如河流、村庄、道路、地层代号、产状、标题、比例尺、图例及图签等；采用 ERASE 命令删除底图；完善坐标网、标注坐标。

### 8. 填充地层颜色

　　（1）采用 LAYER 命令调出图层特性管理器，关闭无关图层，确保坐标网格、地质界线、和地层颜色三个图层处于开启状态，并将"地层颜色"图层设置为当前图层。

　　（2）采用 BHATCH 命令填充相应地层，填充图案选择"SOLID"，颜色选择相应的地层颜色，所有地层填充完毕后将其选中，再单击"绘图顺序"工具栏中的"后置"按钮，使其位于底层，其填充效果如图 7-11 所示。

　　（3）再次采用 LAYER 命令调出图层特性管理器，开启所有图层。这样便得到如图 7-12所示根据扫描的 JPEG 格式图片而描绘的地形地质图。

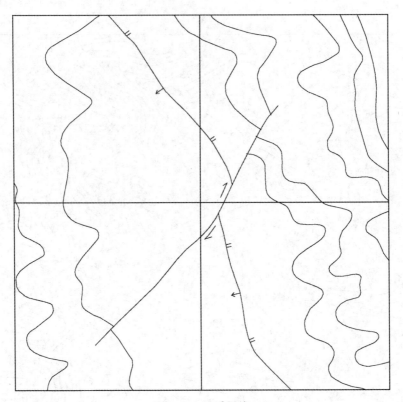

图 7-10　地质界线

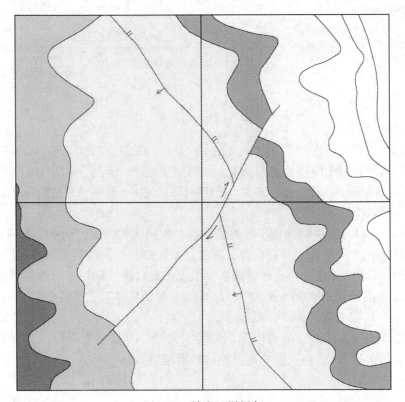

图 7-11　填充地层颜色

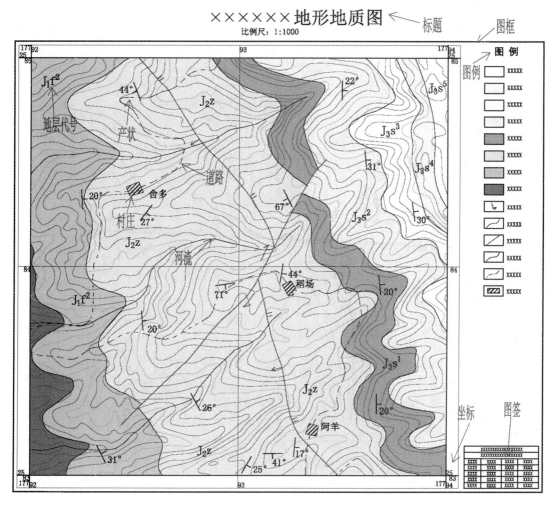

图 7-12　地形地质图描绘成果

## 7.2　地质剖面图绘制实例

**实例 7-2**　图 7-13 是云南某矿区地形地质图，图中 A—A′为剖面线，图左侧为三叠系上统地层，右侧为侏罗系下统地层，二者整合接触，倾向西，倾角45°，试根据以上条件绘制如图 7-20 所示 A—A′地质剖面图。

本例采用 1：1000 比例绘制，即图上 1mm 代表实际尺寸 1m，其绘图主要操作步骤如下（新建图层、加载线型、设置文字及标注样式省略）：

1. 绘制剖面图地表地形线

（1）采用 COPY 命令在绘图区空白区域处复制一份地形地质图作为底图，用于地质剖面图的绘制，剖面图绘制好后再将其删除。

（2）采用 ROTATE 命令旋转底图，以参照方式进行旋转，详细过程为：选择整个地形地质图→输入 ROTATE 命令→【空格】键→选择 A 点作为基点→输入 R→【空格】键

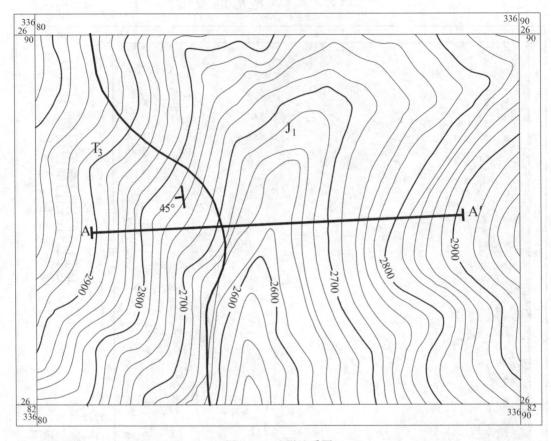

图 7-13　地形地质图

→依次单击 A 点及 A′点→输入 0→【空格】键。此时图形旋转结果如图 7-14 中所示。

（3）在倾斜的地形地质图正下方空白区域合适位置处绘制 A—A′地质剖面图，其位置应避免与地形地质图重叠且确保不要相距太远，绘图时可采用 XLINE 命令分别通过 A—A′剖面线的两个端点以及 A—A′剖面线与地形等高线的各个交点绘制相应的垂直定位构造线，其地质剖面图地表地形线绘制过程如图 7-14 所示。

（4）采用 PLINE 命令在倾斜的矿区地形图正下方空白区域，选中最左侧定位构造线合适位置作为起点，然后捕捉最右侧定位构造线的垂足作为端点，得到 2900m 高程线。

（5）从图 7-13 中可以看出，A—A′剖面线所穿过的地形等高线高程范围为 2640～2900m，采用 OFFSET 命令将 2900m 高程线依次向下偏移，得到剖面图中高程范围内的其余高程线，其偏移距离为 20m（地形等高距），便得到剖面线穿过各地形等高线的高程线，在 2640m 高程线以下可增加偏移两条高程线至 2600m 高程；

（6）在地质剖面图中采用 PLINE 命令从左向右将地形等高线的垂直定位构造线与其对应高程线的交点依次连接起来（以左侧 2900m 地形等高线的定位构造线与对应高程线的交点作为起点，右侧 2900m 地形等高线的定位构造线与对应高程线的交点作为最后一个点），再采用 PEDIT 命令将该多段线进行拟合处理，便得到地质剖面图中的地表地形

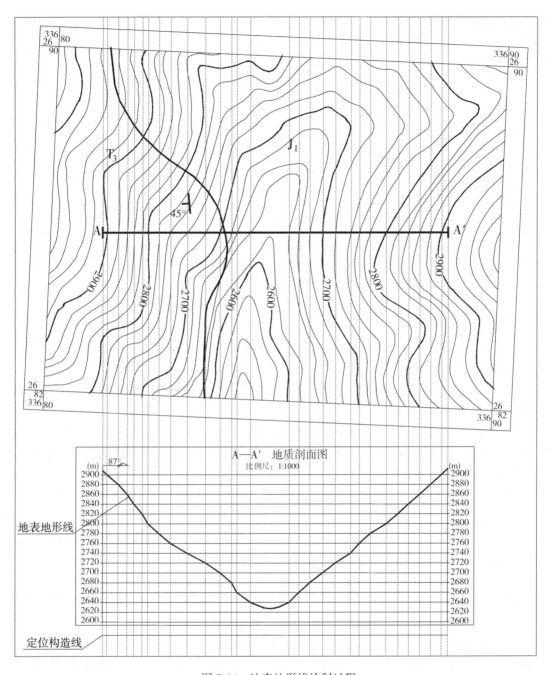

图 7-14　地表地形线绘制过程

线，如图 7-15 所示（图中左起第 1 条、第 4 条定位构造线分别为 A—A′剖面线左右两个端点的定位构造线，第 2 条、第 3 条均为 2900m 地形等高线的定位构造线）。需注意的是，连线时若两相邻连接点的高程相同，则需观察地形地质图中剖面线穿过的实际位置后在该两点之间通过插值法增加一个或数个点。

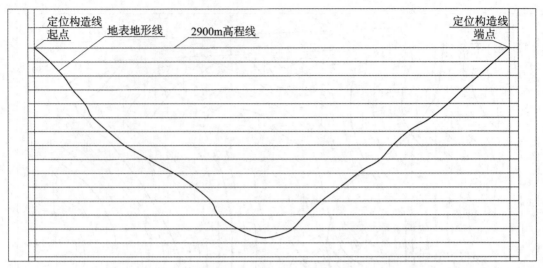

图 7-15　地表地形线绘制结果

2. 绘制两侧标尺

（1）采用 EXTEND 命令将前面绘制的地表地形线自然延伸至 A—A′剖面线两个端点的定位构造线（即标尺位置）上。

（2）采用 PLINE 命令分别根据相应的垂直定位构造线位置绘制地质剖面图中左右两端的标尺线，长度应适宜。

（3）采用 PLINE 命令以 2600m 高程线与左侧标尺线的交点为起点水平向左绘制一短线条，注意控制好该线条的长度，并采用 TEXT 命令在该短线条旁边书写 2600m 高程值，注意控制好文字位置及高度。

（4）采用 ARRAY 命令通过矩形阵列的方式将上一个步骤中绘制的短线条及书写的文字一同向上进行阵列。

（5）鼠标分别双击上一个步骤阵列所得到的其余文字，将其修改为对应的高程值（高程值多采用 10、20、50 的倍数，本例中采用 20 的倍数）。

（6）采用 MIRROR 命令将左侧所有高程值及对应的短线条以 2600m 高程线的垂直平分线作为镜像线进行镜像，镜像时可通过捕捉 2600m 高程线的中点作为镜像线的第一点，再垂直向上任意指定第二个点作为镜像线的第二点。

（7）采用 PLINE 命令在左侧标尺上方绘制方位角指示线，采用 TEXT 命令在相应位置书写方位角、图名及比例尺，并采用 ERASE 命令删除无关辅助线（无关高程线及定位构造线）。这样便得到如图 7-16 所示绘制标尺后的结果。

3. 绘制地层界限

（1）采用 OFFSET 命令将地表地形线向下偏移得到地表地形线的平行线，其偏移距离一般为 15～20m，本例中采用 15m；再采用 TRIM 命令将平行线左右两侧超出标尺线的部分线条进行修剪。

（2）采用 XLINE 命令在图 7-14 中通过地形地质图中地质界限与 A—A′剖面线的交点

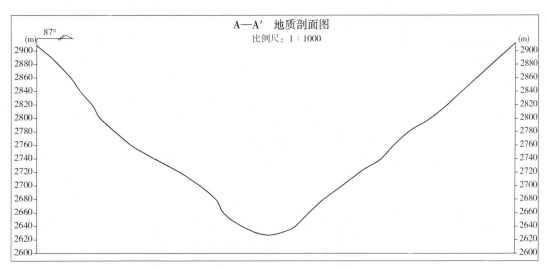

图 7-16　绘制标尺后结果

作垂直定位构造线，与 A—A′地质剖面图中的地表地形线相交，得到地表地形线上的地层界限点（见图 7-17）。

（3）采用 PLINE 命令以地层界限点为起点作水平向左的直线，根据地层的倾向，判断地层向左倾斜，并根据倾角为 45°，将该水平线采用 ROTATE 命令以地层界限点作为基点逆时针旋转 45°，其结果如图 7-17 所示。

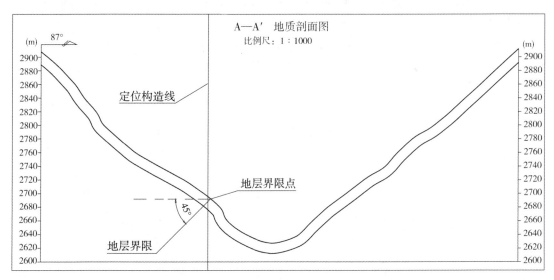

图 7-17　绘制地层界限

## 4. 填充地层花纹

（1）采用 BHATCH 命令选择恰当的地层花纹、角度及比例，再分别填充图 7-17 中由标尺线、地表地形线、地表地形线的平行线及地层界限所形成的两个闭合区域。可以采用

171

BOUNDARY 命令分别创建边界后再进行填充，填充完毕后，再采用 PROPERTIES 命令适当调整花纹的角度、比例等参数使其符合相关标准。参数设置如图 7-18 所示，填充结果如图 7-19 所示。

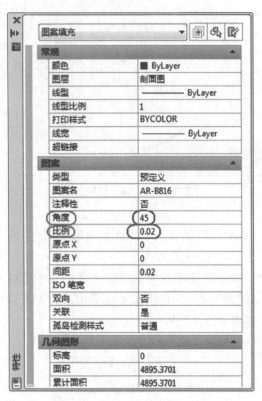

图 7-18　修改花纹角度及比例

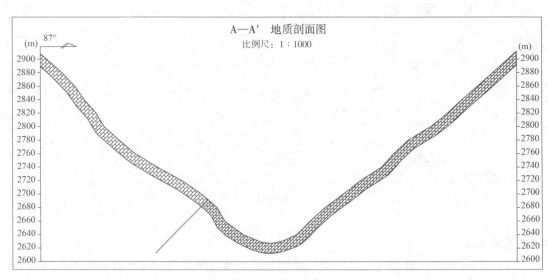

图 7-19　填充地层花纹

（2）采用 COPY 命令在原处分别复制上述两个填充图块，采用 PROPERTIES 命令将其填充图案修改为"SOLID"实体，颜色更改为相应的地层颜色（为了便于展示，本书中底色为白色，实际中应选择相应的地层颜色）作为该段地层的底色，同时将其选中后单击"绘图顺序"工具栏中的"后置"按钮，并采用 ERASE 命令删除地表地形线的平行线。

**5. 补充剖面图其他要素**

采用 TEXT、PLINE、RECTANG、BHATCH 等命令分别在对应图层补充地质剖面图上的地层代号、地层产状及图例等相关要素，便得到如图 7-20 所示 A—A′ 地质剖面图最终绘制成果。

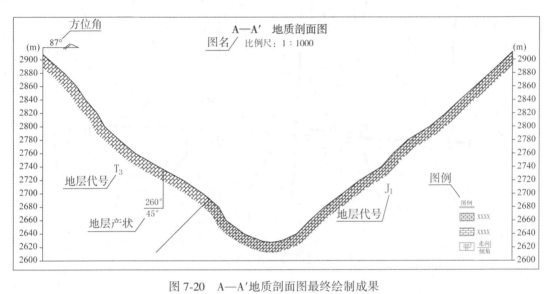

图 7-20　A—A′地质剖面图最终绘制成果

绘制地质剖面图的方法有很多，本书中所采用的方法为行之有效的方法，故其他方法在此不再详述。

## 7.3　矿体纵投影图绘制实例

**实例 7-3**　图 7-21 和图 7-22 分别是云南某矿区地形地质图和勘探线剖面图，图 7-21 中 C—C′为纵剖面线，左侧为三叠系上统地层，右侧为侏罗系下统地层，二者整合接触，倾向西，倾角45°，试根据以上条件绘制如图 7-23 所示 C—C′矿体垂直纵投影图。

矿体投影图按其投影面不同可分为矿体垂直纵投影图与矿体水平投影图。在矿体总体的倾角较陡时，适宜选择垂直投影面来编制矿体垂直纵投影图；在矿体总体的倾角较缓时，适宜选择水平投影面来编制矿体水平投影图。根据图 7-21 和图 7-22 中情况，本例适宜采用矿体垂直投影图。

本例采用 1∶1000 比例绘制，即图上 1mm 代表实际尺寸 1m，其绘图主要操作步骤如下（新建图层、加载线型、设置文字样式等省略）：

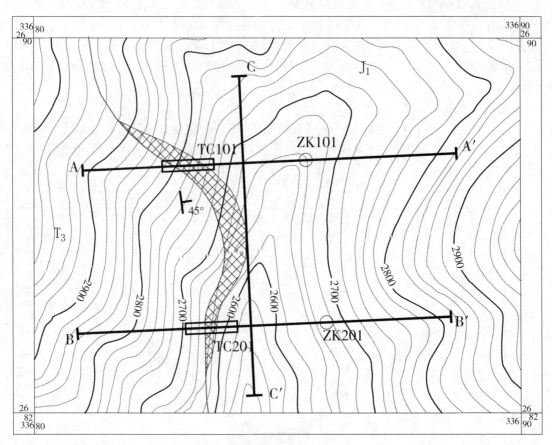

图 7-21 矿区地形地质图

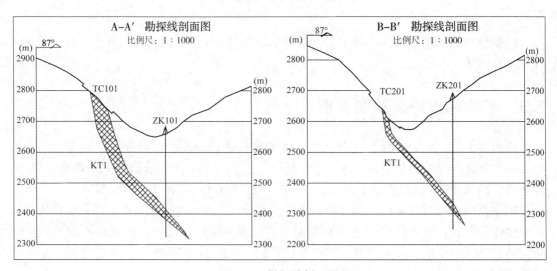

图 7-22 勘探线剖面图

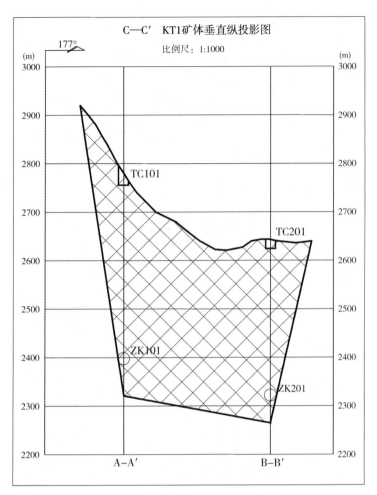

图 7-23 矿体垂直纵投影图最终成果

**1. 绘制投影图标尺、高程线及矿体露头线**

矿体露头线是投影图中矿体上部的边界线（若矿体为盲矿体，则仅需绘制剖面线处的地形线。此例中矿体出露地表）。

（1）采用 COPY 命令在绘图区空白区域处复制一份地形地质图作为底图，用于投影图的绘制，垂直纵投影图绘制好后再将其删除。

（2）采用 ROTATE 命令旋转底图，以参照方式进行旋转，详细过程为：选择整个地形地质图→输入 ROTATE 命令→【空格】键→选择 C 点作为基点→输入 R→【空格】键→依次单击 C 点及 C′点→输入 0→【空格】键。此时图形旋转结果如图 7-24 所示。

（3）采用 PLINE 命令在旋转后的地形地质图上沿矿体露头中心绘制矿体露头中心线；

（4）在倾斜的矿区地形图正下方空白区域合适位置处绘制矿体垂直纵投影图，绘图时可采用 XLINE 命令通过相应点绘制相应的垂直定位构造线，以根据倾斜的矿区地形图中矿体露头中心线与相应地形等高线的交点来定位矿体垂直纵投影图中矿体露头线的对应点，同时通过 C 点及 C′点作垂直定位构造线，其投影图标尺、高程线及矿体露头线绘制过程如图 7-24 所示。

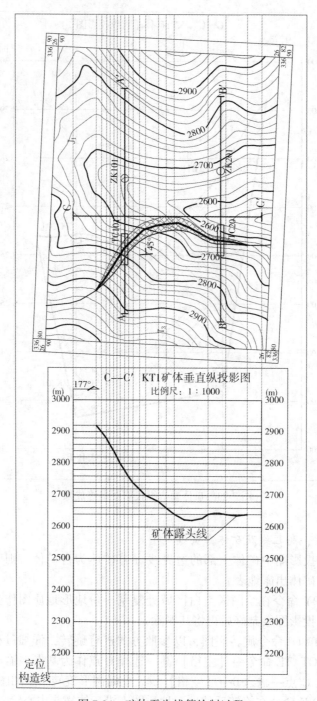

图 7-24　矿体露头线等绘制过程

（5）采用 PLINE 命令在倾斜的矿区地形图正下方空白区域，选中最左侧定位构造线合适位置作为起点，然后捕捉最右侧定位构造线的垂足作为端点，得到 3000m 高程线。

（6）采用 OFFSET 命令将 3000m 高程线依次向下偏移得到投影图其余高程线，其偏移距离为 100m，高程线的选择范围（2200～3000m）应使得矿体尽量位于投影图的中央。

（7）采用 PLINE 命令分别绘制投影图中左右两端的铅垂线（标尺线），长度应适宜。

（8）从图 7-24 可以看出，矿体露头中心线所穿过的地形等高线高程范围为 2640～2920m，采用 OFFSET 命令将 2900m 高程线依次向上或向下偏移 20m 得到该高程范围内的对应高程线。

（9）在投影图中采用 PLINE 命令从左向右将矿体露头中心线的地形定位构造线与其对应高程线的交点依次连接起来，再采用 PEDIT 命令将该多段线进行拟合处理，便得到投影图中的矿体露头线。需注意的是，若两相邻连接点的高程相同，则需在该两点之间通过插值法并结合地形图观察增加一个或数个点。

（10）采用 TEXT 命令书写投影图中相关文字，注意控制好文字位置、角度及高度，有时需用 PLINE 命令绘制相关线条。采用 ERASE 命令删除图 7-24 中的无关辅助线（无关高程线及定位构造线），这样便得到如图 7-25 所示投影图标尺、高程线及矿体露头线等绘制结果。

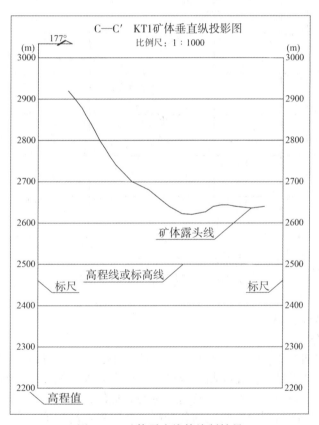

图 7-25　矿体露头线等绘制结果

2. 绘制投影图探槽及勘探线等

（1）接着在图 7-24 中进行后续绘图操作，采用 XLINE 命令依次通过倾斜的矿区地形图上钻孔 ZK101 及 ZK201 两侧的象限点、探槽 TC101 及 TC201 左右的两条边上分别指定的任意一个点、勘探线 A—A′ 及 B—B′ 上分别指定的任意一个点作垂直定位构造线。

（2）采用 PLINE 命令根据探槽定位构造线位置在投影图中的矿体露头线下方分别绘

制探槽 TC101 及 TC201。

（3）采用 TRIM 命令对勘探线定位构造线超出 3000m 高程线上部及 2200m 高程线下部的线条进行修剪。

（4）采用 ERASE 命令删除 4 条探槽定位线构造线，并采用 TEXT 命令标注探槽及勘探线文字，这样便得到如图 7-26 所示绘制完探槽及勘探线等以后的结果。

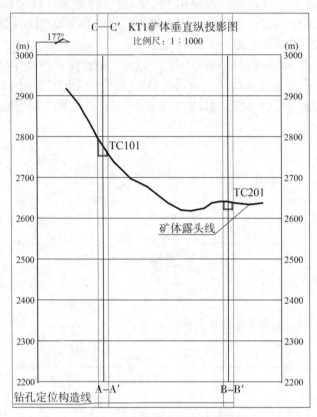

图 7-26　绘制探槽及勘探线后结果

### 3. 绘制钻孔及勾绘矿体轮廓

（1）绘制钻孔：

①在勘探线剖面图 7-22 上，以钻孔穿过矿体部分的中间值作为钻孔控制点，运用 PLINE 命令分别绘制通过各钻孔控制点及矿体边界点的水平线交于右侧标尺，并在该图中量测其高程值，由此来确定各控制点及边界点的高程值，如图 7-27 所示。

②通过在勘探线剖面图中所确定的各控制点及边界点高程值，采用 OFFSET 命令在图 7-26 中根据相应的已知高程线偏移出控制点及边界点的对应高程线，结果见图 7-28。

③采用 COPY 命令将倾斜的矿区地形图中的 ZK101（圆）以左侧象限点为基点复制到图 7-28 中 ZK101 控制点高程线与该钻孔左侧定位构造线的交点处，同样采用 COPY 命令将地形图中的 ZK201（圆）以左侧象限点为基点复制到图 7-28 中 ZK201 控制点高程线与该钻孔左侧定位构造线的交点处。

④采用 TEXT 命令补充钻孔等文字标注。

（2）勾绘矿体轮廓：采用 PLINE 命令将矿体露头线左侧端点、A—A′勘探线上的边

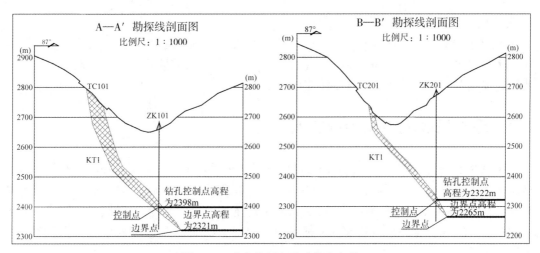

图 7-27 确定控制点及边界点高程

界点（A—A′勘探线与其边界点高程线的交点）、B—B′勘探线上的边界点（B—B′勘探线与其边界点高程线的交点）以及矿体露头线右侧端点依次连接起来，绘制出来的多段线与矿体露头线一起构成矿体轮廓，其绘制结果如图 7-28 所示。

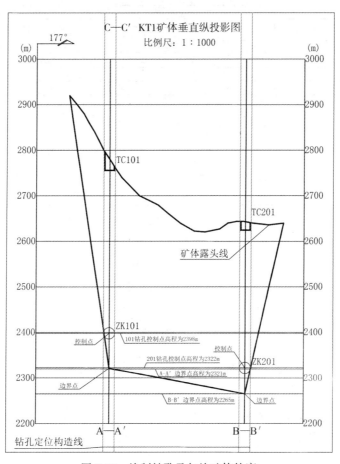

图 7-28 绘制钻孔及勾绘矿体轮廓

**4. 最终成图**

采用 ERASE 命令删除图 7-28 中的无关辅助线（定位构造线、边界点及控制点高程线、文字引出线）及相关备注文字，采用 BHATCH 命令对矿体轮廓进行图案填充，这样便得到如图 7-23 所示的矿体垂直纵投影图最终成果。

## 7.4　露天采场境界图绘制实例

**实例 7-4**　如图 7-29 所示是云南某凹陷露天矿的采场平、剖面图。该露天采场由 3 个台阶组成，露天采场底部海拔标高 1810m，底部作业平台长 400m、宽 30m，四角转弯半径 5m。台阶高 10m，台阶坡面角 60°，台阶平台宽 8m，台阶出入沟（倾斜运输公路）长度 100m，宽 8m，缓冲平台长 30m。试根据以上参数绘制如图 7-29 所示露天采场平、剖面图。

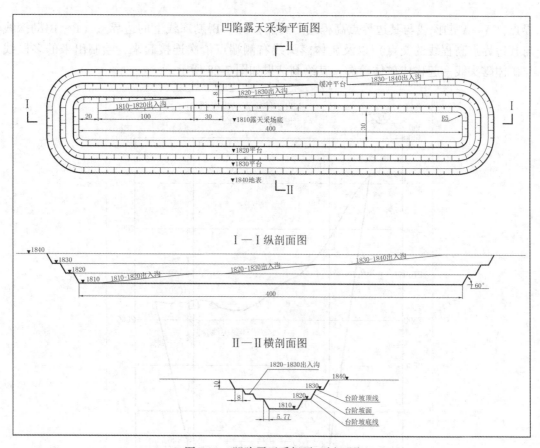

图 7-29　凹陷露天采场平、剖面图

本例采用 1∶1000 比例绘制，即图上 1mm 代表实际尺寸 1m，其绘图主要操作步骤如下（新建图层、加载线型、设置文字及标注样式省略）：

1. 绘制露天采场平面图

　　（1）绘制露天采场底部边界线：

　　①采用 PLINE 命令绘制如图 7-30 所示多段线；

　　②采用 FILLET 命令将该多段线拐角处进行圆角操作，圆角半径 5m。

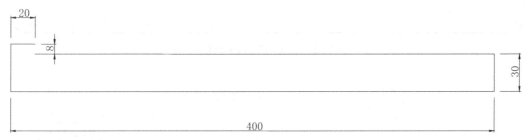

图 7-30　绘制露天采场底部边界线

　　（2）绘制 1810-1820 出入沟：

　　①采用 RECTANG 命令绘制一个长 100m、宽 8m 的矩形，如图 7-31 中虚线所示；

　　②采用 STRATCH 命令将矩形右边两角点向上拉伸 5.77m（即台阶坡顶线与坡底线之间的水平距离），如图 7-31 所示。

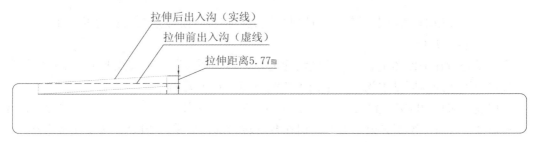

图 7-31　绘制 1810-1820 出入沟

　　（3）绘制 1810 台阶坡顶线：

　　①采用 OFFSET 命令将露天采场底部边界线向外偏移 5.77m，即得到 1810 台阶的坡顶线；

　　②对多余的线段采用 TRIM 命令进行修剪、对长度不足的线段采用 EXTEND 命令进行延伸，如图 7-32 所示。

　　（4）绘制 1820 台阶及出入沟：

　　①采用 OFFSET 命令分别将 1810 台阶的坡底线、坡顶线向外偏移 13.77m；

　　②采用 COPY 命令将 1810 台阶出入沟复制到其右侧，保证两出入沟水平间隔距离为 30m，出入沟左下角点对齐 1820 台阶坡底线；

　　③对多余的线段采用 TRIM 命令进行修剪，对长度不足的线段采用 EXTEND 命令进行延伸，其结果如图 7-33 所示。

　　（5）绘制 1830 台阶及出入沟：采用步骤（4）的方法，绘制出 1830 台阶及出入沟。

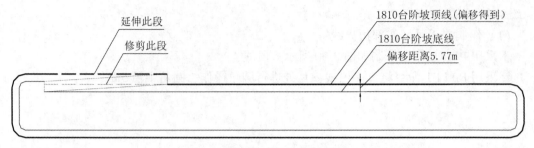

图 7-32　绘制 1810 台阶坡顶线

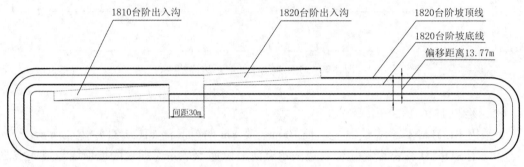

图 7-33　绘制 1820 台阶

（6）采用 PEDIT 命令设置各台阶坡顶线线宽：将各台阶坡顶线线宽设置为 0.3mm。

（7）绘制示坡线。

示坡线是指在平面图中表示台阶斜坡面的长、短间隔线段，示坡线要垂直于台阶坡顶线，长线与短线间隔要基本均匀，本例中长线与短线间距为 8m。

示坡线可采用 PLINE 命令逐条绘制，也可绘制好一对长短线后，采用复制命令 COPY 或偏移命令 OFFSET 绘制其余示坡线，但在台阶转弯部位应采用 PLINE 命令逐条绘制。

（8）绘制剖面线：在平面图合适的位置，采用 PLINE 命令绘制 Ⅰ—Ⅰ 纵剖面线及 Ⅱ—Ⅱ横剖面线位置标志，并采用 TEXT 命令书写剖面线编号，这样便得到如图 7-34 所示凹陷露天采场平面图。

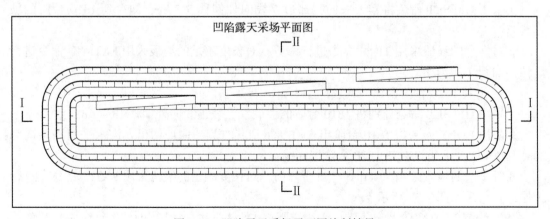

图 7-34　凹陷露天采场平面图绘制结果

2. 绘制露天采场Ⅰ—Ⅰ纵剖面图

　　Ⅰ—Ⅰ纵剖面图主要采用 PLINE 及 OFFSET 等命令进行绘制，注意纵剖面图中各台阶的坡顶线、坡底线等要素的位置需与采场平面图中Ⅰ—Ⅰ纵剖面线所切到的台阶坡顶线、坡底线等要素的位置对应（即长对正）。绘图时可采用 XLINE 命令绘制垂直构造线来定位两张图中台阶坡顶线、坡底线等的位置，出入沟则是通过投影关系投影到纵剖面图中的，如图 7-35 所示。

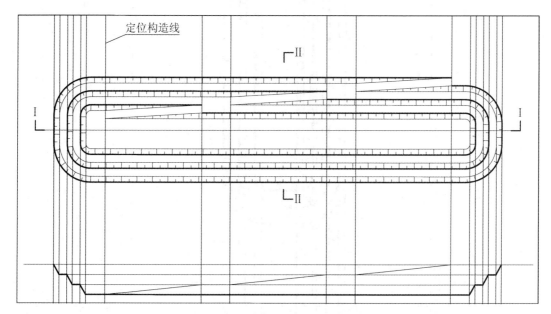

图 7-35　绘制Ⅰ—Ⅰ纵剖面图

3. 绘制露天采场Ⅱ—Ⅱ横剖面图

　　Ⅱ—Ⅱ横剖面图主要采用 PLINE 及 OFFSET 等命令进行绘制，注意横剖面图中的各台阶坡顶线、坡底线及出入沟等位置要与采场平面图中Ⅱ—Ⅱ横剖面线所切到的台阶坡顶线、坡底线及出入沟等位置对应。绘图时可先采用 ROTATE 命令将平面图按逆时针方向旋转90°后，再采用 XLINE 命令绘制垂直构造线来定位两张图中台阶坡顶线、坡底线及出入沟等要素的位置，如图 7-36 所示。

4. 文字书写

　　采用 TEXT 命令书写图中文字，注意控制好文字位置、角度及高度，有时需用 PLINE 命令绘制文字引出线。

5. 台阶标注

　　（1）绘制高程标识三角形：采用 POLYGN 命令绘制正三角形，确保三角形的垂直平分线长为5，并采用 ROTATE 命令将其旋转180°得到倒三角形（可先绘制一任意大小的倒三角形，采用 PLINE 命令通过三角形下顶点向上绘制一长度为5的辅助铅垂线，再采用 SCALE 命令根据参照对象"铅垂线"来缩放该三角形，使其垂直平分线长为5）；最后采用 BHATCH 命令对该三角形进行实体填充。

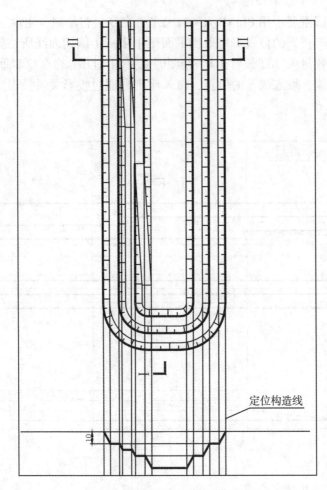

定位构造线

图 7-36　绘制 II—II 横剖面图

（2）属性定义：首先在命令行输入 STYLE 后按【空格】键弹出"文字样式"对话框，新建一种文字样式，并在"字体名"下拉列表中选择"宋体"后单击 应用(A) 按钮，再单击 关闭(C) 按钮。然后在命令行输入 ATTDEF 后按【空格】键，弹出"属性定义"对话框。在"属性"栏的"标记"文本框中输入"台阶高程"，在"提示"文本框中输入"请输入台阶高程："，在"值"文本框中输入"1810 露天采场底"，在"插入点"栏中单击 拾取点(K) < 按钮，在绘图区中合适位置指定属性的插入显示位置起点（指定倒三角形下顶点水平向右合适位置）。系统自动返回"属性定义"对话框，在"文字选项"栏的"对正"下拉列表框中选择"左"选项，在"文字样式"下拉列表中选择相应的"文字样式"，在 高度(E) < 按钮右侧的文本框中输入"5"。完成上述设置后，单击 确定 按钮即可。

（3）将绘制的三角形填充图形与定义的属性采用 BLOCK 命令一同定义为一个新的图块：创建内部图块名称为"台阶标注"，可拾取三角形的下顶点作为图块基点。

（4）插入带属性的图块：在命令行输入 INSERT 后按【空格】键，弹出"插入"对话框，在名称下拉列表框中选择要插入的内部图块的名称"台阶标注"，在"插入点"栏中选中 ☐ 在屏幕上指定(S) 复选框，默认其余设置，单击 确定 按钮，进入绘图区中指定合适的插入点，按【空格】键默认台阶高程为 1810 露天采场底（或输入新的台阶高程标注后再按【空格】键，即得到相应的"台阶标注"）。

（5）采用类似步骤（4）的方法进行图中其余台阶标注。对图中其余台阶进行标注也可采用 COPY 命令复制已有高程标注，再在复制所得到的图块属性上双击左键后，在"增强属性编辑器"对话框中修改其图块属性值，单击 确定 按钮即可。

6. 尺寸标注

采用 DIMLINEAR 命令标注图中线性尺寸，采用 DIMRADIUS 命令标注图中转弯半径，采用 DIMANGULAR 命令标注图中台阶坡面角，这样便得到如图 7-29 所示凹陷露天采场平剖面图。

## 7.5　地下矿采矿方法图绘制实例

**实例 7-5**　图 7-37 是云南某地下矿所使用的浅孔留矿采矿方法图，矿体倾角 60°，水平厚度 5m。采场走向长 48m，垂直高 50m，间柱宽 6m，顶柱高 1m，底柱高 7m，漏斗间距 7m。试根据以上参数绘制如图 7-37 所示浅孔留矿采矿方法图。

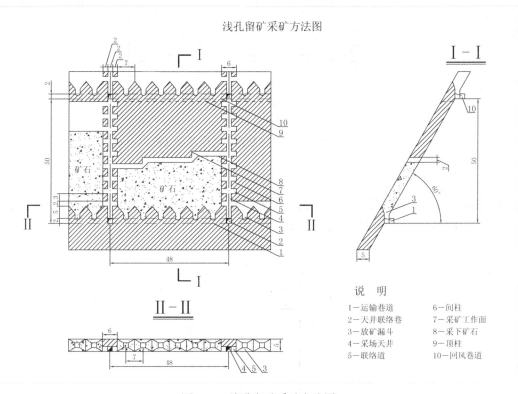

图 7-37　浅孔留矿采矿方法图

　　本例采用 1∶1000 比例绘制，即图上 1mm 代表实际尺寸 1m，其绘图主要操作步骤如下（新建图层、加载线型、设置文字及标注样式省略）：

1．绘制采矿方法图正视图

　　（1）绘制正视图外轮廓

　　采用 RECTANG 命令绘制一个长 82m、高 72m 的矩形。

　　（2）绘制采场天井、运输巷道和回风巷道

　　采用 PLINE 命令绘制采场天井（含天井中心线）、运输巷道和回风巷道，左侧天井中心线距离正视图外轮廓左边界 17m，两天井中心线间距 48m。运输巷道距离正视图外轮廓下边界 11m，运输巷道与回风巷道垂直高差 50m，如图 7-38 所示。

　　提示：可以先绘制左侧天井，再通过偏移（OFFSET 命令）或复制（COPY 命令）的方式得到右侧天井；回风巷道可由运输巷道向上偏移或复制得到。

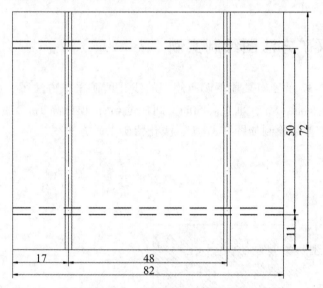

图 7-38　绘制采场天井、运输巷道和回风巷道（单位：m）

　　（3）绘制天井联络巷

　　在采场天井与运输巷道、回风巷道交叉处绘制天井联络巷，其细部尺寸详见图 7-39。可采用 RECTANG 命令和 PLINE 命令完成。

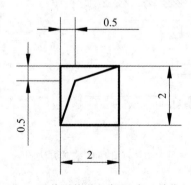

图 7-39　天井联络巷细部尺寸（单位：m）

（4）绘制放矿漏斗

放矿漏斗细部尺寸详见图 7-40，可采用 PLINE 命令绘制。本例中放矿漏斗较多，可先绘制完成 1 个漏斗，再采用复制（COPY 命令）或阵列（ARRAY 命令）的方式绘制其他漏斗。

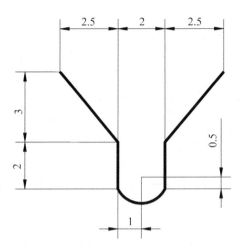

图 7-40　放矿漏斗细部尺寸（单位：m）

（5）绘制采场间柱线、顶柱线以及采场联络道

可采用 PLINE 命令绘制采场间柱线及顶柱线，也可通过 OFFSET 命令将采场天井分别向两边偏移 2m 得到采场间柱线，将回风巷向下偏移 1m 得到顶柱线。

采场联络道可采用 PLINE 命令绘制，也可以先绘制好最下面 1 条联络道，再采用偏移、复制或阵列的方法绘制其余联络巷道。最后采用 TRIM 命令将多余的线条修剪掉。

（6）绘制采矿工作面及采下矿石轮廓线

采用 PLINE 命令绘制采矿工作面及采下矿石轮廓线，其尺寸详见图 7-41。

（7）绘制剖面线位置及编号

在图 7-41 合适的位置，采用 PLINE 命令绘制Ⅰ—Ⅰ横剖面线及Ⅱ—Ⅱ水平剖面线位置，并采用 TEXT 命令书写剖面线编号。

2. 绘制Ⅰ—Ⅰ横剖面图

在正视图右侧合适位置绘制横剖面图，横剖面图中各结构需与正视图中对应结构保持高平齐（可采用 XLINE 命令绘制水平构造线来确定横剖面图中各结构的高度，使其与正视图中对应结构高度平齐）。先采用 PLINE 命令绘制矿体外轮廓、顶柱线及采矿工作面；再采用 RECTANG 命令绘制运输巷道、回风巷道；最后采用 PLINE 命令绘制放矿漏斗，放矿漏斗细部尺寸详见图 7-42。

3. 绘制Ⅱ—Ⅱ水平剖面图

在正视图下方合适位置绘制Ⅱ—Ⅱ水平剖面图，水平剖面图中各结构需与正视图中对应结构保持长对正（可采用 XLINE 命令绘制垂直构造线来确定水平剖面图中各结构的长度，使其与正视图中对应结构长度一致）；各结构的宽度应与Ⅰ—Ⅰ横剖面图中对应结构的宽度保持宽相等。该水平剖面图应先采用 RECTANG 命令或 PLINE 命令绘制矿体外轮

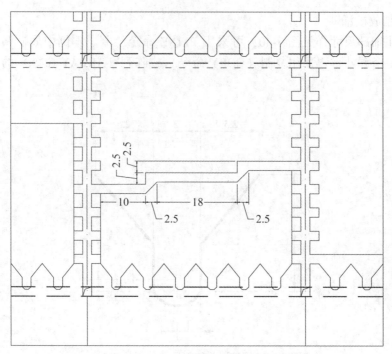

图 7-41　绘制采矿工作面及采矿石轮廓线（单位：m）

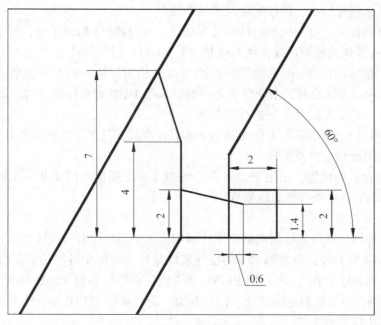

图 7-42　横剖面图中放矿漏斗细部尺寸（单位：m）

廓，再采用 RECTANG 命令、PLINE 命令绘制采场天井及间柱，最后采用 RECTANG 命令、PLINE 命令绘制放矿漏斗。由于放矿漏斗较多，可先绘制完其中 1 个，再采用复制命令 COPY 或阵列命令 ARRAY 绘制其余漏斗，放矿漏斗细部尺寸详见图 7-43。

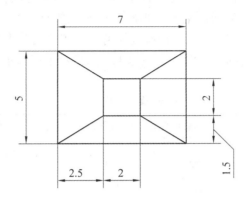

图 7-43 水平剖面图中放矿漏斗细部尺寸（单位：m）

4. 图案填充

采用 BHATCH 命令对三视图中各结构进行填充，注意选择相应的填充图案并控制好图案的比例。

5. 尺寸标注

采用 DIMLINEAR 命令标注三视图中各结构的线性尺寸，采用 DIMANGULAR 命令对横剖面图中矿体倾角进行标注。

6. 文字书写

采用 TEXT 命令书写图中相应文字，注意控制好文字位置及高度，有时需用 PLINE 命令绘制文字引出线。这样便得到如图 7-37 所示浅孔留矿采矿方法图。

## 7.6 地下矿岩石移动范围绘制实例

**实例 7-6** 云南某地下矿矿区范围内仅有一条铁矿体，编号为 KT1，矿体产于 F1 断层中，产状与断层 F1 相同。矿体走向 55°，倾向 NW，倾角 72°，矿体平均厚 10m。矿体上盘岩石为震旦系上统灯影组（Zbdn）：浅灰、灰白色薄至中厚层状含燧石条带白云质灰岩、白云岩，稳固性较好；下盘岩石为震旦系下统澄江组（Zac）：灰白、浅黄色厚层状粗粒长石英砂岩夹安山质凝灰岩，稳固性中等至好。最低生产中段定为 3200m，各种岩石的移动角可参照表 7-1 选取。结合以上资料及类似矿山情况，确定本矿矿体上盘岩石移动角为 65°，下盘岩石移动角为 65°，矿体走向端部岩石移动角为 75°。试依据 1#横剖面（图 7-44）、2#横剖面（图 7-45）及 Ⅰ—Ⅰ′纵剖面图（图 7-46）在矿区地形地质平面图上圈定出岩石移动范围，圈定结果如图 7-47 所示。

**圈定方法**：具体圈定地表岩石移动范围的方法，是在一些垂直矿体走向的地质横剖面和沿矿体走向的地质纵剖面上，从最低一个开采水平的采空区底板起，按照选定的各种岩石移动角，画出矿体上盘、下盘及矿体走向两端的岩石移动界线。如遇上部岩层（表土）发生变化，则按变化后岩层（表土）的岩石移动角继续向上画作，一直画到地表为止，这样画作后将在每个剖面的地表线处得到两个交点，然后将每个剖面图上的这些交点按照投影关系分别投影到平面图上与各自剖面线相交得到各点，再将平面图上的这些点分别用光滑的曲线依次连接成闭合图形。此闭合图形便是所圈定的地表岩石移动范围（移动范围原则上应从开采储量的最深部画起。当矿体形态比较复杂或矿体倾角小于岩石移动角时，应从矿体的最突出部位画起。对没有勘探清楚的矿体或矿体埋藏很深并计划作分期开采时，则按其可能延伸的部位（深度）或分期开采的深度起圈定岩石移动范围）。

表 7-1　　　　　　　　　　各种岩石的移动角

| 岩石类型 | 垂直矿体走向的岩石移动角/（°） | | 矿体走向端部的岩石移动角/（°） |
|---|---|---|---|
| | 上盘 | 下盘 | |
| 第四系表土 | 45 | 45 | 45 |
| 含水中等稳固片岩 | 45 | 55 | 65 |
| 稳固片岩 | 55 | 60 | 70 |
| 中等稳固致密岩石 | 60 | 65 | 75 |
| 稳固致密岩石 | 65 | 70 | 75 |

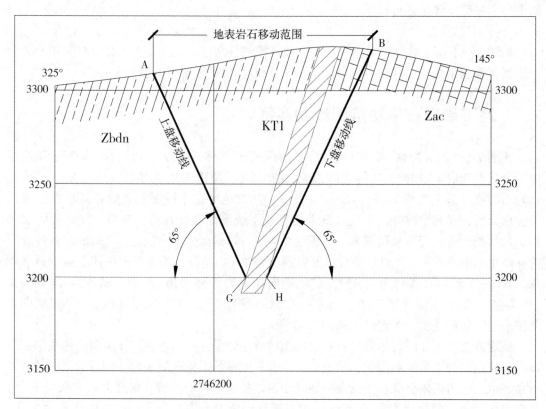

图 7-44　1#横剖面图

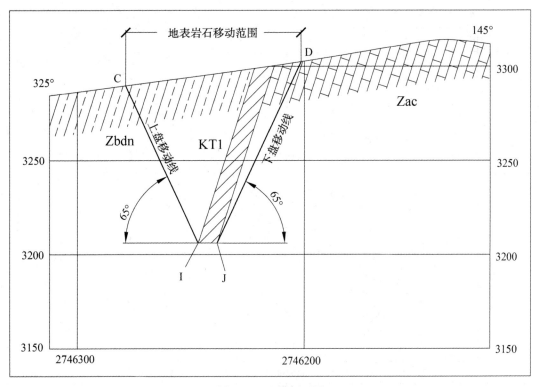

图 7-45    2#横剖面图

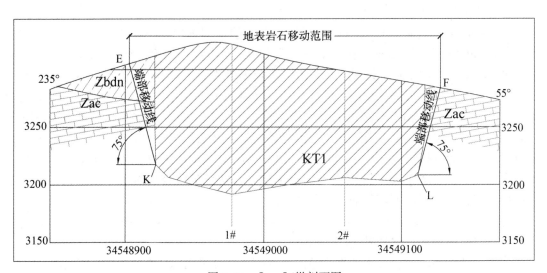

图 7-46    Ⅰ—Ⅰ'纵剖面图

本例采用 1:1000 比例绘制,即图上 1mm 代表实际尺寸 1m,其具体圈定步骤如下(新建图层、加载线型、设置文字及标注样式省略):

(1)绘制各剖面图岩石移动界线。

①首先将 1#横剖面图和 2#横剖面图、Ⅰ—Ⅰ'纵剖面图和矿区地形地质平面图放置在

191

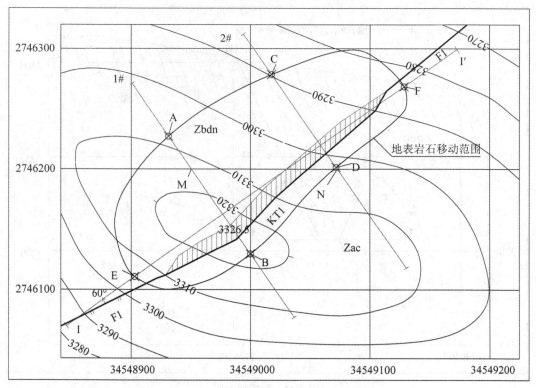

图 7-47　矿区地形地质平面图

同一个 AutoCAD 文件内，可采用 Ctrl+C 和 Ctrl+V 快捷键进行复制和粘贴。

　　②在 1#横剖面图和 2#横剖面图上按照选定的上盘岩石移动角（65°）和下盘岩石移动角（65°）采用 PLINE 命令分别画出矿体上盘及下盘岩石移动界线（如在 1#横剖面图中绘制上盘移动线的方法是：在命令行输入 PL（PLINE）→【空格】键→捕捉 1#横剖面图中 G 点作为起点→在命令行输入<115→【空格】键→随后移动十字光标至该剖面图地表线以上任意位置拾取一点，即绘制出上盘移动线且与地表线交于 A 点；或采用 RAY 命令进行操作：在命令行输入 RAY→【空格】键→捕捉 1#横剖面图中 G 点作为起点→在命令行输入<115→【空格】键→随后向上移动十字光标使该射线与所画移动线方向一致后单击鼠标左键，即绘制出上盘移动线且与地表线交于 A 点）。

　　③在 I—I′纵剖面图上按照选定的端部岩石移动角（75°）采用 PLINE 命令分别画出矿体走向两端的岩石移动界线。

　　④再将各剖面图上岩石移动界线超出地表以上部分采用 TRIM 命令进行修剪。

　　⑤通过以上方法画作后将在每个剖面的地表线处分别得到两个交点，这些点分别为 1#横剖面图中的 A 点和 B 点、2#横剖面图中的 C 点和 D 点、I—I′纵剖面图中的 E 点和 F 点。

　　（2）将各剖面图上岩石移动界线与地表线的交点分别投影到矿区地形地质平面图上，即将每个剖面图上的这些交点（A 点、B 点、C 点、D 点、E 点和 F 点）按照投影关系分别投影到矿区地形地质平面图上，与各自剖面线相交得到各点（A 点、B 点、C 点、D

点、E 点和 F 点）。现以投影 A 点为例进行讲解。

①在命令行输入 O（OFFSET）→【空格】键→输入"通过"选项 t→【空格】键→选择矿区地形地质平面图中的勘探线 I—I′→捕捉该图中的 M 点得到直线 x；

②连续两次按【空格】键→再捕捉 1#横剖面图中的 A 点作为偏移距离的起点→在该图中水平向右捕捉"X=2746200"坐标线的垂足作为偏移距离的第二点→回到矿区地形地质平面图中选中直线 x→随后在直线 x 左上方任意拾取一点以确定偏移所在一侧得到直线 y→按【空格】键结束 OFFSET 命令。此时，在矿区地形地质平面图中直线 y 与 1#勘探线的交点 A 点便是 1#横剖面图中 A 点在该图中的投影点，同理可得到 B 点。

③投影 C 点和 D 点的方法与投影 A 点和 B 点的方法类似，不再重述；投影 E 点和 F 点则可在矿区地形地质平面图中采用 OFFSET 命令直接偏移 1#勘探线或 2#勘探线得到，其偏移距离可通过在 I—I′纵剖面图中量取。

（3）将矿区地形地质平面图上的 A 点、C 点、F 点、D 点、B 点及 E 点分别用光滑的折线依次连接成闭合图形。可采用 PLINE 命令依次进行连接，连接时需注意的是，在 C 点至 F 点、F 点至 D 点、B 点至 E 点以及 E 点至 A 点等转折处间，需适当增加数点以使该闭合图形尽可能圆滑。

（4）最后采用多段线编辑命令 PEDIT 将该闭合图形进行拟合处理后，便得到如图 7-47 中所圈定的地表岩石移动范围。

（5）标注及文字书写。采用 DIMANGULAR 命令标注各剖面图中的岩石移动角，采用 DIMLINEAR 命令标注各剖面图中的地表岩石移动范围；采用 TEXT 命令书写各剖面图及平面图中的相关文字，注意控制好文字位置、角度及高度，有时需用 PLINE 命令绘制文字引出线。

## 7.7 三心拱巷道断面图绘制实例

**实例 7-7** 图 7-48 是云南某地下矿中段运输巷道，巷道净宽 3900mm，墙高 1900mm，拱高 1300mm。巷道右侧开挖水沟，底部采用碎石道砟并安设两对轨道，轨道上方架设导电弓子。水沟一侧（右侧）墙脚深 500mm，另一侧（左侧）墙脚深 250mm，巷道混凝土厚度 250mm。水沟细部尺寸详见图 7-49，轨道细部尺寸详见图 7-50，导电弓子尺寸详见图 7-51。根据以上参数绘制如图 7-48 所示三心拱巷道断面。

本例采用 1∶1 比例绘制，即图上 1mm 代表实际尺寸 1mm，其绘图主要操作步骤如下（新建图层、加载线型、设置文字及标注样式省略）：

（1）绘制巷道拱部曲线。图 7-52 中曲线 AMCKF 即为巷道拱部曲线（其余线条均为绘图辅助线），该曲线由三段圆弧组成：圆弧 AM、圆弧 MCK、圆弧 KF。

①首先采用 RECTANG 命令绘制矩形 AFEG，矩形宽 3900mm、高 1300mm；

②采用 PLINE 命令绘制矩形 AFEG 的中平分线 CD；

③采用 PLINE 命令连接 AC、CF；

④采用 XLINE 命令作∠GAC 和∠GCA 的角平分线交于 M 点；

⑤采用 XLINE 命令作∠EFC 和∠ECF 的角平分线交于 K 点；

⑥采用 PLINE 命令过 M 点和 K 点分别作 AC 和 CF 的垂线，采用 EXTEND 命令将其

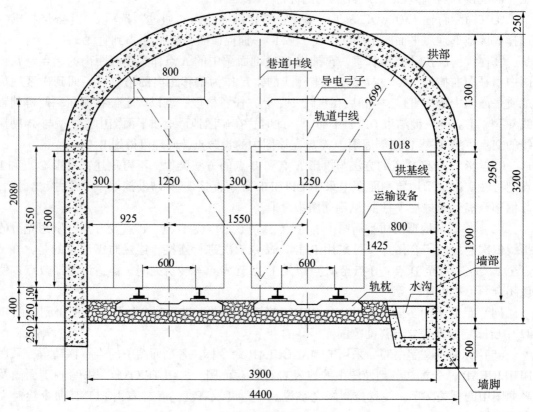

图 7-48　三心拱巷道断面图（单位：mm）

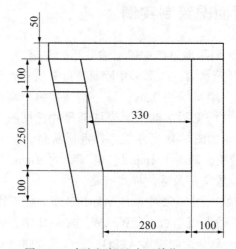

图 7-49　水沟细部尺寸（单位：mm）

交 CD 的延长线于 O 点，交 AF 于 $O_1$、$O_2$ 点；

　　⑦采用 ARC 命令以 O 点为圆心、OM 为半径，绘制圆弧 MCK；

　　⑧采用 ARC 命令以 $O_1$ 为圆心、$O_1A$ 为半径作圆弧 AM，以 $O_2$ 为圆心、$O_2K$ 为半径作

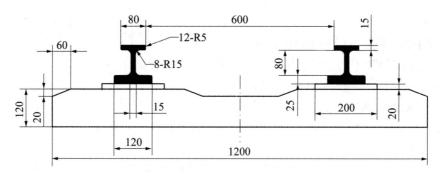

图 7-50　轨道细部尺寸（单位：mm）

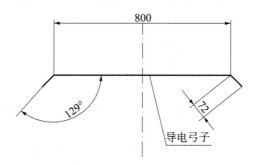

图 7-51　导电弓子细部尺寸（单位：mm）

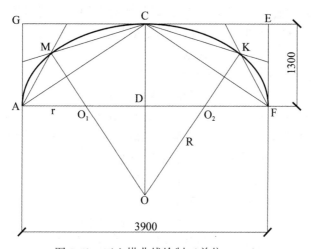

图 7-52　三心拱曲线绘制（单位：mm）

圆弧 KF；

　　⑨采用 ERASE 命令删除绘图辅助线，保留拱部曲线 AMCKF。

　　绘制巷道拱部曲线在 AutoCAD 中具体操作步骤如下：

　　命令：rec RECTANG　　　//在命令行输入 rec 后按【空格】键

　　指定第一个角点或［倒角（C）/标高（E）/圆角（F）/厚度（T）/宽度（W）］：　　　//在绘

图区中任意指定一点作为矩形第一个角点

指定另一个角点或［尺寸(D)］：@3900，-1300　　　//在命令行输入 @3900，-1300

后按【空格】键以指定矩形对角点的位置(右下角)

　　命令：pl PLINE　　//在命令行输入 pl 后按【空格】键

　　指定起点：　　//捕捉 GE 边中点作为起点

　　当前线宽为 0.0000　　//显示当前线宽

　　指定下一点或［圆弧(A)/半宽(H)/长度(L)/放弃(U)/宽度(W)］：　　　//捕捉 AF

边中点作为第二点

　　指定下一点或［圆弧(A)/闭合(C)/半宽(H)/长度(L)/放弃(U)/宽度(W)］：

　//按【空格】键结束 PLINE 命令

　　命令：　PLINE　　//直接按【空格】键重复执行 PLINE 命令

　　指定起点：　　//捕捉 A 点作为起点

　　当前线宽为 0.0000　　//显示当前线宽

　　指定下一点或［圆弧(A)/半宽(H)/长度(L)/放弃(U)/宽度(W)］：　　　//捕捉 C 点

作为第二点

　　指定下一点或［圆弧(A)/闭合(C)/半宽(H)/长度(L)/放弃(U)/宽度(W)］：

　//捕捉 F 点作为第三点

　　指定下一点或［圆弧(A)/闭合(C)/半宽(H)/长度(L)/放弃(U)/宽度(W)］：

　//按【空格】键结束 PLINE 命令

　　命令：xl XLINE 指定点或［水平(H)/垂直(V)/角度(A)/二等分(B)/偏移(O)］：b

//在命令行输入 xl 后按【空格】键，再输入"二等分"选项 b 后按【空格】键

　　指定角的顶点：　　//捕捉∠GAC 的顶点 A 点

　　指定角的起点：　　//捕捉角的起点 G

　　指定角的端点：　　//捕捉角的端点 C

　　指定角的端点：　　//按【空格】键结束 XLINE 命令

　　命令：　XLINE 指定点或［水平(H)/垂直(V)/角度(A)/二等分(B)/偏移(O)］：b

//直接按【空格】键重复执行 XLINE 命令，再输入"二等分"选项 b 后按【空格】键

　　指定角的顶点：　　//捕捉∠GCA 的顶点 C 点

　　指定角的起点：　　//捕捉角的起点 G

　　指定角的端点：　　//捕捉角的端点 A

　　指定角的端点：　　//按【空格】键结束 XLINE 命令

　　命令：pl PLINE　　//在命令行输入 Pl 后按【空格】键

　　指定起点：　　//捕捉 M 点作为起点

　　当前线宽为 0.0000　　//显示当前线宽

　　指定下一个点或［圆弧(A)/半宽(H)/长度(L)/放弃(U)/宽度(W)］：　　　//捕捉直

线 AC 的垂足作为第二点

　　指定下一点或［圆弧(A)/闭合(C)/半宽(H)/长度(L)/放弃(U)/宽度(W)］：

　//按【空格】键结束 PLINE 命令

　　命令：ex EXTEND　　//在命令行输入 ex 后按【空格】键

　　当前设置：投影=UCS，边=延伸　选择边界的边……　　//显示当前设置及选择边

界的边

选择对象：找到 1 个　　//选择直线 MO

选择对象：找到 1 个，总计 2 个　　//选择直线 CD

选择对象：　　//按【空格】键结束对象选择

选择要延伸的对象，或按住 Shift 键选择要修剪的对象，或［投影（P）/边（E）/放弃（U）］：e　　//输入"边"选项 e 后按【空格】键

输入隐含边延伸模式［延伸（E）/不延伸（N）］<延伸>：e　　//输入"延伸"选项 e 后按【空格】键

选择要延伸的对象，或按住 Shift 键选择要修剪的对象，或［投影（P）/边（E）/放弃（U）］：　　//选择直线 MO（注：需将鼠标小方框移动到垂足附近且在该直线上单击左键）

选择要延伸的对象，或按住 Shift 键选择要修剪的对象，或［投影（P）/边（E）/放弃（U）］：　　//选择直线 CD（注：需将鼠标小方框移动到 D 点附近且在该直线上单击左键）

选择要延伸的对象，或按住 Shift 键选择要修剪的对象，或［投影（P）/边（E）/放弃（U）］：　　//按【空格】键结束 EXTEND 命令

命令：mi MIRROR　　//在命令行输入 mi 后按【空格】键

选择对象：找到 1 个　　//选择直线 AM

选择对象：找到 1 个，总计 2 个　　//选择直线 MC

选择对象：找到 1 个，总计 3 个　　//选择直线 MO

选择对象：　　//按【空格】键结束对象选择

指定镜像线的第一点：　　//指定 C 点作为镜像线的第一点

指定镜像线的第二点：　　//指定 D 点作为镜像线的第二点

是否删除源对象？［是（Y）/否（N）］<N>：　　//按【空格】键以默认不删除源对象，同时结束 MIRROR 命令

命令：a ARC 指定圆弧的起点或［圆心（C）］：c　　//在命令行输入 a 后按【空格】键，再输入"圆心"选项 c 后按【空格】键

指定圆弧的圆心：　　//捕捉 $O_2$ 点作为该圆弧的圆心

指定圆弧的起点：　　//捕捉 F 点作为该圆弧的起点

指定圆弧的端点或［角度（A）/弦长（L）］：　　//捕捉 K 点作为该圆弧的端点同时结束 ARC 命令

命令：ARC 指定圆弧的起点或［圆心（C）］：　　//直接按【空格】键重复执行 ARC 命令，并捕捉 K 点作为该圆弧的起点

指定圆弧的第二点或［圆心（C）/端点（E）］：　　//捕捉 C 点作为该圆弧第二点

指定圆弧的端点：　　//捕捉 M 点作为该圆弧端点同时结束 ARC 命令

命令：ARC 指定圆弧的起点或［圆心（C）］：c　　//直接按【空格】键重复执行 ARC 命令，再输入"圆心"选项 c 后按【空格】键

指定圆弧的圆心：　　//捕捉 $O_1$ 点作为该圆弧的圆心

指定圆弧的起点：　　//捕捉 M 点作为该圆弧的起点

指定圆弧的端点或［角度（A）/弦长（L）］：　　　//捕捉 A 点作为该圆弧的端点同时结束 ARC 命令

（2）绘制巷道墙部及底板部分。采用 PLINE 命令通过 A 点和 F 点绘制左右两侧直墙部分，长度分别为 2150mm 和 2400mm，同时绘制巷道底板水平直线。再采用 OFFSET 命令将底板水平直线向上偏移 250mm 得到道砟面直线，将三心拱形曲线和直墙部分线条分别向外偏移 250mm 得到巷道支护厚度，底部左右缺口采用 PLINE 命令进行连接。

（3）绘制水沟。如图 7-49 所示，采用 PLINE 命令进行绘制，再采用 BHATCH 命令对水沟壁及底部进行图案填充。

（4）绘制轨道。如图 7-50 所示，采用 PLINE 命令进行绘制，再采用 BHATCH 命令对钢轨内部进行实体填充。

（5）绘制运输设备。采用 RECTANG 命令绘制运输设备，运输设备宽 1250mm、高 1550mm。

（6）绘制导电弓子。如图 7-51 所示，采用 PLINE 命令进行绘制。

（7）绘制定位线。采用 PLINE 命令绘制巷道中线、轨道中线及巷道拱基线。

（8）图纸组装。按图 7-48 中的尺寸要求，将水沟、轨道、运输设备、导电弓子等进行准确定位，可采用 MOVE 命令通过合适的基点移动到相应位置。

（9）图案填充。采用 BHATCH 命令对井巷及水沟支护部分和道砟进行图案填充。

（10）尺寸标注。对图中重要参数采用 DIMLINEAR 命令进行尺寸标注后便得到如图 7-48 所示三心拱井巷断面图，图中单位为 mm。

## 7.8　排土场布置图绘制实例

**实例 7-8**　图 7-53 是云南某露天矿拟建排土场地形图，图 7-54 是该露天矿的排土场平、剖面图，排土场容积 16.5 万 $m^3$，排土标高 3510～3480m，排土台阶坡面角度为 32°，台阶高 10m，排土场总边坡角为 27°，排土场最终平台宽度 6m，拦渣坝坝顶标高为 3480m。拦渣坝细部尺寸详见图 7-55，截洪沟细部尺寸详见图 7-56。试根据该矿拟建排土场的地形图以及相关参数绘制如图 7-54 所示排土场平剖面图、如图 7-55 所示拦渣坝结构图以及如图 7-56 所示截洪沟断面结构图。

本例中图 7-54 采用 1:1000 比例绘制，即图上 1mm 代表实际尺寸 1m，其绘图主要操作步骤如下（新建图层、加载线型、设置文字及标注样式等省略）：

1. 绘制排土场 A—A′剖面图

（1）绘制地表地形线、高程线、坐标线等：

①采用 PLINE 命令在图 7-53 中顺地形沟谷合适的位置绘制如图 7-54 所示排土场平面图中的 A—A′纵剖面线，其长度应适宜；

②采用 ROTATE 命令将绘制好 A—A′剖面线的排土场地形图整体根据参照对象的方式进行旋转，使图中 A—A′剖面线呈水平状态，参照对象为 A—A′剖面线，这样操作后可见图 7-57 中整个地形图已呈倾斜状态；

③在倾斜的排土场地形图正下方空白区域合适位置处绘制排土场 A—A′剖面图，绘图时可采用 XLINE 命令绘制相应的垂直定位构造线，以根据倾斜的排土场地形图中 A—A′

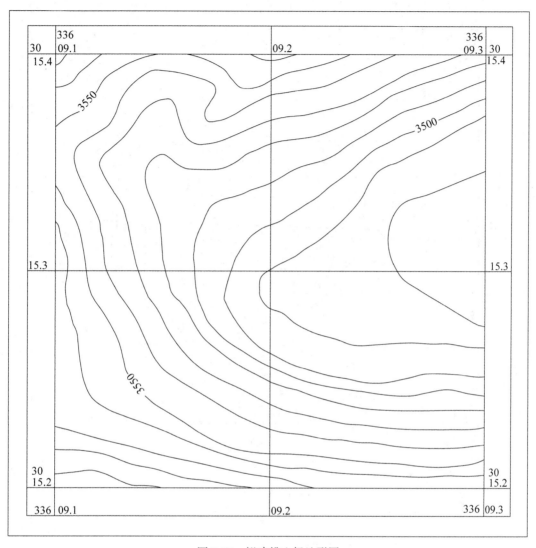

图 7-53  拟建排土场地形图

剖面线上相应的点来定位 A—A′剖面图中左右两侧标尺、地表地形线及坐标网格线等相应点的位置（根据倾斜的排土场地形图中相应的已知点来定位即将绘制的排土场 A—A′剖面图中相应的未知点），即分别通过倾斜的排土场地形图中 A—A′剖面线左右两个端点、剖面线与地形等高线及坐标网格线的各个交点绘制垂直构造线，其剖面图绘制过程如图 7-57 所示；

④采用 PLINE 命令以排土场 A—A′剖面图中最左侧定位构造线合适位置作为起点，然后捕捉最右侧定位构造线的垂足作为端点，得到 3470m 高程线；

⑤采用 OFFSET 命令将 3470m 高程线依次向上偏移得到剖面图其余高程线，其偏移距离为 10m；

⑥采用 PLINE 命令分别绘制排土场 A—A′剖面图中左右两端的铅垂线（标尺线），长

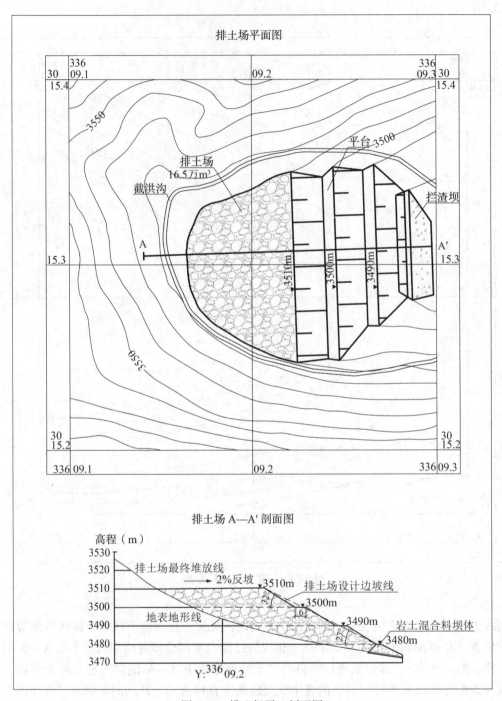

排土场平面图

排土场 A—A′ 剖面图

图 7-54　排土场平、剖面图

度应适宜；

⑦在排土场 A—A′剖面图中采用 PLINE 命令从左向右将各相应高程地形定位构造线与其高程线的交点依次连接起来，再采用 PEDIT 命令将该多段线进行拟合处理，便得到剖面图中的地表地形线；

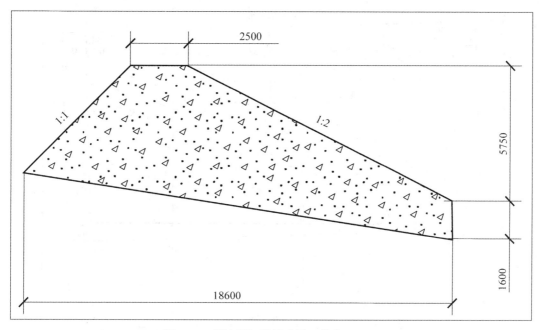

图 7-55　拦渣坝细部尺寸图（单位：mm）

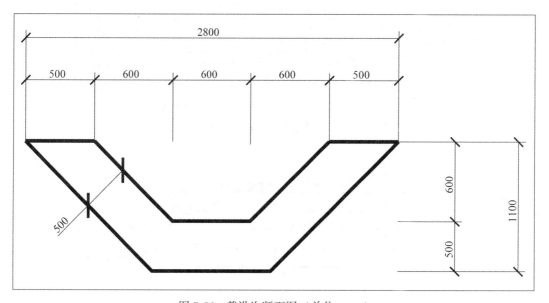

图 7-56　截洪沟断面图（单位：mm）

⑧采用 TRIM 命令将坐标网格线相应的定位构造线超出地表地形线及 3470m 高程线两端的部分进行修剪，便得到剖面图中的坐标网格线。

（2）绘制剖面图中的拦渣坝：

①采用 PLINE 命令根据如图 7-55 所示拦渣坝细部尺寸图中相关尺寸绘制拦渣坝，绘制时需将该图中单位折算为 m 后再采用 1：1000 比例进行；

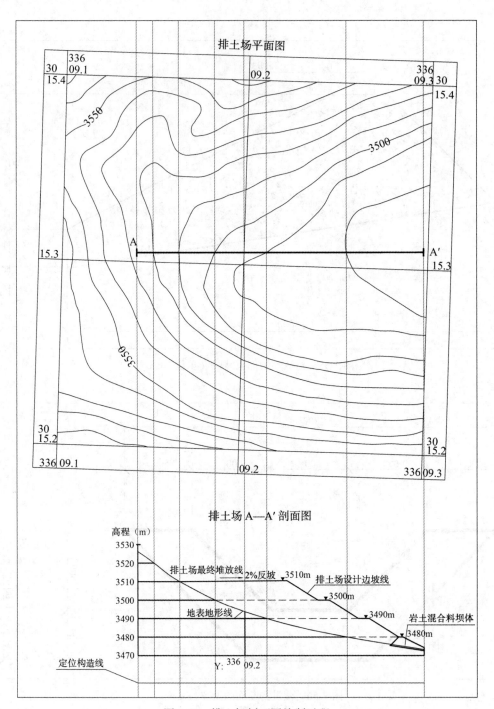

图 7-57 排土场剖面图绘制过程

②采用 MOVE 命令将绘制好的拦渣坝移动至相应位置，拦渣坝埋深 0.7m，布置于 A—A′剖面图右下方，移动时需确保拦渣坝顶部平面位于 3480m 水平、拦渣坝右侧直线位于剖面图右侧铅垂线或定位构造线。

（3）绘制边坡线：

①采用 PLINE 命令以拦渣坝顶部平面线左侧端点作为起点，根据排土台阶坡面角度 32°、台阶高度 10m 和最终平台宽度 6m 依次向左上方绘制边坡线至 3510m 高程线相交处；

②3510m 排土平台需按 2%的反坡进行绘制，采用 PLINE 命令以步骤 a 所绘多段线的端点作为起点，向左侧绘制一条 2%反坡的直线与地表地形线相交。

（4）绘制反坡箭头标示：

采用 PLINE 命令绘制一条坡度为 2%的反坡箭头标示，注意控制好其位置、长度、角度和大小。

（5）修剪高程线与删除定位构造线：

①采用 TRIM 命令将所有高程线超出地表地形线以上的部分进行修剪；

②采用 ERASE 命令删除相应的定位构造线（不需要的），以免与绘制排土场平面图所绘的定位构造线混淆。

（6）书写 A—A′剖面图文字及标注台阶等：

采用 TEXT 命令书写 A—A′剖面图中的相关文字，注意控制好文字的位置、角度及高度，有时需用 PLINE 命令绘制文字引出线。标注台阶及方位角等可参照前述实例进行，这样便完成了排土场 A—A′剖面图的绘制工作。

2. 绘制排土场平面布置图

（1）绘制平面图中的排土台阶及拦渣坝：

①首先采用 XLINE 命令绘制垂直构造线来定位排土场平面布置图中排土台阶及拦渣坝的坡顶线、坡底线位置（根据排土场 A—A′剖面图中相应的已知点来定位即将绘制的排土场平面图中相应的未知点），即分别通过已绘的排土场 A—A′剖面图中排土台阶及拦渣坝的坡顶线、坡底线的各个对应点绘制垂直构造线。平面图绘制过程如图 7-58 所示。

②采用 TRIM 命令将排土台阶及拦渣坝坡顶线、坡底线对应的定位构造线超出相应高程地形线上下两端的部分进行修剪（由于在拦渣坝最右侧的坡底线处无地形线，故其上下两个点需采用插值的方法进行推测而确定，再采用 BREAK 命令将对应定位构造线上下两端多余部分进行打断），便得到平面图中的坡顶线及坡底线。

③采用 PEDIT 命令设置各台阶坡顶线线宽：将各台阶坡顶线线宽设置为 0.5mm。

④采用 PLINE 命令分别将上下两端各个边坡的坡顶线端点与坡底线端点相连。

（2）绘制截洪沟。截洪沟在平面图中采用双线表示，采用 PLINE 命令在排土场上游及两侧合适位置先绘制其中一条折线，绘制时需注意控制好地形坡度，再采用 PEDIT 命令将该多段线进行拟合处理，最后采用 OFFSET 命令将拟合处理后的多段线向远离排土场一侧偏移 1m 的距离。

（3）绘制示坡线。采用 PLINE 命令分别绘制好一对长短线后，采用偏移命令 OFFSET 绘制其余示坡线，本例中长线与短线间距为 12m。

3. 绘制截洪沟断面结构图

采用 PLINE 命令根据如图 7-56 所示截洪沟断面图中尺寸标注进行绘制，采用 1∶1 比例进行绘制。

4. 图案填充

采用 BHATCH 命令分别对平剖面图中排土区域及拦渣坝进行填充，注意选择相应的填充图案并控制好图案的比例。

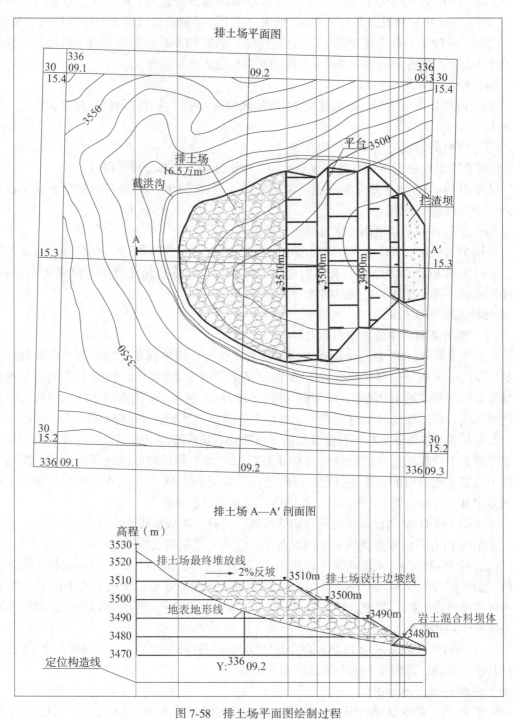

图 7-58　排土场平面图绘制过程

**5. 文字书写**

　　采用 TEXT 命令书写相关图中其余文字，注意控制好文字位置、角度及高度，有时需用 PLINE 命令绘制文字引出线。

6. 平面图台阶标注

平面图台阶标注可参照前述实例进行。

7. 平面图处理

①删除绘制排土场平面图所作的定位构造线,采用 ERASE 命令删除相应的定位构造线;

②采用 ROTATE 命令将绘制完毕的排土场平面图整体根据参照对象的方式进行旋转,使图中坐标网格线呈水平或垂直状态,且使 A—A′剖面线中的 A 点居左侧;

③采用 TRIM 命令对排土场内部的地形线进行修剪。

8. 尺寸标注

对图 7-54、图 7-55 和图 7-56 进行尺寸标注,采用 DIMLINEAR 命令标注图中线性尺寸、采用 DIMALIGNED 命令标注图中对齐尺寸,采用 DIMANGULAR 命令标注图中排土台阶坡面角及总边坡角。这样便得到如图 7-54、图 7-55 和图 7-56 所示图形。

## 7.9 煤矿采区布置图绘制实例

**实例 7-9** 图 7-59 是某煤矿煤层底板等高线图,图 7-60 为该煤矿采区布置平剖面图。该采区地质构造简单,采区范围内共有 3 层可采煤层,即 $C_1$煤层、$C_2$煤层和 $C_3$煤层。其中主采煤层为 $C_2$煤层,平均厚度 2.20m,平均倾角 14°,煤层倾角变化不大,有自然发火倾向,瓦斯涌出量较小,含水性中等,局部较强,顶底板岩石坚固性较好。矿井开拓工程中,运输大巷和回风大巷已掘至采区中部。$C_2$煤层走向长度确定为 1000m,为双翼布置。采区斜长 600m,区段采用沿空留巷方式,上区段运输巷供下区段回风用,共分为 4 个区段,工作面长 150m。采区上山均布置在 $C_3$煤层底板岩层中。采区运输上山和轨道上山保持 30m 的间距,轨道上山距煤层底板 16m,运输上山距煤层底板 10m,采区上山与区段平

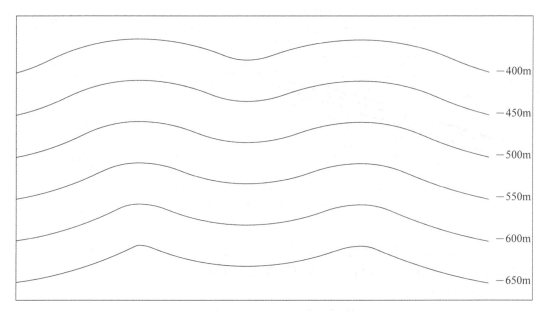

图 7-59　煤层底板等高线

205

巷均采用石门联系。采区上部车场采用顺车场，采区中部车场采用甩入石门式车场。为减少下部车场工程量，轨道上山提前下扎一定角度，使起坡角为 25°。为简化绘制操作，巷道断面暂定为梯形断面，其高为 3m，底宽为 4m，顶高为 2m。其余部分未标注尺寸可根据图中相关尺寸比例通过估算而指定。试根据以上条件绘制如图 7-60 所示煤矿采区布置平、剖面图。

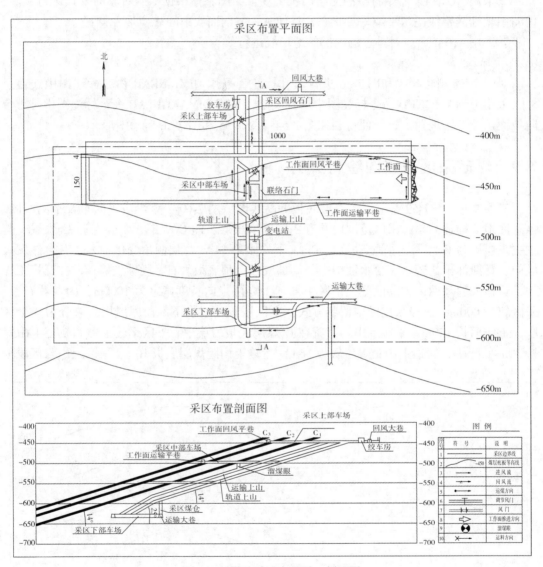

图 7-60　煤矿采区布置平、剖面图

本例采用 1∶1000 比例绘制，即图上 1mm 代表实际尺寸 1m，其绘图主要操作步骤如下（新建图层、加载线型、设置文字及标注样式等省略）：

1. 绘制采区布置平面图

（1）绘制采区边界：采用 RECTANG 命令在图 7-59 中 -400m 与 -650m 等高线之间合

适的位置绘制左右边界和上下边界，矩形长度 1200m，宽度 800m。

（2）绘制运输大巷和采区下部车场：

①采用 PLINE 命令在图 7-59 中合适位置，以图 7-61 中 a 点为起点，绘制运输大巷和采区下部车场，其细部尺寸如图 7-61 所示。绘图时，可先采用 PLINE 命令绘制运输大巷其中一条单线，再采用 OFFSET 命令偏移出大巷另一条线。

②采用 FILLET 命令将采区下部车场与两条上山和运输大巷的相应位置进行连接。

③采用 TRIM 命令将图中多余部分（注意看清层位上下关系）进行修剪，便得到采区下部车场。

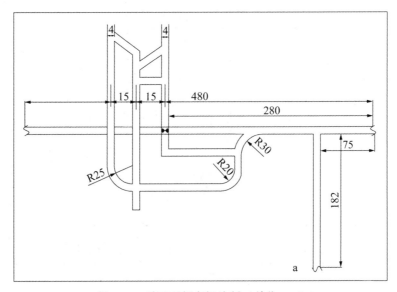

图 7-61　采区下部车场绘制（单位：m）

（3）绘制变电站和采区中部车场：

图 7-61 绘制完毕后，采用 PLINE 命令继续向上分别绘制轨道上山和运输上山等巷道，其方法与绘制采区下部车场类似，绘制结果如图 7-62 所示。

（4）绘制绞车房、回风大巷和采区上部车场：

①采用 PLINE 命令继续向上绘制轨道上山和运输上山等巷道，如图 7-63 所示，且沿两个上山巷道向上在适当位置处采用 PLINE 命令绘制回风大巷。

②采用 RECTANG 命令绘制一边长为 8m 的正方形绞车房，该绞车房布置在回风大巷下部 25m 处且沿轨道上山中部位置。

③采用 PLINE 命令在距回风大巷右侧 65m 处向上绘制长为 20m 的回风井，并采用 CIRCLE 命令在其端部绘制一半径为 4m 的圆。

（5）绘制工作面：

①采用 PLINE 命令，在等高线 -450m 上部的合适位置处布置采煤工作面，走向长 1000m，工作面宽 150m，巷道宽度为 4m。

②先采用 PLINE 命令在工作面附近绘制一闭合区域，再采用 BHATCH 命令对该闭合

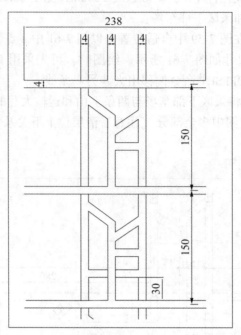

图 7-62 采区中部车场绘制（单位：m）

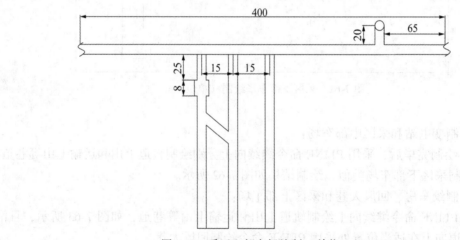

图 7-63 采区上部车场绘制（单位：m）

区域进行填充，选择名称为 "GRAVEL" 的填充图案，如图 7-64 所示。

（6）采用 TEXT 命令书写平面图中相关文字，注意控制好文字位置、角度及高度，有时需用 PLINE 命令绘制文字引出线，如图 7-65 所示。

（7）绘制图例：采用 PLINE、CIRCLE、BHATCH、TEXT 等命令绘制如图 7-60 所示图中相关图例。

（8）按照矿井实际情况，采用 COPY、ROTATE 等命令在图 7-65 中相应位置按照对应图例标示风流方向、运煤（料）方向及风门等，这样便得到如图 7-65 所示采区布

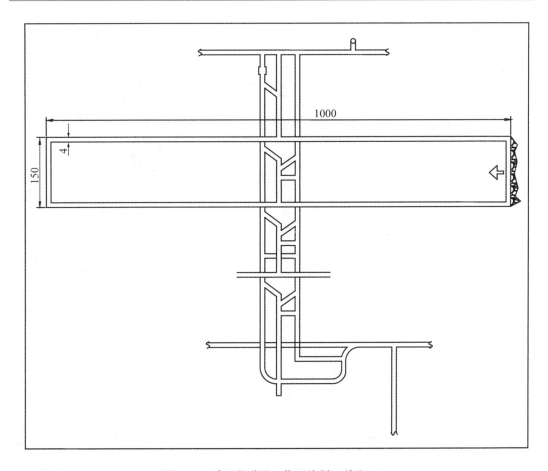

图 7-64　采区巷道及工作面绘制（单位：m）

置平面图。

2. 绘制采区布置剖面图

（1）绘制煤层底板高程线：

①首先采用 PLINE 命令在绘图区空白区域处绘制−400m 高程线，其长度应适宜；

②采用 OFFSET 命令将−400m 高程线依次向下偏移得到剖面图中其余高程线，其偏移距离为 50m；

③采用 PLINE 命令绘制剖面图左右两侧标尺，并采用 TEXT 命令对相应高程进行文字标注，如图 7-66 所示。

（2）绘制 $C_1$ 煤层、$C_2$ 煤层、$C_3$ 煤层：

①采用 PLINE 命令结合煤层所在标高和煤层底板等高线，按倾角 14° 在图 7-66 中分别进行绘制，其中 $C_1$ 煤层与 $C_2$ 煤层垂距 10m，$C_2$ 煤层与 $C_3$ 煤层垂距 15m；

②采用 BHATCH 命令对各煤层分别进行图案填充，选择名称为"SOLID"的填充图案，如图 7-67 所示。

（3）绘制相应巷道：

①采用 PLINE 命令分别按照与煤层垂距为 10m 的相应位置处绘制运输上山、与煤层

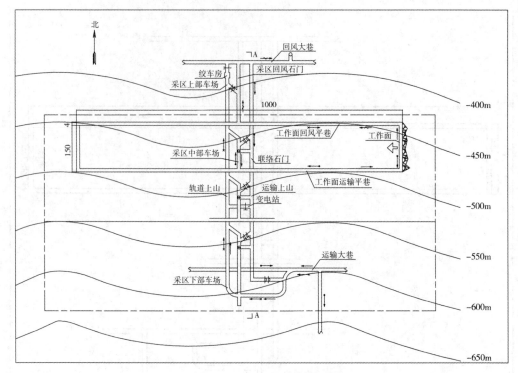

图 7-65 采区布置平面图

图 7-66 煤层剖面底板高程线（单位：m）

垂距为 16m 的相应位置处绘制轨道上山。

②采用 PLINE 命令在相应的煤层底板等高线上分别绘制采区上部车场、采区中部车场和采区下上部车场。需注意的是，在绘制采区下部车场的过程中轨道上山应提前下扎，其倾角变为 25°，其高度应与采区平面图中的标高相对应，如图 7-68 所示。

（4）采用 TEXT 命令在图 7-68 中书写其余相关文字，注意控制好文字位置、角度及高度，有时需用 PLINE 命令绘制文字引出线，这样便得到如图 7-69 所示采区布置剖面图。

3. 图纸组合

采用 MOVE 命令将采区布置平面图、采区布置剖面图及相关图例移动到适当位置，

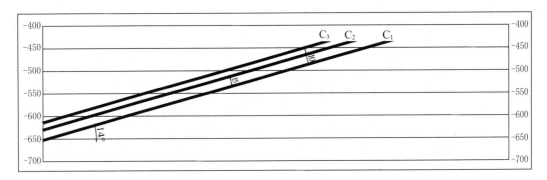

图 7-67  煤层剖面图（单位：m）

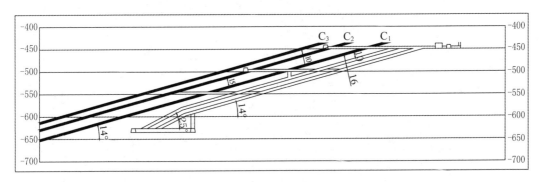

图 7-68  巷道布置剖面图（单位：m）

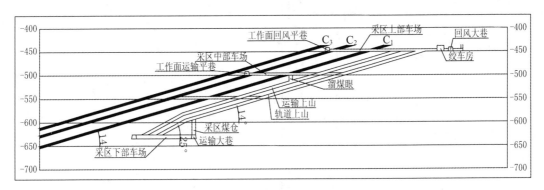

图 7-69  采区布置剖面图（单位：m）

形成一张完整的采区布置平、剖面图，便于相互对照，且能更好地体现出各种巷道的空间位置关系，这样便完成了对图 7-60 所示煤矿采区布置平、剖面图的绘制工作。

## 7.10  选矿厂主厂房配置平面图绘制实例

**实例 7-10**  图 7-70 是云南某铜锡矿选矿厂主厂房配置平面图，试根据图中标注的相关参数在 AutoCAD 中绘制该图。

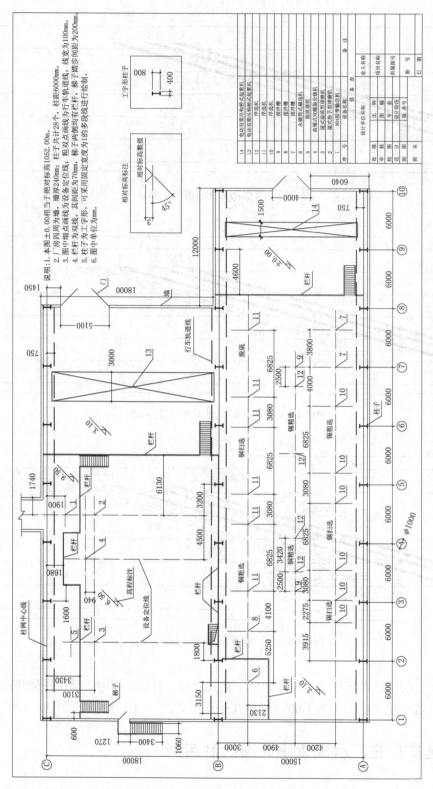

图 7-70  某铜锡矿^选矿^主厂房配置平面图

　　本例采用 1∶1 比例绘制，即图上 1mm 代表实际尺寸 1mm，其绘图主要操作步骤如下（新建图层、加载线型、设置文字及标注样式省略）：

　　（1）根据厂房跨度和柱距绘制柱网：

　　①首先采用 PLINE 命令参照图中尺寸绘制厂房左下角工字型柱子，其固定宽度为 100mm；

　　②采用 COPY 命令根据厂房跨度尺寸分别复制左下角柱子得到左侧墙的其余 2 个柱子；

　　③采用 ARRAY 命令进行矩形阵列，在"行"文本框中输入"1"，在"列"文本框中输入"10"，在"行偏移"文本框中输入偏移值"0"，在"列偏移"文本框中输入偏移值"6000"，选择对象时需选中左侧墙的 3 个柱子，通过矩形阵列后便得到 30 个柱子，将图中最上一行柱子中右侧两个柱子采用 ERASE 命令进行删除；

　　④采用 PLINE 命令分别绘制图中三行柱子的三条水平中心线，其起点分别为每一行柱子中左侧柱子的中心交点，端点分别为右侧柱子的中心交点。

　　（2）绘制厂房外围墙体轮廓：

　　①采用 PLINE 命令绘制墙体外围边框，从左上角按顺时针方向依次开始绘制，首先需确定该多段线的第一点，其相对于左上角柱子中心交点的相对坐标为（-240，640）；

　　②接下来绘制水平向右长为 42480mm 的直线→再绘制垂直向下长为 18000mm 的直线→再绘制水平向右长为 12000mm 的直线→再绘制垂直向下长为 16180mm 的直线→再绘制水平向左长为 54480mm 的直线→最后绘制垂直向上长为 34180mm 的直线（或在命令行输入"闭合"选项 C 后按【空格】键），退出 PLINE 命令即可得到墙外围边框；

　　③采用 OFFSET 命令将该外围边框向内部偏移墙厚 240mm 后便得到墙内侧边框。

　　（3）绘制行车轨道线。行车轨道线距柱子中心线 750mm。

　　①采用 OFFSET 命令将相应的柱子中心线向行车轨道线所需一侧进行偏移，共 4 条行车轨道线，故需偏移 4 次。

　　②对偏移所得到直线的多余部分采用 TRIM 命令进行修剪。

　　③选中偏移所得到的其中一条行车轨道线，将其线型修改为"双点画线"，再采用多段线编辑命令 PEDIT 将其固定宽度修改为 100mm；紧接着选中此条行车轨道线按下"Ctrl+1"组合键，在特性面板中调整适当的"线型比例"值（即调整虚线的间距），按【Enter】键确认，直到调整合适后，关闭特性面板，再执行特性匹配 MATCHPROP 命令，选择其余 3 条行车轨道线后退出命令即可。

　　（4）绘制设备定位线。采用 PLINE 命令根据图中标注定位尺寸分别进行绘制，每条设备定位线的长度可参照图中情况任意指定。待所有设备定位线绘制完毕后，选中其中一条设备定位线，将其线型修改为"点画线"，紧接着按下"Ctrl+1"组合键，在特性面板中调整适当的"线型比例"值，按【Enter】键确认，直到调整合适后，关闭特性面板，再执行特性匹配 MATCHPROP 命令，分别选择其余设备定位线后退出命令即可。

　　（5）绘制梯子及栏杆。采用 PLINE 命令进行绘制，梯子踏步间距为 200mm，栏杆双线间距为 70mm。

　　①首先绘制图 7-70 中的一个梯子，在绘制梯子踏步时，可事先采用 PLINE 命令绘制出踏步顶部的一条线，再采用 OFFSET 命令偏移出其余线条，再用 PLINE 命令绘制出梯子

一侧栏杆中靠踏步的一条线，梯子栏杆的其余 3 条线可以通过 OFFSET 命令进行偏移得到；

②图 7-70 中其余梯子可采用复制命令 COPY 进行复制，部分梯子需将其旋转 90°后再进行复制，个别梯子需采用 BREAK 命令等进行适当处理；

③绘制图 7-70 中除梯子栏杆以外的其余边缘栏杆时，首先采用 PLINE 命令绘制出其中一条线，再采用 OFFSET 命令偏移出另一条线。

（6）绘制行车。采用 PLINE 命令进行绘制。需注意的是，每个行车的上下两条水平线应置于相应的柱子边缘与行车轨道线之间。

（7）绘制门。采用 PLINE 命令绘制每道门的两条示意线，且与墙体内部轮廓相交，再将门所在位置的墙体部分采用 TRIM 命令进行修剪即可。

（8）绘制厂房上部省略部位。采用 PLINE 命令参照图中尺寸进行绘制。

（9）文字书写。采用 TEXT 命令书写图中相应文字，注意控制好文字位置及高度。进行柱网标注时，需在柱子编号外采用 CIRCLE 命令绘制一直径为 1000mm 的圆（可首先画出其中一个圆，并在圆内标注文字，标注的文字可以是数字或大写字母，其余编号可采用 COPY 命令进行复制，复制完成后再双击圆圈中的文字进行修改）；进行设备或实体标注时，需采用 PLINE 命令绘制一折线（即文字引出线），由两段线条相连，其中一条斜线指向设备定位点或实体，在另一条水平横线上放置文字。

（10）尺寸标注。需采用 DIMSTYLE 命令设置新的标注样式，然后在此标注样式下对图中重要参数采用 DIMLINEAR 命令进行尺寸标注，图中单位为 mm。

（11）相对高程标注。采用 PLINE 命令和 POLYGN 命令在相应位置绘制其中一个水平高程标注符号，并采用单行文字命令 TEXT 在相应位置注记其高程数值，再选中水平高程标注符号及高程文字，将其采用旋转命令 ROTATE 按逆时针方向整体旋转 45°；其余高程标注可采用 COPY 命令进行复制，并双击文本标注修改相应的高程数值即可。

（12）制作设备表及图签。可在 AutoCAD 图形文件中采用 PLINE、OFFSET、TEXT 及 COPY 等命令直线在相应位置进行制作。亦可在 Excel 中按照图 7-70 中设备表及图签内容进行制作，制作完成后，选择并复制表格部分；打开绘制该图的 AutoCAD 文件，在 AutoCAD "编辑" 菜单中选择 "选择性粘贴" 进行操作，在弹出的 "选择性粘贴" 对话框中选择 "OX1.08A801P-836AutoCAD 图元"，然后在绘图区域中指定合适的插入点，再选中整个表格，采用 SCALE 命令将其缩放到合适的比例为止。这样便得到如图 7-70 所示选厂主厂房配置平面图。

# 本 章 小 结

本章主要介绍了运用 AutoCAD 绘制典型矿业工程图的方法与技巧，如地形地质图、地质剖面图、矿体纵投影图、露天采场境界图、地下矿采矿方法图、地下矿岩石移动范围、三心拱巷道断面图、排土场布置图、煤矿采区布置图以及选厂主厂房配置平面图等多种典型矿业工程图形的绘制方法与技巧。

# 综 合 练 习

7-1  试根据如图 7-71 所示某铜矿区地形地质图采用 1∶1000 比例绘制该矿 A—A′ 地质剖面图，要求在 A—A′ 地质剖面图中反映出左右标尺、方位角、高程线、地表地形线、坐标线、地层界限以及相关文字标注等要素（操作提示：首先绘制一类似该地形地质图的图形，然后再进行后续操作）。

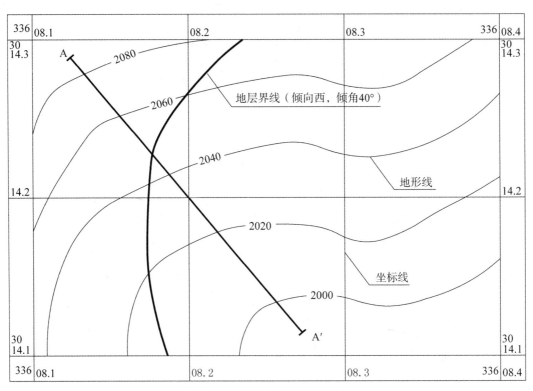

图 7-71  某铜矿区地形地质图

7-2  采用 1∶1000 比例绘制如图 7-72 所示的露天矿平剖面出入沟与开段沟。

7-3  采用 1∶1000 比例绘制如图 7-73 所示分段凿岩阶段矿房法采矿方法图（中段运输平巷、装矿穿脉、通风人行天井、分段联络道断面均按 2×2m² 绘制）。

7-4  图 7-74 是云南某地下矿中段运输巷道，巷道净宽 3900mm，墙高 2150mm，拱高 1300mm。巷道右侧开挖水沟，底部采用碎石道砟并按设两对轨道，轨道上方架设导电弓子。水沟一侧（右侧）墙脚深 500mm，另一侧（左侧）墙脚深 250mm，巷道混凝土厚度 200mm。水沟细部尺寸参照图 7-49，轨道细部尺寸参照图 7-50，导电弓子尺寸参照图 7-51。根据以上参数采用 1∶1 比例绘制如图 7-74 所示三心拱巷道断面图。

7-5  图 7-75 是云南某铁矿选矿厂主厂房配置平面图，试根据图中标注相关参数采用 1∶1 比例绘制该铁矿选厂主厂房配置平面图。

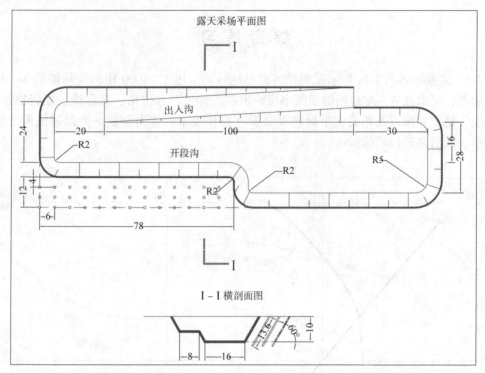

图 7-72　露天矿平、剖面出入沟与开段沟（单位：m）

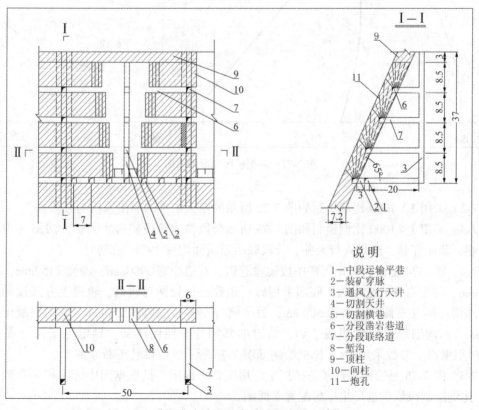

说　明

1—中段运输平巷
2—装矿穿脉
3—通风人行天井
4—切割天井
5—切割横巷
6—分段凿岩巷道
7—分段联络道
8—堑沟
9—顶柱
10—间柱
11—炮孔

图 7-73　分段凿岩阶段矿房采矿方法图（单位：m）

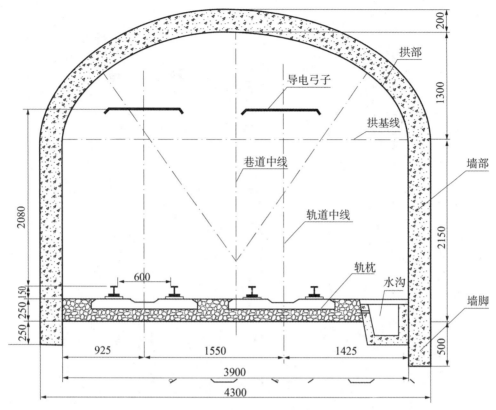

图 7-74　三心拱巷道断面图（单位：mm）

7-6　图 7-76 是云南某硫铁矿选厂尾矿库尾矿坝平面布置图，该尾矿库设计总坝高
36.0m，初期坝为内坡反滤碾压堆石坝，坝顶标高 1866.0m，坝底标高 1847.0m，坝高
19.0m（含清基深度 8.0m），内坡 1：1.8，外坡 1：2.0，坝轴线长 54.5m，顶宽 3.0m；
后期堆筑坝标高 1883.0m，后期堆积坝高 17.0m，堆积每级子坝堆高 2.0m（最后一级高
1.0m），共堆筑 9 级，子坝顶宽 3.0m，内外坡比为 1：2.0，总堆筑坡比 1：3.5；总库容
54.6 万 m³。由于在设计时平面图中每级子坝的两端是根据相应的地形等高线而确定的，
本练习未提供等高线，在绘制子坝时其长度可根据图中相关尺寸比例通过估算而指定，其
余未提供参数的部分亦是如此。试根据相关参数采用 1：1 比例绘制如图 7-76 所示尾矿坝
平面布置图、如图 7-77 所示岸坡排水沟断面图、如图 7-78 所示台阶排水沟断面图、如图
7-79 所示排渗盲沟断面图以及如图 7-80 所示子坝断面图。相关图中的单位，高程均以 m
计，其余尺寸以 mm 计。

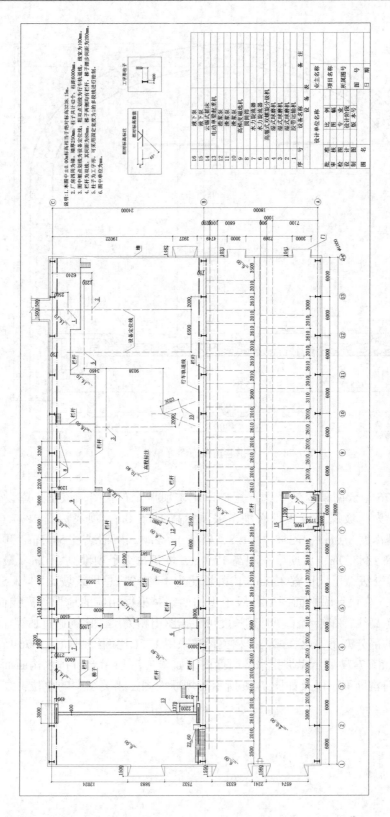

图7-75　某铁矿选矿厂主厂房配置平面图绘制练习

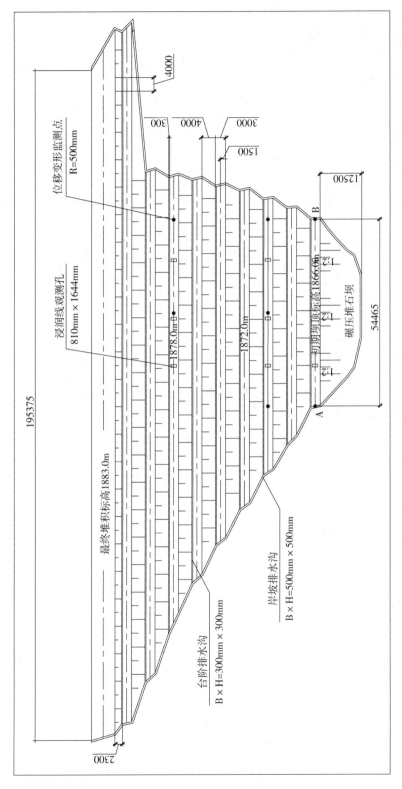

图7-76 某硫铁矿"选矿厂"尾矿车尾矿坝平面布置图

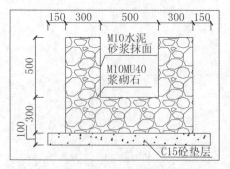

图 7-77　岸坡排水沟断面图（单位：mm）

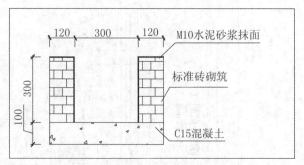

图 7-78　台阶排水沟断面图（单位：mm）

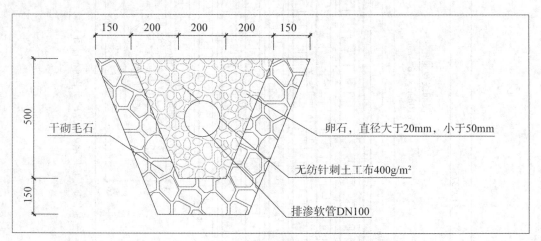

图 7-79　排渗盲沟断面图（单位：mm）

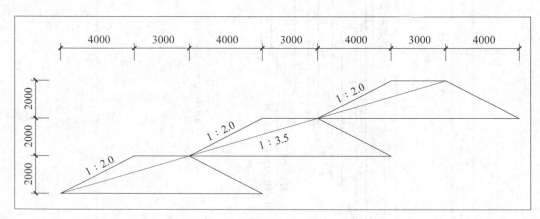

图 7-80　子坝断面图（单位：mm）

# 第8章 三维建模

【学习目标】

本章主要介绍 AutoCAD 中三维建模的一些基本知识，包括三维视点、三维坐标和三维实体模型的绘制与编辑方法。通过本章的学习，让读者了解三维实体的绘制及编辑方法。

## 8.1 三维视点

三维建模过程中，经常使用不同的视点来观察立体模型。可采用 DDVPOINT、VPOINT、3DORBIT、3DCORBIT 等命令来设置不同的视点。

### 8.1.1 用 DDVPOINT 设置视点

操作方法：在命令行中执行 DDVPOINT 命令，或选择"视图"→"三维视图"→"视点预置"菜单命令。

DDVPOINT 命令可确定观察位置在 XY 平面上的角度以及与 XY 平面之间的夹角。执行 DDVPOINT 命令后，弹出如图 8-1 所示的"视点预置"对话框，其中各选项含义如下：

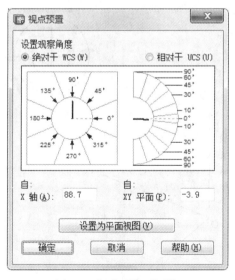

图 8-1　视点预置对话框

（1）绝对于 WCS：指视点设置为相对于世界坐标系统的方位；

（2）相对于 UCS：指视点设置为相对于用户坐标系统的方位；

（3）自 X 轴：指视点与 XZ 平面的夹角；

（4）自 XY 平面：指视点与 XY 平面的夹角；

（5）设置为平面视图：恢复成与 X 轴成 270°和与 XY 平面成 90°的视点。

### 8.1.2　用 VPOINT 设置视点

**操作方法：在命令行中执行 VPOINT 命令，或选择"视图"→"三维视图"→"视点"菜单命令。**

VPOINT 命令可将视图定义为从空间某点向原点（0，0，0）方向观察。执行 VPOINT 命令后，命令行提示如下：

命令：VPOINT　　//在命令行输入 VPOINT 后按【空格】键

当前视图方向：　VIEWDIR＝0.0000，0.0000，1.0000　　//显示当前视图方向

指定视点或［旋转（R）］<显示坐标球和三轴架>：r　　//输入"旋转"选项 r 后按【空格】键

输入 XY 平面中与 X 轴的夹角 <当前值>：　　//指定 XY 平面中与 X 轴的夹角

输入与 XY 平面的夹角 <当前值>：　　//指定与 XY 平面的夹角后按【空格】键结束命令

其中各选项含义如下：

（1）旋转（R）：使用两个角度指定新的方向。

（2）显示坐标球和三轴架：显示如图 8-2 所示坐标球和三轴架。屏幕右上角的坐标球是一个球体二维显示，其中心点是北极，内环是赤道，外环是南极。坐标球上的十字光标可移动到球体上任意位置，三轴架会根据坐标球指示的观察方向实时旋转。将光标移动到

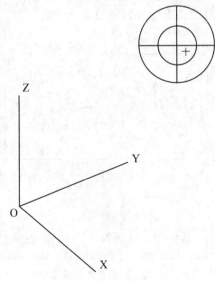

图 8-2　坐标球和三轴架

球体的合适位置上然后点取即可确定观察点。

### 8.1.3 用3DORBIT打开三维动态观察器设置视点

**操作方法：在命令行中执行3DORBIT命令，或选择"视图"→"三维动态观察器"菜单命令。**

三维动态观察器视图是一个转盘，如图8-3所示。当光标移动至转盘中，按住鼠标左键可对视图观察点进行任意拖动；当光标移动至转盘外，按住鼠标左键可对视图观察点进行旋转；当光标移动至转盘象限点的小圆上，按住鼠标左键只能对视图观察点进行水平或垂直方向旋转。

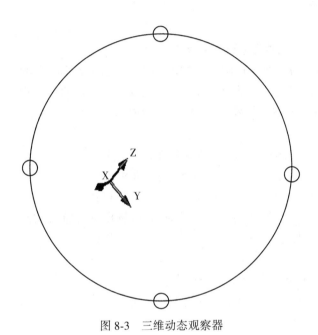

图8-3 三维动态观察器

### 8.1.4 用3DCORBIT进行三维连续观察

**操作方法：在命令行中执行3DCORBIT命令。**

可以通过三维连续观察来连续不断地使三维对象按指定的方向和速度旋转。执行3DCORBIT命令后，光标的形状变为两条实线环绕的球形，在绘图区域中按住鼠标左键并沿任何方向拖动鼠标然后松开鼠标，使对象沿拖动方向开始连续转动，光标移动的速度决定了对象的旋转速度。

### 8.1.5 标准视图

**操作方法：选择"视图"→"三维视图"菜单命令，或单击图8-4所示"视图"工具栏中的工具按钮。**

通过视图中的正交选项，可以快速进入标准视图。标准视图包括了6个方向的正视图（俯视图、仰视图、左视图、右视图、前视图、后视图）和4个方向的轴测视图（西南等

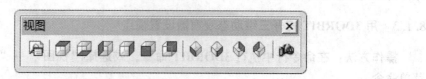

图 8-4  "视图"工具栏

轴测图、西北等轴测图、东南等轴测图、东北等轴测图)。

## 8.2  三维坐标

**操作方法：在命令行中执行 UCS 命令。**

在三维建模时，为了便于作图，经常需要调整坐标系统到不同的方位来完成特定的任务。定义用户坐标系（UCS）是为了改变原点（0，0，0）的位置以及 XY 平面和 Z 轴的方向。执行 UCS 命令可进行新建用户坐标系（UCS）等操作，执行 UCS 命令后，命令行提示如下：

命令：UCS    //在命令行输入 UCS 后按【空格】键

当前 UCS 名称：＊世界＊    //显示当前 UCS 名称

输入选项[新建(N)/移动(M)/正交(G)/上一个(P)/恢复(R)/保存(S)/删除(D)/应用(A)/?/世界(W)]<世界>：    //选择相应选项进行所需操作

其中各选项含义如下：

(1)新建(N)：新建 UCS；

(2)移动(M)：移动当前坐标系统原点；

(3)正交(G)：指定 AutoCAD 系统提供的六个正交 UCS 中的一个；

(4)上一个(P)：恢复上一个 UCS；

(5)恢复(R)：恢复已保存的 UCS 使它成为当前 UCS；

(6)保存(S)：把当前 UCS 赋名保存；

(7)删除(D)：从已保存的坐标系列表中删除指定的 UCS；

(8)应用(A)：将当前 UCS 设置应用到指定的视口或所有活动视口；

(9)?：列出指定的 UCS 名称，并列出每个坐标系相对于当前 UCS 的原点以及 X 轴、Y 轴、Z 轴；

(10)世界(W)：将当前 UCS 设置为 WCS。

## 8.3  绘制三维实体

基本的三维实体包括长方体、球体、圆柱体、圆锥体、楔体、圆环体等。其他复杂实体可通过基本三维实体进行并、交、减等布尔操作来实现，还可通过拉伸二维图或旋转二维图形成三维立体模型。

### 8.3.1　长方体

**操作方法：在命令行中执行 BOX 命令，或选择"绘图"→"实体"→"长方体"菜单命令，或单击"实体"工具栏中的长方体工具按钮。**

"实体"工具栏如图 8-5 所示。

图 8-5　"实体"工具栏

执行 BOX 命令后，命令行提示如下：

命令：BOX　　//在命令行输入 BOX 后按【空格】键

指定长方体的角点或［中心点(CE)］<0，0，0>：　　//指定长方体的角点

指定角点或［立方体(C)/长度(L)］：　　//指定角点

其中各选项含义如下：

(1) 指定长方体的角点：定义长方体的一个角点；

(2) 中心点（CE）：使用指定的中心点创建长方体；

(3) 立方体（C）：创建一个长、宽、高相等的长方体；

(4) 长度（L）：定义长方体的长度、宽度和高度。

**实例 8-1**　如绘制一个长为 30、宽为 20、高为 50 的长方体，如图 8-6 所示，其操作步骤如下：

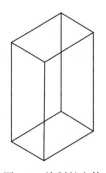

图 8-6　绘制长方体

命令：BOX　　//在命令行输入 BOX 后按【空格】键

指定长方体的角点或［中心点(CE)］<0，0，0>：　　//在绘图区中任意指定一点

指定角点或［立方体(C)/长度(L)］：L　　//输入"长度"选项 l 后按【空格】键

指定长度：30　　//输入长度 30 后按【空格】键

指定宽度：20　　//输入宽度 20 后按【空格】键

指定高度：50　　//输入高度 50 后按【空格】键同时结束 BOX 命令

### 8.3.2  球体

操作方法：在命令行中执行 **SPHERE** 命令，或选择"绘图"→"实体"→"球体"菜单命令，或单击"实体"工具栏中的⬤球体工具按钮。

执行 SPHERE 命令后，命令行提示如下：

命令：SPHERE    //在命令行输入 SPHERE 后按【空格】键

当前线框密度：  ISOLINES＝4    //系统显示当前线框密度

指定球体球心 <0，0，0>：    //在绘图区中指定球体球心

指定球体半径或［直径（D）］：    //输入球体半径后按【空格】键同时结束 SPHERE 命令

其中各选项含义如下：

（1）指定球体球心：定义球体的球心；

（2）半径：定义球体的半径；

（3）直径（D）：定义球体的直径。

### 8.3.3  圆柱体

操作方法：在命令行中执行 **CYLINDER** 命令，或选择"绘图"→"实体"→"圆柱体"菜单命令，或单击"实体"工具栏中的⬤圆柱体工具按钮。

执行 CYLINDER 命令后，命令行提示如下：

命令：CYLINDER    //在命令行输入 CYLINDER 后按【空格】键

当前线框密度：  ISOLINES＝4    //系统显示当前线框密度

指定圆柱体底面的中心点或［椭圆（E）］<0，0，0>：    //在绘图区中指定圆柱体底面的中心点

指定圆柱体底面的半径或［直径（D）］：    //输入圆柱体底面的半径后按【空格】键

指定圆柱体高度或［另一个圆心（C）］：    //输入圆柱体高度后按【空格】键同时结束 CYLINDER 命令

其中各选项含义如下：

（1）指定圆柱体底面的中心点：定义圆柱体的底面圆心；

（2）椭圆（E）：创建具有椭圆底的圆柱体；

（3）半径：定义圆柱体的底面圆半径；

（4）直径（D）：定义圆柱体的底面圆直径；

（5）另一个圆心（C）：指定圆柱体的另一个圆心（另一底面圆心）。

### 8.3.4  圆锥体

操作方法：在命令行中执行 **CONE** 命令，或选择"绘图"→"实体"→"圆锥体"菜单命令，或单击"实体"工具栏中的⬤圆锥体工具按钮。

执行 CONE 命令后，命令行提示如下：

命令：CONE    //在命令行输入 CONE 后按【空格】键

当前线框密度： ISOLINES＝4 //系统显示当前线框密度

指定圆锥体底面的中心点或［椭圆(E)］<0，0，0>： //在绘图区中指定圆锥体底面的中心点

指定圆锥体底面的半径或［直径(D)］： //输入圆锥体底面的半径后按【空格】键

指定圆锥体高度或［顶点(A)］： //输入圆锥体高度后按【空格】键同时结束CONE命令

其中各选项含义如下：

（1）指定圆锥体底面的中心点：定义圆锥体的底面圆心点；

（2）椭圆（E）：创建具有椭圆底的圆锥体；

（3）半径：定义圆锥体的底面圆半径；

（4）直径（D）：定义圆锥体的底面圆直径；

（5）顶点（A）：指定圆锥体的顶点坐标。

**实例8-2** 绘制如图8-7所示椭圆底的圆锥体，椭圆长轴半径20、短轴半径10，锥体高50，其操作步骤如下：

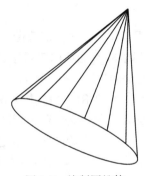

图8-7 绘制圆锥体

命令：CONE //在命令行输入CONE后按【空格】键

当前线框密度： ISOLINES＝4 //系统显示当前线框密度

指定圆锥体底面的中心点或［椭圆(E)］<0，0，0>：e //输入"椭圆"选项e后按【空格】键

指定圆锥体底面椭圆的轴端点或［中心点(C)］：c //输入"中心点"选项c后按【空格】键

指定圆锥体底面椭圆的中心点 <0，0，0>： //在绘图区中任意指定一点作为圆锥体底面椭圆的中心点

指定圆锥体底面椭圆的轴端点：20 //输入20后按【空格】键

指定圆锥体底面的另一个轴的长度：10 //输入10后按【空格】键

指定圆锥体高度或［顶点(A)］：50 //输入50后按【空格】键同时结束CONE命令

### 8.3.5 楔体

**操作方法**：在命令行中执行 **WEDGE** 命令，或选择"绘图"→"实体"→"楔体"

菜单命令，或单击"实体"工具栏中的 🔲 楔体工具按钮。

执行 WEDGE 命令后，命令行提示如下：

命令：WEDGE　　//在命令行输入 WEDGE 后按【空格】键

指定楔体的第一个角点或 [中心点(CE)] <0，0，0>：　　//在绘图区中指定楔体的第一个角点

指定角点或 [立方体(C)/长度(L)]：　　//在绘图区中指定角点

指定高度：　　//输入高度值后按【空格】键同时结束 WEDGE 命令

其中各选项含义如下：

(1)指定楔体的第一个角点：定义楔体的第一角点。

(2) 中心点（CE）：用指定中心点创建楔体。

(3) 指定角点：指定楔体第二个角点；若两个角点的 Z 值相同，则需再指定楔体的高度，否则楔体的高度为这两个角点 Z 值的差。

(4) 立方体（C）：建立等边楔体。

(5) 长度（L）：指定楔体的长度、宽度和高度。

### 8.3.6　圆环体

操作方法：在命令行中执行 TORUS 命令，或选择"绘图"→"实体"→"圆环体"菜单命令，或单击"实体"工具栏中的 🔘 圆环体工具按钮。

执行 TORUS 命令后，命令行提示如下：

命令：TORUS　　//在命令行输入 TORUS 后按【空格】键

当前线框密度：　ISOLINES＝4　　//系统显示当前线框密度

指定圆环体中心 <0，0，0>：　　//在绘图区中指定圆环体中心

指定圆环体半径或 [直径(D)]：　　//输入圆环体半径后按【空格】键

指定圆管半径或 [直径(D)]：　　//输入圆管半径后按【空格】键同时结束 TORUS 命令

其中各选项含义如下：

(1) 指定圆环体中心：定义圆环体的圆心；

(2) 指定圆环体半径或 [直径（D）]：指定圆环体的半径或直径；

(3) 指定圆管半径或 [直径（D）]：指定圆管半径或直径，当输入的圆管半径超过圆环体半径，则以圆环体半径绘制圆管。

### 8.3.7　拉伸二维图形成三维立体模型

二维封闭图形可以通过拉伸使之成为具有一定厚度的三维模型。这些二维封闭图形可以是封闭的多段线、多边形、圆、椭圆、封闭样条曲线、圆环或面域。

操作方法：在命令行中执行 EXTRUDE 命令，或选择"绘图"→"实体"→"拉伸"菜单命令，或单击"实体"工具栏中的 🔲 拉伸工具按钮。

执行 EXTRUDE 命令后，命令行提示如下：

命令：EXTRUDE　　//在命令行输入 EXTRUDE 后按【空格】键

当前线框密度：　ISOLINES＝4　　//系统显示当前线框密度

选择对象：　　//在绘图区中选择对象后按【空格】键结束对象选择

指定拉伸高度或［路径(P)］：　　//输入拉伸高度后按【空格】键

指定拉伸的倾斜角度 <0>：　　//输入拉伸的倾斜角度后按【空格】键同时结束 EXTRUDE 命令

其中各选项含义如下：

（1）选择对象：选择被拉伸的对象；

（2）指定拉伸高度：指定拉伸的高度；

（3）路径（P）：指定一条路径来拉伸对象；

（4）指定拉伸的倾斜角度：指定拉伸时对象的缩放角度，正角度表示逐渐变细，负角度表示逐渐变粗。

**实例 8-3**　将如图 8-8 所示巷道断面沿其左侧多段线路径进行拉伸，其结果如图 8-9 所示。具体操作步骤如下：

图 8-8　拉伸对象及拉伸路径

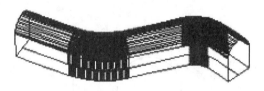

图 8-9　拉伸结果

命令：EXTRUDE　　//在命令行输入 EXTRUDE 后按【空格】键

当前线框密度：　ISOLINES＝4　　//系统显示当前线框密度

选择对象：找到 1 个　　//选择巷道断面

选择对象：　　//直接按【空格】键结束对象选择

指定拉伸高度或［路径(P)］：p　　//输入"路径"选项 p 后按【空格】键

选择拉伸路径或［倾斜角］：　　//选择多段线的同时结束 EXTRUDE 命令

### 8.3.8　旋转二维图形成三维立体模型

可以通过将二维封闭图形绕一轴线旋转形成三维立体模型。二维封闭图形可以是闭合的多段线、多边形、圆、椭圆、样条曲线、圆环或面域，轴线可以是直线、多段线或两个指定的点。

**操作方法**：在命令行中执行 **REVOLVE 命令**，或选择"绘图"→"实体"→"旋转"菜单命令，或单击"实体"工具栏中的工旋转具按钮。

执行 REVOLVE 命令后，命令行提示如下：

命令：REVOLVE　　//在命令行输入 REVOLVE 后按【空格】键

当前线框密度：　ISOLINES＝4　　//系统显示当前线框密度

选择对象：　　//在绘图区中选择对象后按【空格】键结束对象选择

指定旋转轴的起点或定义轴依照［对象(O)/X 轴(X)/Y 轴(Y)］：　　//在绘图区中指定旋转轴的起点

指定轴端点：　　//在绘图区中指定轴的端点

指定旋转角度 <360>：　　//输入旋转角度后按【空格】键同时结束 REVOLVE 命令

其中各选项含义如下：

(1) 选择对象：选择要旋转的对象；

(2) 指定旋转轴的起点：指定旋转轴的第一个点；

(3) 指定轴端点：指定旋转轴的另一个端点；

(4) 对象 (O)：选择一个对象作为旋转轴；

(5) X 轴 (X)：使用当前 UCS 的正向 X 轴作为旋转轴，正方向与 X 轴正方向相同；

(6) Y 轴 (Y)：使用当前 UCS 的正向 Y 轴作为旋转轴，正方向与 Y 轴正方向相同；

(7) 指定旋转角度 <360>：指定绕旋转轴旋转的角度。

**实例 8-4**　将图 8-10 中的圆绕其右侧直线旋转 180°，形成如图 8-11 所示的半个圆环体，其操作步骤如下：

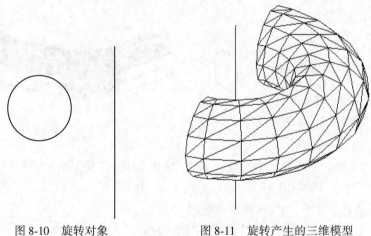

图 8-10　旋转对象　　　　　　　　图 8-11　旋转产生的三维模型

命令：REVOLVE　　//在命令行输入 REVOLVE 后按【空格】键

当前线框密度：　ISOLINES=4　　//系统显示当前线框密度

选择对象：指定对角点：找到 1 个　　//在绘图区中选择左侧圆

选择对象：　　//直接按【空格】键结束对象选择

指定旋转轴的起点或定义轴依照［对象(O)/X 轴(X)/Y 轴(Y)］：o　　//输入"对象"选项 o 后按【空格】键

选择对象：　　//选择右侧直线

指定旋转角度 <360>：180　　//输入旋转角度 180 后按【空格】键同时结束 REVOLVE 命令

## 8.4　三维实体编辑

对三维实体可以进行旋转、镜像、阵列、对齐、倒角、倒圆、并、差、交、剖切、切割、干涉、压印、分割、抽壳、清除等编辑操作，同时可以对实体的边和面进行编辑。下面主要介绍实体的并、差、交编辑。

### 8.4.1 并集 UNION

**操作方法：在命令行中执行 UNION 命令，或选择"修改"→"实体编辑"→"并集"菜单命令，或单击"实体编辑"工具栏中的◎并集工具按钮。**

执行 UNION 命令后，相交的面域或实体可以通过并集操作成为一个整体。命令行提示如下：

　　命令：UNION　　//在命令行输入 UNION 后按【空格】键

　　选择对象：　　//提示选择对象

"选择对象"选项的含义为：选择要组合的面域或实体。

**实例 8-5**　将图 8-12 中的长方体及圆锥体合并为一个整体，其结果如图 8-13 所示。其操作步骤如下：

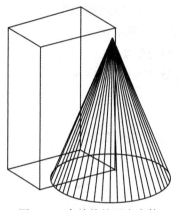

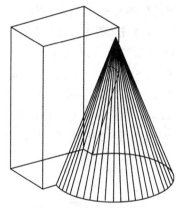

图 8-12　合并前的两个实体　　　　　图 8-13　合并后的实体

　　命令：　UNION　　//在命令行输入 UNION 后按【空格】键

　　选择对象：找到 1 个　　//选择立方体

　　选择对象：指定对角点：找到 1 个，总计 2 个　　//选择圆锥体

　　选择对象：　　//按【空格】键结束对象选择同时结束 UNION 命令

### 8.4.2 差集 SUBTRACT

**操作方法：在命令行中执行 SUBTRACT 命令，或选择"修改"→"实体编辑"→"差集"菜单命令，或单击"实体编辑"工具栏中的◎差集工具按钮。**

执行 SUBTRACT 命令可创建相交的面域或实体的差集。命令行提示如下：

　　命令：　SUBTRACT　　//在命令行输入 SUBTRACT 后按【空格】键

　　选择要从中减去的实体或面域…　　//提示选择要从中减去的实体或面域

　　选择对象：找到 1 个　　//选择要从中减去的实体或面域

　　选择对象：　　//按【空格】键结束对象选择

　　选择要减去的实体或面域…　　//提示选择要减去的实体或面域

选择对象：找到 1 个 　　//选择要减去的实体或面域

选择对象：　　//按【空格】键结束对象选择同时结束 SUBTRACT 命令

其中"选择对象"的含义为：分别选择被减的对象和要减去的对象。

**实例 8-6**　用图 8-12 中的长方体减掉圆锥体，结果如图8-14所示。其操作步骤如下：

命令：　SUBTRACT　　//在命令行输入 SUBTRACT 后按【空格】键

选择要从中减去的实体或面域…　　//提示选择要从中减去的实体或面域

选择对象：找到 1 个　　//选择长方体

选择对象：　　//按【空格】键结束对象选择

选择要减去的实体或面域…　　//提示选择要减去的实体或面域

选择对象：找到 1 个　　//选择圆锥体

选择对象：　　//按【空格】键结束对象选择同时结束 SUBTRACT 命令

### 8.4.3　交集 INTERSECT

**操作方法：在命令行中执行 INTERSECT 命令，或选择"修改"→"实体编辑"→"交集"菜单命令，或单击"实体编辑"工具栏中的⊚交集工具按钮。**

执行 INTERSECT 命令可创建多个面域或实体相交的部分。命令行提示如下：

命令：INTERSECT　　//在命令行输入 INTERSECT 后按【空格】键

选择对象：　　//提示选择对象

其中"选择对象"的含义为：选择相交的对象。

**实例 8-7**　用图 8-12 中的长方体与圆锥体相交，结果如图 8-15 所示。其操作步骤如下：

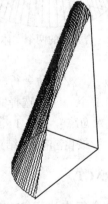

图 8-14　相减后的实体　　　　图 8-15　相交后的实体

命令：　INTERSECT　　//在命令行输入 INTERSECT 后按【空格】键

选择对象：找到 1 个　　//选择长方体

选择对象：找到 1 个，总计 2 个　　//选择圆锥体

选择对象：　　//按【空格】键结束对象选择，同时结束 INTERSECT 命令

# 本 章 小 结

本章主要介绍了 AutoCAD 中三维建模的一些基本知识，包括三维视点、三维坐标和三维实体模型的绘制与编辑方法。

# 综 合 练 习

8-1　绘制一个长 30、宽 25、高 40 的长方体，绘制一个底圆半径为 30、高为 50 的圆锥体。将两实体分别求并集、差集、交集。

8-2　绘制一个椭圆底的圆锥体，椭圆长轴半径 40、短轴半径 20、锥体高 80。

8-3　AutoCAD 提供哪几种编辑实体的方法？

# 第9章 图形输入输出与打印

**【学习目标】**

通过本章的学习，让读者掌握图形输入和图形输出的方法，能正确地创建布局并进行页面设置，能通过布局页面设置打印不同比例的工程图形。

## 9.1 输入输出

AutoCAD 除了可以打开和保存 DWG 等格式的图形文件外，还可以输入或输出其他格式的图形文件。

### 9.1.1 输入文件

**输入文件的方法：在命令行中执行 3DSIN 命令，或选择"插入"→"3D Studio"菜单命令。**

AutoCAD 可以输入的文件类型包括 DXF、DXB、ACIS、3DS、WMF 和 RML，下面以 3DS 文件类型为例进行介绍。

执行 3DSIN 命令，系统弹出"3D Studio 文件输入"对话框，如图 9-1 所示。在该对话框中选择要打开的文件，AutoCAD 将弹出"3D Studio 文件输入选项"对话框，如图 9-2 所示。通过该对话框可以对输入的文件进行设置。

图 9-1 "3D Studio 文件输入"对话框

利用 IMPORT 命令可以输入其他图形格式的文件，单击"插入"工具栏中的"输入"按钮，系统弹出如图 9-3 所示"输入文件"对话框，在该对话框中的"文件类型"下拉列表框中可以选择"图元文件"、"ACIS"以及"3D Studio"图形格式的文件。

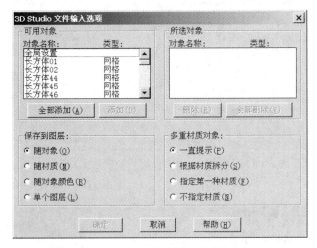

图 9-2 "3D Studio 文件输入选项"对话框

图 9-3 "输入文件"对话框

### 9.1.2 插入 OLE 对象

**插入 OLE 对象的方法：在命令行中执行 INSERTOBJ 命令，或选择"插入"→"OLE对象"菜单命令。**

利用 OLE 对象命令可以插入对象链接或者嵌入对象。执行插入 OLE 对象命令 INSERTOBJ 后，系统弹出"插入对象"对话框，如图 9-4 所示。该对话框默认选中"新建"单选框，其中包含有多种对象类型可供选择。另外，还可以通过选中"由文件创建"单选按钮进行文件输入，然后单击"浏览"按钮，在打开的对话框中选择需要输入的图像，再单击"打开"按钮返回"插入对象"对话框，此时在"文件"文本框中将显示插入图像的名称和路径，如图 9-5 所示。

最后，单击"确定"按钮关闭"插入对象"对话框，系统即可将图像插入到文件中，其效果如图 9-6 所示。

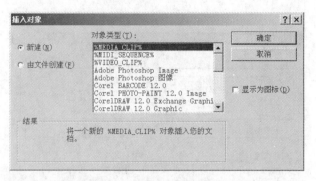

图 9-4 "插入对象"对话框

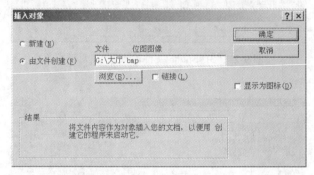

图 9-5 由文件创建插入对象

图 9-6 插入位图图像

### 9.1.3 输出文件

**输出文件的方法：在命令行中执行 3DSOUT 命令。**

AutoCAD 可以输出的文件类型包括 DXF、EPS、ACIS、3DS、WMF、BMP、STL 和 DXX。与输入的方法类似，下面以 3DS 为例进行介绍。

在命令行输入 3DSOUT，选择要输出的文件后按【空格】键，系统将弹出 "3D Studio 输出文件" 对话框，如图 9-7 所示。选择保存路径后单击 "保存" 按钮，AutoCAD 弹出 "3D Studio 输出文件选项" 对话框，如图 9-8 所示。在该对话框中用户可以进行各种设置，设置完毕后单击 确定 按钮即可。

图 9-7 "3D Studio 输出文件"对话框

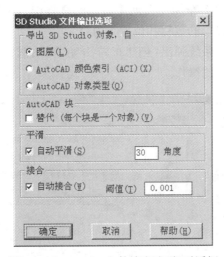

图 9-8 "3D Studio 文件输出选项"对话框

此外，在命令行中执行 EXPORT 命令还可以输出其他图形格式的文件，或选择"文件"→"输出"菜单命令，系统弹出"输出数据"对话框，在"文件类型"下拉列表框中可以选择各种类型的文件格式，如图 9-9 所示。

图 9-9 "输出数据"对话框

## 9.2 布局

布局是指图形在图纸上的布置。为了使图形能够合理地输出在图纸上，用户在打印输出图形之前，应该进行布局的设置。

### 9.2.1 创建布局

**创建布局方法：在命令行中执行 LAYOUTWIZARD 命令，或选择"工具"→"向导"→"创建布局"菜单命令。**

通过布局向导可以创建新布局。在创建布局的过程中，可以设置打印设备、图纸尺寸、打印方向、标题栏、视口的数目和位置等内容。

执行创建布局向导后，系统弹出"创建布局-开始"对话框，如图 9-10 所示。利用该对话框用户可以进行创建布局的操作。

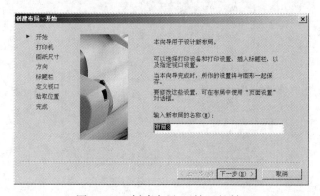

图 9-10 "创建布局-开始"对话框

**实例 9-1** 使用布局向导功能为如图 9-11 所示的"地下室平面图"创建布局，其具体操作步骤如下：

（1）选择"工具"→"向导"→"创建布局"菜单命令，弹出"创建布局-开始"对话框，在"输入新布局的名称"文本框中输入创建布局的名称，例如"地下室平面图"。

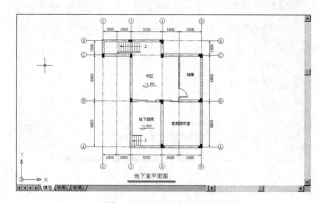

图 9-11 地下室平面图

(2)单击"下一步"按钮，弹出"创建布局-打印机"对话框，在该对话框中选择当前系统配置的打印机，如"\\ 打印机(可打印)\ HP"，如图9-12所示。

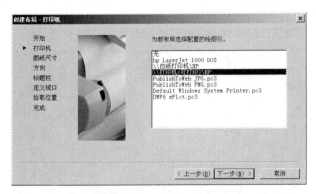

图9-12 "创建布局-打印机"对话框

(3)单击"下一步"按钮，弹出"创建布局-图纸尺寸"对话框，在该对话框中选择打印图纸的大小和单位，这里选择图纸大小为 A4，图纸单位为毫米，如图9-13所示。

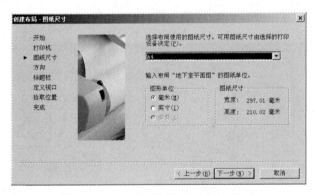

图9-13 "创建布局-图纸尺寸"对话框

(4)单击"下一步"按钮，弹出"创建布局-方向"对话框，在该对话框中设置打印的方向，这里选择图纸的方向为"横向"，如图9-14所示。

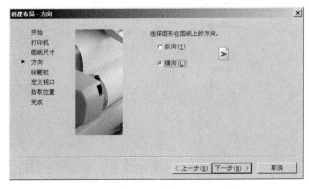

图9-14 "创建布局-方向"对话框

（5）单击"下一步"按钮，弹出"创建布局-标题栏"对话框，在该对话框中选择图纸的边框和标题栏样式。这里选择默认选项，如图 9-15 所示。

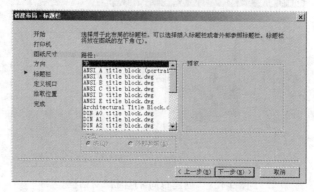

图 9-15　"创建布局-标题栏"对话框

（6）单击"下一步"按钮，弹出"创建布局-定义视口"对话框，在该对话框中可以对视口进行比例设置，这里选择默认选项，如图 9-16 所示。

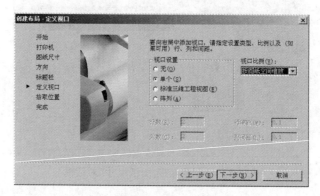

图 9-16　"创建布局-定义视口"对话框

（7）单击"下一步"按钮，弹出"创建布局-拾取位置"对话框，如图 9-17 所示。在该对

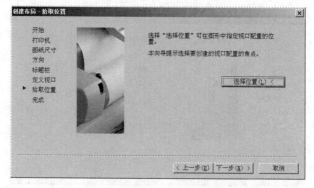

图 9-17　"创建布局-拾取位置"对话框

话框中单击"选择位置"按钮，系统切换到绘图窗口，在绘图窗口中指定视口的大小和位置后，系统返回到"创建布局-完成"对话框，在该对话框中单击"完成"按钮，即可完成新布局的创建，如图 9-18 所示。

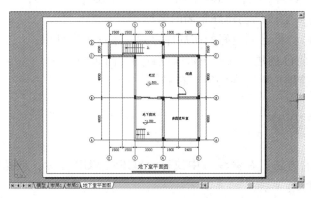

图 9-18　完成布局的创建

### 9.2.2　管理布局

创建好布局以后，AutoCAD 可以对布局进行管理。在创建的"地下室平面图"标签上单击鼠标右键，弹出如图 9-19 所示的快捷菜单。通过该菜单可以进行布局的管理，包括移动或复制、删除、新建布局和重命名等操作。

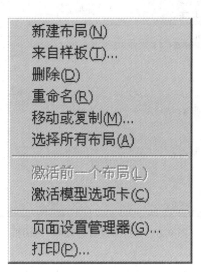

图 9-19　快捷菜单

另外，还可以通过在命令行中执行 LAYOUT 命令来进行布局的管理。执行 LAYOUT 命令后，系统提示"输入布局选项[复制（C）/删除（D）/新建（N）/样板（T）/重命名（R）/另存为（SA）/设置（S）/？]<设置>:"，其中各选项含义如下：

（1）复制（C）：通过复制创建好的布局来创建新的布局；

（2）删除（D）：删除已创建的布局；

（3）新建（N）：创建一个新的布局；

（4）样板（T）：以样板文件（.dwt）的布局为原型创建新的布局；

（5）重命名（R）：更改已创建好布局的名称；

（6）另存为（SA）：将已创建好的布局保存到一个样板文件中；

（7）设置（S）：将已创建好的某一布局设置为当前布局；

（8）?：显示当前图形中存在的所有布局。

## 9.3　布局页面设置

**布局页面设置的方法：在命令行中执行 PAGESETUP 命令，或选择"文件"→"页面设置管理器"菜单命令。**

在 AutoCAD 中，用户可以使用页面设置管理器来设置打印环境。执行页面设置管理器命令后，系统弹出"页面设置管理器"对话框，如图 9-20 所示。该对话框中各选项含义如下：

（1）"页面设置"文本框：列出了当前可以选择的布局。

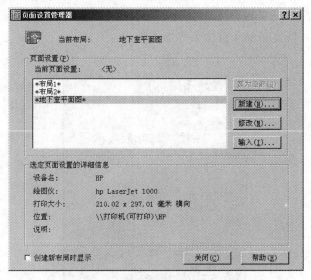

图 9-20　"页面设置管理器"对话框

（2）"新建"按钮：单击该按钮，系统弹出"新建页面设置"对话框，如图 9-21 所示。利用该对话框可以创建新的布局。

（3）"置为当前"按钮：将选中的布局设置为当前布局。

（4）"修改"按钮：修改选中的布局。

（5）"输入"按钮：单击该按钮，系统弹出"从文件选择页面设置"对话框，在该对话框中可以选择已经设置好的布局。

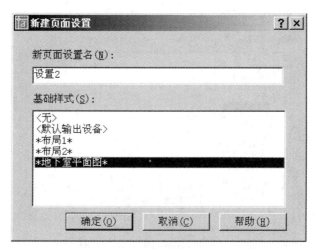

图 9-21　"新建页面设置"对话框

下面以实例 9-1 创建的"地下室平面图"为例介绍布局的页面设置。单击如图 9-21 所示的"确定"按钮，系统弹出"页面设置-地下室平面图"对话框，如图 9-22 所示。在该对话框中，用户可以对布局进行有关设置，如打印机/绘图仪的选择、图纸尺寸、打印区域、打印比例等，这样，不用进行实际的打印操作，用户就可以看到图纸的打印输出效果。该对话框中各选项含义如下：

图 9-22　"页面设置-地下室平面图"对话框

（1）"打印机/绘图仪"选项区：用于指定打印机/绘图仪的名称、位置及有关说明。如果要修改打印机/绘图仪的配置信息，可以单击右侧的"特性"按钮，在弹出的"绘图仪配置编辑器-HP"对话框中进行设置，如图 9-23 所示。

（2）"图纸尺寸"下拉列表框：用于选择图纸的尺寸大小。

（3）"打印区域"选项区：用于选择图纸的有效打印区域。在"打印范围"下拉列表框中可以选择布局、窗口、范围和显示。

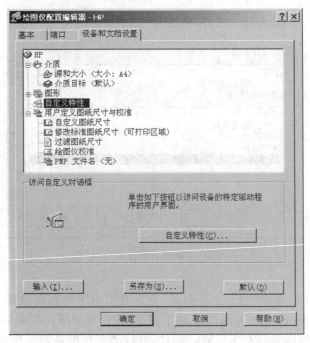

图 9-23　"绘图仪配置编辑器-HP"对话框

（4）"打印偏移"选项区：用于显示相对于介质源左下角的打印偏移值的设置。一般情况下，打印原点位置在图纸的左下方，用户可以分别在 X 和 Y 文本框中输入偏移量，如果选中"居中打印"复选框，则可以自动计算输入的偏移值以便居中打印。

（5）"预览"按钮：单击该按钮，弹出预览窗口，如图 9-24 所示。

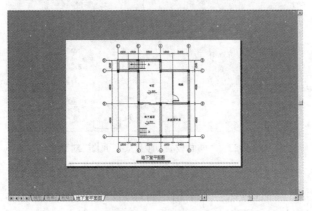

图 9-24　预览窗口

（6）"打印比例"选项区：用于设置打印输出比例。用户可以选择"比例"下拉列表框中的缩放比例，也可以输入自定义的值。

（7）"打印样式表"选项组：用于为当前布局指定打印样式和打印样式表。当用户在其下面的下拉列表框中选择一种打印样式，例如选择"acad. ctb"样式时，单击其右侧的编辑按钮，系统弹出"打印样式表编辑器-acad. ctb"对话框（见图 9-25），用户可以在该对话框中查看或修改打印样式。

（8）"着色视口选项"选项区：用于设置着色视口的三维图形按哪种显示方式进行打印输出，并确定它们的质量和 dpi 值。

图 9-25　"打印样式表编辑器-acad. ctb"对话框

（9）"打印选项"选项区：用于设置打印的其他选项，如打印线宽和打印样式等。

（10）"图形方向"选项区：用于指定图形的方向是横向还是纵向。如果选中"反向打印"复选框，还可以指定图形在图纸页上反向打印。

## 9.4　打印

**打印的方法：在命令行中执行 PLOT 命令，或选择"文件"→"打印"菜单命令。**

创建完图形后，通常要将图形打印到图纸上。AutoCAD 提供的打印功能可以将图形输出到绘图仪、打印机或图形文件中。执行打印命令 PLOT 后，系统弹出"打印-地下室平面图"对话框，如图 9-26 所示。

该对话框与"页面设置-地下室平面图"中的内容基本相同，用户可以设置其他的选项。

（1）"页面设置"选项区：在该选项区中可以选择打印设置。单击右侧的"添加"按钮，系统弹出"添加页面设置"对话框，如图 9-27 所示，通过该对话框可以添加新的页面设置。

（2）"打印机/绘图仪"选项区：选中"打印到文件"复选框，可以将选中的布局发送到

图 9-26　"打印-地下室平面图"对话框

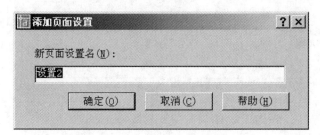

图 9-27　"添加页面设置"对话框

打印文件，而不是发送到打印。

（3）"打印份数"文本框：可以设置打印图纸的份数。各参数设置完成后，单击"确定"按钮，AutoCAD 将开始输出图形并显示打印进度。如果图形输出时出现错误或用户要中断绘图，可按"Esc"键，结束图形输出。

# 本 章 小 结

本章主要介绍了图形输入和图形输出的方法，创建布局和管理布局的方法并进行页面设置，通过布局页面设置打印图形。

# 综 合 练 习

9-1　AutoCAD 可以输入和输出的文件类型包括哪些?

9-2 采用"插入 OLE 对象"的方法向 AutoCAD 中插入图片的操作步骤是什么？

9-3 创建布局的操作步骤有哪些？

9-4 打印图形的主要过程有哪些？打印图形时，一般需设置哪些打印参数？

9-5 如何在布局窗口中进行打印设置，最终可以得到一张合适比例、合适纸张、合适颜色的输出图纸？

# 附录 I    AutoCAD 快捷键集锦

| 快捷键类型 | 快捷键 | 注 释 说 明 | 备　　注 |
|---|---|---|---|
| 功能键 | F1 | 获取帮助 | |
| | F2 | 开/关命令提示行的文本窗口 | |
| | F3 | 开/关对象捕捉 | |
| | F6 | 开/关动态 UCS | |
| | F7 | 开/关栅格 | |
| | F8 | 开/关正交模式 | |
| | F9 | 开/关捕捉 | |
| | F10 | 开/关极轴追踪 | |
| | F11 | 开/关对象追踪 | |
| | F12 | 开/关动态输入 | |
| Ctrl 键 | Ctrl+0 | 切换全屏显示 | |
| | Ctrl+1 | 打开特性选项板 | |
| | Ctrl+2 | 打开设计中心 | |
| | Ctrl+3 | 打开工具选项板 | |
| | Ctrl+4 | 打开图纸集管理器 | |
| | Ctrl+6 | 打开数据库连接管理器 | |
| | Ctrl+7 | 打开标记集管理器 | |
| | Ctrl+8 | 打开快速计算器 | |
| | Ctrl+9 | 打开/关闭命令行窗口 | |
| | Ctrl+A | 选择当前视口所有图形 | |
| | Ctrl+B | 开/关捕捉 | F9 |
| | Ctrl+C | 将选择的对象复制到剪切板上 | copyclip |
| | Ctrl+F | 开/关对象捕捉 | F3 |
| | Ctrl+G | 开/关栅格 | F7 |
| | Ctrl+H | 控制组选择和关联图案填充选择的使用 | pickstyle |
| | Ctrl+I | 切换坐标显示方式 | |

续表

| 快捷键类型 | 快捷键 | 注 释 说 明 | 备　　注 |
| --- | --- | --- | --- |
| Ctrl 键 | Ctrl+J | 重复执行上一步命令 | |
| | Ctrl+K | 插入超级链接 | |
| | Ctrl+L | 开/关正交模式 | F8 |
| | Ctrl+M | 打开特性对话框 | |
| | Ctrl+N | 新建图形文件 | new |
| | Ctrl+O | 打开图形文件 | open |
| | Ctrl+P | 打开"打印-模式"对话框 | print |
| | Ctrl+Q | 退出程序 | quit |
| | Ctrl+S | 保存文件 | save |
| | Ctrl+U | 开/关极轴 | F10 |
| | Ctrl+V | 粘贴剪切板上的内容 | pasteclip |
| | Ctrl+W | 开/关对象追踪 | F11 |
| | Ctrl+X | 剪切所选择的内容 | cut |
| | Ctrl+Y | 重做取消操作 | redo |
| | Ctrl+Z | 取消前一步的操作 | undo |
| | Ctrl+F4 | 关闭或退出 AutoCAD 文件 | |
| Shift 键 | Ctrl+Shift+A | 开/关编组 | |
| | Ctrl+Shift+S | 图形另存为 | |
| | Ctrl+Shift+C | 带基点复制 | |
| | Ctrl+Shift+V | 带基点粘贴 | |
| 其他键 | Delete | 删除选中图形对象 | |
| | Esc | 退出正在执行的命令或未选中对象 | |
| | PrtScSysRq | 复制窗口 | |
| | Alt+PrtScSysRq | 复制当前窗口 | |

# 附录Ⅱ　AutoCAD 常用命令集锦

| 命令类型 | 命令别名 | 命令全名 | 注释说明 |
|---|---|---|---|
| | ADC | adc | 设计中心 |
| | LA | layer | 图层特性管理器 |
| | CH/MO/PR | properties | 打开特性选项板（Ctrl+1） |
| | MA | matchprop | 特性匹配 |
| | ST | style | 文字样式 |
| | TS | tablestyle | 表格样式 |
| | COL | color | 设置颜色 |
| | LT | linetype | 设置线型 |
| | LW | lweight | 设置线宽 |
| | UN | units | 打开"图形单位"对话框 |
| | ATT | attdef | 属性定义 |
| | ATE | attedit | 编辑属性 |
| | BE | bedit | 编辑块定义 |
| 对象特性 | DR | draworder | 绘图顺序 |
| | BO | boundary | 边界创建，含创建闭合多段线和面域 |
| | AL | align | 对齐 |
| | EXIT | exit | 退出程序 |
| | EXP | export | 输出其他格式文件 |
| | IMP | import | 输入其他格式文件 |
| | OP | options | 打开"选项"对话框 |
| | PRINT | plot | 打开"打印-模型"对话框 |
| | AP | appload | 加载/卸载应用程序 |
| | AV | dsviewer | 打开"视图"对话框 |
| | DS/SE | dsettings | 打开"草图设置"对话框 |
| | SP | spell | 拼音的校核 |
| | G | group | 对象编组 |

续表

| 命令类型 | 命令别名 | 命令全名 | 注释说明 |
|---|---|---|---|
| 对象特性 | U | u | 恢复上一次操作 |
| | PU | purge | 图形对象清理 |
| | R | redraw | 刷新显示当前视口 |
| | RA | redrawall | 刷新显示所有视口 |
| | RE | regen | 重生成图形并刷新显示当前视口 |
| | REA | regenall | 重生成图形并刷新显示所有视口 |
| | QSELECT | qselect | 快速选择(键入 A 增选,键入 B 减选) |
| | REN | rename | 重命名(标注样式、块、图层、文字样式和线型等) |
| | SN | snap | 设置捕捉模式 |
| | OS | osnap | 打开对象捕捉设置 |
| | PRE | preview | 打印预览 |
| | TO | toolbar | 打开自定义用户界面 |
| | TP | toolpalettes | 打开工具选项板(Ctrl+3) |
| | V | view | 视图管理器 |
| | LIMITS | limits | 设置模型空间界限 |
| | ID | id | 查询点的坐标 |
| | DI | dist | 查询两点间的距离 |
| | AA | area | 查询面积和周长 |
| | LI/LS | list | 查询图形数据信息 |
| 绘图命令 | PO | point | 点 |
| | L | line | 直线 |
| | XL | xline | 射线 |
| | PL | pline | 多段线 |
| | ML | mline | 多线 |
| | RAY | ray | 射线 |
| | SPL | spline | 样条曲线 |
| | POL | polygon | 正多边形 |
| | REC | rectangle/ rectang | 矩形 |
| | C | circle | 圆 |
| | A | arc | 圆弧 |

续表

| 命令类型 | 命令别名 | 命令全名 | 注释说明 |
| --- | --- | --- | --- |
| 绘图命令 | DO | dount | 圆环 |
| | EL | ellipse | 椭圆 |
| | REG | region | 面域 |
| | DT | text/dtext | 单行文字 |
| | T/MT | mtext | 多行文字 |
| | B | block | 创建内部图块 |
| | W | wblock | 创建外部图块 |
| | I | insert | 插入块 |
| | H/BH | bhatch | 图案填充 |
| | DIV | divide | 定数等分 |
| | ME | measure | 定距等分 |
| | SO | solid | 绘制二维面 |
| 视图平移及缩放 | P | pan | 平移 |
| | Z | zoom | 视图缩放 |
| | Z+空格+空格 | zoom 选项 | 实时缩放 |
| | Z+空格+P+空格 | zoom 选项 | 返回上一视图 |
| | Z+空格+E+空格 | zoom 选项 | 显示全图 |
| 修改命令 | CO/CP | copy | 复制 |
| | MI | mirror | 镜像 |
| | AR | array | 阵列 |
| | O | offset | 偏移 |
| | RO | rotate | 旋转 |
| | M | move | 移动 |
| | E | erase | 删除 |
| | X | explode | 分解 |
| | TR | trim | 修剪 |
| | EX | extend | 延伸 |
| | S | stretch | 拉伸 |
| | REG | region | 面域 |
| | LEN | lengthen | 直线拉长 |
| | SC | scale | 比例缩放 |

| 命令类型 | 命令别名 | 命令全名 | 注释说明 |
|---|---|---|---|
| 修改命令 | BR | break | 打断 |
| | CHA | chamfer | 倒角 |
| | F | fillet | 圆角 |
| | PE | pedit | 多段线编辑 |
| | HE | hatchedit | 修改已填充对象 |
| | ED | ddedit | 文字编辑 |
| | SPE | splinedit | 样条曲线编辑 |
| 尺寸标注 | D | dimstyle | 标注样式管理器 |
| | DLI | dimlinear | 线性标注 |
| | DAL | dimaligned | 对齐标注 |
| | DRA | dimradius | 半径标注 |
| | DDI | dimdiameter | 直径标注 |
| | DAN | dimangular | 角度标注 |
| | DCE | dimcenter | 圆心标记标注 |
| | DOR | dimordinate | 点坐标标注 |
| | TOL | tolerance | 标注形位公差 |
| | LE | qleader | 快速引出标注 |
| | DBA | dimbaseline | 基线标注 |
| | DCO | dimcontinue | 连续标注 |
| | DED | dimedit | 编辑标注 |
| | DOV | dimoverride | 替换标注系统变量 |
| | QDIM | quickdimensions | 快速标注 |
| 系统变量 | MBUTTONPAN | mbuttonpan | 控制按下鼠标滚动轮时的操作状态 |
| | ZOOMFACTOR | zoomfactor | 控制鼠标中键的缩放速率 |
| | PICKFIRST | pickfirst | 控制在发出命令之前/之后选择对象 |
| | PICKSTYLE | pickstyle | 控制组选择和关联图案填充选择的使用 |
| | VIEWRES | viewres | 圆弧和圆的平滑度设置 |
| | LTS | ltscale | 设置全局线型比例 |
| | MIRRTEXT | mirrtext | 文字镜像后可读性设置 |
| | FILL | fillmode | 线性/实体填充设置 |
| | PICKADD | pickadd | 连续选择对象加入模式/替换模式 |

| 命令类型 | 命令别名 | 命令全名 | 注释说明 |
|---|---|---|---|
| 系统变量 | UCSICON | ucsicon | 控制坐标系图标是否显示 |
| | PELLIPSE | pellipse | 控制椭圆是以多段线还是实体显示 |
| | ANGDIR | angdir | 设置正角度的方向 |
| | POLYSIDES | polysides | 为 POLYGON 命令设置默认边数 |
| | CURSORSIZE | cursorsize | 设置十字光标的大小 |
| | PICKBOX | pickbox | 设置拾取框尺寸 |
| | APERTURE | aperture | 控制对象捕捉靶区大小 |
| | MTEXTED | mtexted | 设置多行文字编辑器（如 Word） |
| | BLIPMODE | blipmode | 设置鼠标左键点击屏幕留下小十字标记 |
| | EDGEMODE | edgemode | 设置 trim 和 extend 命令是否启用延伸模式 |
| | QTEXTMODE | qtextmode | 快速显示文本模式 |
| | DIMLFAC | dimlfac | 设置线性标注测量值的比例因子 |
| | DIMASO | dimaso | 控制尺寸标注是否打碎 |

# 附录Ⅲ　AutoCAD 常见问题集锦

| 常见问题 | 解决方法 |
|---|---|
| "Ctrl+N"无效 | "Ctrl+N"是新建命令，但有时候"Ctrl+N"则出现选择面板。<br>操作：OP(工具菜单中的"选项"，同下)→系统→选择启动下拉列表框中的"不显示启动对话框" |
| 【Ctrl】键无效 | 有时会碰到这样的问题：比如"Ctrl+C"(复制)、"Ctrl+V"(粘贴)、"Ctrl+A"(全选)等一系列和【Ctrl】键有关的命令都会失效。<br>操作：OP→用户系统配置→WINDOWS 标准加速键(打上钩) |
| 填充无效 | 操作：OP→显示→应用实体填充(打上钩) |
| 加选无效 | AD 正确的设置应该是可以连续选择多个对象，但有时连续选择对象会失效，只能选择最后一次所选中的对象。<br>方法一：OP→选择→【Shift】键添加到选择集(把钩去掉)；<br>方法二：修改 PICKADD 系统变量值：0 或 1 |
| AutoCAD 命令如何还原 | 如果 AutoCAD 里的系统变量被人无意更改或一些参数被人有意调整。<br>操作：OP 选项→配置→重置 |
| 命令行中的模型和布局按钮不显示 | 操作：OP→选项→显示→显示布局和模型选项卡(打上钩即可) |
| 图形窗口中不显示滚动条 | 操作：OP→显示→图形窗口中显示滚动条即可 |
| 标题栏中不显示文件完整路径 | 操作：OP 选项→打开和保存→在标题栏中显示完整路径(钩选即可) |
| 右键无法代替【回车】键 | 操作：OP 选项→用户系统配置→绘图区域中使用快捷菜单(打上钩)→单击"自定义右键单击"→把所有的"重复上一个命令"打上钩 |
| 按下鼠标中键不能平移视图 | 设置 MBUTTONPAN 系统变量为"1"即可 |
| 图形里的圆不圆 | 执行 REGEN 命令或者将 VIEWRES 变量参数设置大一些 |

续表

| 常 见 问 题 | 解 决 方 法 |
|---|---|
| 画完椭圆之后椭圆如何以多段线显示？ | 椭圆命令生成的椭圆是以多段线还是实体显示是由系统变量PELLIPSE而决定的，当设置其值为1时，生成的椭圆是PLINE，此时可采用多段线编辑命令PEDIT进行编辑；当其值为0时，则显示的是实体 |
| 修改图块的快捷方法是什么？ | 修改块命令：REFEDIT，按提示进行操作，修改完毕后紧接着执行命令REFCLOSE，按提示确定保存即可 |
| 画矩形、正多边形、圆或椭圆时指定点后不显示相应的轮廓变化情况 | 当绘图时没有虚线框显示（例如画一矩形，当指定一点后拖动鼠标时没有矩形轮廓跟着变化），这时需修改DRAGMODE的系统变量，推荐修改为A。当系统变量为ON时，在选定要拖动的对象后，只有在命令行中输入DRAG后才能在拖动鼠标时显示对象的轮廓；当系统变量为OFF时，在拖动鼠标时不显示对象的轮廓；当系统变量为A时，在拖动鼠标时总是显示对象的轮廓 |
| 如何控制交叉点标记在鼠标点击处不会生成？ | 当选取对象时，拖动鼠标产生的虚框变为实线框且选取后留下两个交叉的点时，将BLIPMODE的系统变量修改为OFF即可 |
| 如何隐藏坐标系图标？ | UCSICON设置为OFF即可关闭，设置为ON为打开 |
| 如何恢复失效的特性匹配命令？ | 方法一：在命令行键入menu命令，在弹出的"选择菜单文件"对话框中，选择acad.mnu菜单文件，重新加载菜单。<br>方法二：在命令行键入appload命令，在弹出的"加载AutoLISP ADS和ARX文件"对话框中，选择并加载AutoCAD R14目录下的match.arx文件。其实，对于其他命令失效的问题，也可以灵活运用以上方法。<br>方法三：找到AutoCAD目录下的match.arx或者acmatch.arx文件，直接用鼠标拖放到AutoCAD绘图区 |
| 尺寸箭头及Trace绘制的轨迹线等变为空心应怎么操作？ | 用FILLMMODE命令，在提示行下输入新值1即可将其重新变为实心 |
| 如何进行格式刷的设置？ | 有时采用MA这个小刷子刷对象的时候，不能刷其线型或颜色等。操作：MA→选中源对象→S设置→在弹出的"特性设置"对话框中把需进行特性匹配的内容打上钩即可 |
| 为何输入的文字高度无法改变？ | 使用的字型的高度值不为0时，用DTEXT或TEXT命令书写文本时都不提示输入高度，这样写出来的文本高度是不变的，包括使用该字型进行的尺寸标注 |

续表

| 常 见 问 题 | 解 决 方 法 |
|---|---|
| 上、下标和平方怎么输入？ | (1)仅适用于多行文本中的输入方法。上标(或平方)输入方法为：执行多行文本命令 MT 或 T，输入 X2，将指针置于 2 的后面，按下键盘上的"SHIFT+6"组合键将输入符号"^"，此时文本显示为"X2^"，然后选中"2^"，单击文字工具栏中的 $\frac{a}{b}$ 按钮，再单击 确定 按钮即可得到 $X^2$。下标输入方法为：执行多行文字命令 T，输入 X2，将指针置于 X 与 2 之间，按下"SHIFT+6"组合键将输入符号"^"，此时文本显示为"X^2"，然后选中"^2"，单击文字工具栏中的 $\frac{a}{b}$ 按钮，再单击 确定 按钮即可得到 $X_2$。(2)在单行文本或多行文本中均适用的输入方法。上标(或平方)输入方法为：如要输入"10 万 $m^3$"，执行单行文本命令 TEXT 或多行文本命令 MTEXT 后，在文本框中输入"10 万 m \ U+00B3"即可。下标输入方法为：如要输入"$X_5$"，执行单行文本命令 TEXT 或多行文本命令 MTEXT 后，在文本框中输入"X \ U+2085"即可，其中 2085 中的最后 1 个数字 5 即为下标，若下标为 6，改为"X \ U+2086"即可，依此类推，上标亦是如此。 |
| 将文字对齐方式修改而不改变文字位置的方法是什么？ | 修改菜单→对象→文字→对齐→选中需改变对齐方式的文本→【空格】键→输入相应的对齐选项→【空格】键。改变对齐方式将不会改变文字的位置 |
| 文字乱码或变成问号应如何处理？ | 原因可能是：(1)对应的字型没有使用汉字字体，如 HZTXT. SHX 等；(2)当前系统中没有"出现问号或乱码"汉字字体形文件，应将所用到的形文件复制到 AutoCAD 的字体目录中(AutoCAD 安装目录下的"Fonts"文件夹内)；(3)对于某些符号，如希腊字母等，同样必须使用对应的字体形文件，否则会显示成"?"符号。<br>快捷解决方法：重新设置正确字体及大小，或新写一个文字，然后用格式刷点新输入的字体去刷错误的字体。另外，字体更换的命令为 FONTALT |
| 绘图文件、层和块在对话框中不再以阿拉伯字母顺序显示在列表中 | 系统变量 MAXSORT 决定了文件名、层名、块名、线型等在 AutoCAD 对话框中以字母顺序排列。可在"Preferences(系统配置)"对话框中的"General(基本)"标签下，设置"maximum number sorted symbols(存储符号的最大数量)"。缺省的 MAXSORT 值是 200，这意味着至多 200 个实体能被在列表框中依字母顺序排序，如果在列表框中有一个项目的序号超过了 200，将不能对其排序。若 MAXSORT 值太大将会占用更多的内存，也将要花更多的时间来给一个大的列表项排序。如果发现图形文件列表变得越来越长，就需要组织你的图形文件到不同的子目录下，而不是去增加变量 MAXSORT 的值。对于长的块名和层名列表，应该周期性地重新评定它们中哪些是必要的，以维持列表项目的数目在一个合理的范围内 |

续表

| 常见问题 | 解决方法 |
|---|---|
| 删除顽固图层的有效方法是什么? | 删除顽固图层的有效方法是采用图层影射，其命令为 laytrans，可将需删除的图层影射为 0 层即可，这个方法可以删除具有实体对象或被其他块嵌套定义的图层，可以说是万能图层删除器 |
| 如何减小文件大小? | 在图形完稿后，执行清理(PURGE)命令，清理掉多余的数据，如无用的块，没有实体的图层，未用的线型、字体、尺寸样式等，可以有效减小文件大小。一般彻底清理需要执行 PURGE 命令 2~3 次。若采用-purge 命令(即在前面加个减号)，清理得会更彻底些。若用 WBLOCK 命令，把需要传送的图形用 WBLOCK 命令以块的方式产生为新的图形文件，把新生成的图形文件作为传送或存档用，这是最为有效的方法 |
| 如何取消及恢复操作? | 在 AutoCAD 中可以用"Ctrl+Z"取消前面的操作，用"Ctrl+Y"恢复后面的操作 |
| 工具栏不见了应怎么办? | 如果在 AutoCAD 中的工具栏不见了的时候，在工具栏处点右键；或者执行菜单栏中"工具→选项→配置→重置"的操作；也可用 MENULOAD 命令，然后点击浏览，选择 ACAD.MNC 加载即可；如果是正常关闭工具栏导致的，则可在视图工具栏里选中需应用的工具栏即可 |
| 在相同文字样式下输入的文字显示有区别应如何设置? | 将文字的高程值修改为 0 即可<br>方法一：此时可以"样式"的方式快速选择所有文字后，再采取在命令提示区输入 CHANGE 命令→【空格】键→输入 P→【空格】键→输入 E→【空格】键→输入 0→【空格】键→【空格】键<br>方法二：选中所有文字后→执行"Ctrl+1"快捷键打开特性选项板→将"几何图形"栏中"位置 Z 坐标"文本框中的数值修改为 0→按【Enter】键确认即可 |
| 在 AutoCAD 中无法找到 SHELL 程序该如何解决? | 有时在命令行执行 MTEXT 等命令时会提示无法找到 SHELL 程序，此时可在 AutoCAD 的命令行中输入 mtexted 命令→【Enter】键→输入一小数点"."→再次按下【Enter】键，即可运行多行文字命令 |
| 多行文本中分数线怎么输入? | 例如 $\frac{X}{Y}$ 在多行文本中的输入方法：执行多行文本命令 MT 或 T 后，在文本框中输入 X/Y，然后选中"X/Y"，单击文字工具栏中的 $\frac{a}{b}$ 按钮，再单击 确定 按钮即可得到 $\frac{X}{Y}$；若输入的是 X#Y，则显示效果为 $\frac{X}{Y}$ |

# 附录Ⅳ 矿业工程制图规范集锦

## A 地质类专业 CAD 制图规范

### A.1 适用范围

本规范适用于地质类专业各设计阶段地质图的绘制。

本规范适用于黑白图、彩色线条图、彩色充填图的绘制。

### A.2 引用标准和规范

(1)《区域地质及矿区地质图清绘规程》(DZ/T 0156—1995)。

(2)《1∶50000 地质图地理底图编绘规范》(DZ/T 0157—1995)。

(3)《1∶500000、1∶1000000 省(市、区)地质图地理底图编绘规范》(DZ/T 0159—1995)。

### A.3 一般原则

(1)图件绘制应遵循主体突出原则,将图件主要信息清晰表达,线条主次分明,字体端正清楚,易于读图。

(2)图件绘制应遵循精确原则,图件绘制必须精确到位,有所依据,符合实际,切忌盲目绘制。

(3)图面整体应遵循美观大方原则,布局紧凑、协调,令人赏心悦目。

(4)图件的精度应与地质测绘的比例尺相匹配。

(5)图件中的文字不可过大或过小,一般规定文字最小不可小于 2.5mm,小于该值则文字不易识别。除特殊情况外,文字字体一般采用宋体,宽高比为 1.0。

(6)地质图上的软弱夹层、岩脉、断层、裂隙、滑坡、喀斯特洞穴、泉、井、试验点、取样点、长期观测点、地质点、勘探点及剖面线等,均应分别统一编号。

### A.4 主要图件元素的绘制要求

#### A.4.1 图框

图框可分为两种情况:

(1)双框线:包含内框线和外框线,内框为线宽 0.1mm 的黑色细线,外框为线宽 1mm 黑色粗线,内外框相距 10mm,如图 A-1 所示。

(2)单框线:单框线仅一条框线,为 1mm 黑色粗线。

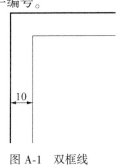

图 A-1 双框线

## A.4.2 标题

标题分为总标题和分标题两类。

（1）总标题：整体图件的标题，位于整体图件上方正中，距离图框推荐 20mm，可适当调整，其长度以北图框边长的四分之三为宜，最长不得超过图框边长；字高 10~20mm，字间距根据实际情况适当调整，字体为宋体、黑体。

（2）分标题：图件中各局部独立图形的标题，位于图形上方正中，字高 5~8mm，字间距根据实际情况适当调整，字体为宋体、黑体。

## A.4.3 比例尺

（1）比例尺均放置于标题正下方，与标题对应也分为总比例尺和分比例尺，总比例尺字高 5~8mm，分比例尺字高 4~5mm，其与标题间距可适当调整。

（2）比例尺可分为数字比例尺和图形比例尺两类，数字比例尺的形式为"1∶××××"，数字的字体一般采用"times new roman"。图形比例尺样式较多，如单线形式、双线形式等，一般而言图形比例尺宽度不可过大或过小，与总体图形或标题相协调为宜，推荐宽度范围为 30~50mm。

具体图形比例尺的样式及规格如图 A-2 所示。

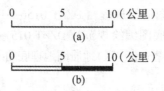

图 A-2 图形比例尺

## A.4.4 指北针

地质平面图均应以正上方为北，否则必须用指北针标出指北方向。指北针样式见图 A-3，图形高度以 50mm 为宜，可根据具体情况适当调整。

图 A-3 指北针

## A.4.5 坐标网格

坐标网格分为直角坐标网格和经纬网格两类，分别如图 A-4、图 A-5 所示。网格线采用 0.05mm 黑色细线，线两端须标示坐标，坐标数字高度参照图 A-4、图 A-5，可适当调整。

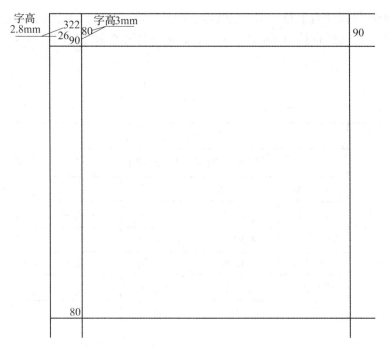

图 A-4 直角坐标网格

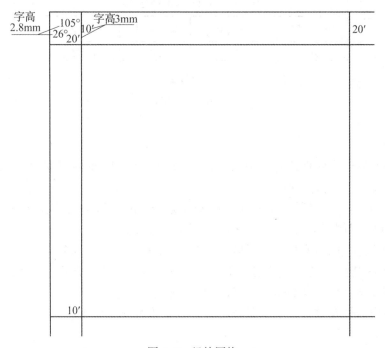

图 A-5 经纬网格

A.4.6 图签

图签置于整体图件右下角、图内框线内，图签的右、底框线与图内框线重合（无内框时与图外框右、底边线保持10mm距离）。图签分为大图签和简易图签两类，详细格式如图A-6所示。

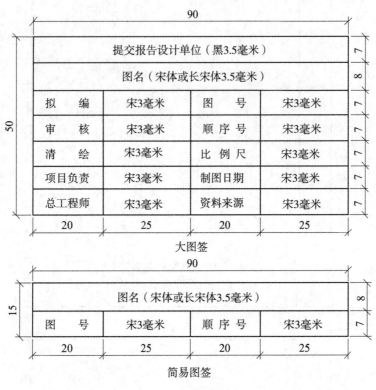

| 提交报告设计单位（黑3.5毫米） | | | | 7 |
|---|---|---|---|---|
| 图名（宋体或长宋体3.5毫米） | | | | 8 |
| 拟 编 | 宋3毫米 | 图 号 | 宋3毫米 | 7 |
| 审 核 | 宋3毫米 | 顺序号 | 宋3毫米 | 7 |
| 清 绘 | 宋3毫米 | 比例尺 | 宋3毫米 | 7 |
| 项目负责 | 宋3毫米 | 制图日期 | 宋3毫米 | 7 |
| 总工程师 | 宋3毫米 | 资料来源 | 宋3毫米 | 7 |
| 20 | 25 | 20 | 25 | |

大图签

| 图名（宋体或长宋体3.5毫米） | | | | 8 |
|---|---|---|---|---|
| 图 号 | 宋3毫米 | 顺序号 | 宋3毫米 | 7 |
| 20 | 25 | 20 | 25 | |

简易图签

图 A-6　图签格式

A.4.7 图例

（1）图例宜置于右图框线外侧10mm处，"图例"两字用8mm黑体字，顶部与外图框齐。当图内有较大空白时，亦可放在图内。

（2）图例格式：大比例尺（>1/2000）图例框宽15mm，高8mm，线宽0.25mm；中小比例尺（≤1/2000）图例框宽12mm，高8mm，线宽0.25mm。

（3）图例应由左向右或自上而下排列，排列顺序为地层（由新到老）、火成岩（由新到老、由酸性到超基性）、岩相、构造、矿产、探矿工程、其他，图例间隔5mm。

（4）图例文字：用字高3mm或3.5mm的宋体均可。

（5）图例中岩性花纹的大小以能表现出3~4个重复花纹要素为宜。

A.4.8 地形等高线

地形等高线分为计曲线（线粗0.25mm，简化图上计曲线0.15mm）、首曲线（线粗0.1mm）和间曲线（推测等高线，用虚线，线粗0.1mm）。

# B　采矿类专业 CAD 制图规范

## B.1　适用范围

本规范适用于采矿专业和井建专业的新建、改建、扩建工程各阶段的设计图、竣工图、改扩建工程的实测和通用图、标准图等。

## B.2　引用标准和规范

(1)《金属非金属矿山采矿制图标准》(GB/T 50564—2010)；
(2)《冶金矿山采矿术语标准》(YS/T 5022—1994)。

## B.3　一般原则

(1)图纸中使用的简化汉字、计量单位名称及符号，应符合国家现行有关标准、规范和规程的规定。

(2)图纸应考虑视图简便，在符合各咨询和各设计阶段内容深度要求前提下，力求制图简明、清晰、易懂。

(3)各咨询和各设计阶段的图纸均应编制图纸目录，图纸目录应符合图附 B-1 的规格、内容、要求，图纸目录的序号应按各咨询、设计单位自行规定的各设计专业的编号顺序、子项(施工图设计阶段)编号顺序和孙项(施工图设计阶段)编号顺序进行编制。

(4)应根据不同咨询设计阶段、不同设计专业要求，采用适当的规格和比例的图纸；图面布局要合理，图面表达设计内容、要求应完整、简明，图形投影正确；图中数字、文字、符号表示准确，各种线条粗细符合规定。

## B.4　主要图件元素的绘制要求

### B.4.1　图框

各阶段设计图纸的幅面及图框尺寸，应符合附图 B-2、附图 B-3、附图 B-4 及表 B-1 的规定。特殊情况时，可将表 B-1 中的 $A_0 \sim A_3$ 图纸的长度或宽度加长，其中 $A_0$ 图纸只能加长长边，$A_1 \sim A_3$ 图纸长、宽边都可加长。加长部分应为原边长的 1/8 及其整数倍数，按图幅规格表 B-2 选取。

表 B-1　　　　　　　　　　图纸幅面及图框尺寸(mm)

| 幅画代号 | $A_0$ | $A_1$ | $A_2$ | $A_3$ | $A_4$ |
|---|---|---|---|---|---|
| B×L | 841×1189 | 594×841 | 420×594 | 297×420 | 210×297 |
| a | 25 | | | | |
| c | 10 | | | 5 | |
| 规格系数 | 2 | 1 | 0.5 | 0.25 | 0.125 |

表 B-2                                    图幅规格表( mm)

| 基本幅面<br>代号丨规格系数<br>B×L | 长边延长 | | 短边延长 | | 两边放大 | |
|---|---|---|---|---|---|---|
| | B×L | 规格系数 | B×L | 规格系数 | B×L | 规格系数 |
| $A_0$ 丨 2<br>841×1189 | 841×1337 | 2.25 | | | | |
| | 841×1486 | 2.5 | | | | |
| | 841×1635 | 2.75 | | | | |
| | 841×1783 | 3.0 | | | | |
| $A_1$ 丨 1<br>594×841 | 594×946 | 1.125 | 668×841 | 1.125 | 668×946 | 1.27 |
| | 594×1051 | 1.25 | 743×841 | 1.25 | 743×1051 | 1.56 |
| | 594×1156 | 1.375 | 817×841 | 1.375 | 817×1156 | 1.89 |
| | 594×1261 | 1.5 | 892×841 | 1.5 | | |
| | 594×1336 | 1.625 | | | | |
| | 594×1472 | 1.75 | | | | |
| $A_2$ 丨 0.5<br>420×594 | 420×743 | 0.625 | 525×594 | 0.625 | | |
| | 420×892 | 0.75 | 631×594 | 0.75 | | |
| | 420×1040 | 0.875 | 736×594 | 0.875 | | |
| | 420×1189 | 1.0 | | | | |
| | 420×1337 | 1.125 | | | | |
| | 420×1486 | 1.25 | | | | |
| $A_3$ 丨 0.25<br>297×420 | 297×525 | 0.3125 | 371×420 | 0.3125 | | |
| | 297×631 | 0.375 | | | | |
| | 297×736 | 0.4375 | | | | |
| | 297×841 | 0.5 | | | | |
| | 297×946 | 0.5625 | | | | |
| | 297×1051 | 0.625 | | | | |
| $A_4$ 丨 0.125<br>210×297 | 210×297 | | | | | |

$A_0$、$A_1$、$A_2$ 图纸内框应有准确标尺,标尺分格以图内框左下角为零点,按纵横方向排列。尺寸大格长 100mm,小格长 10mm,分别以粗实线和细实线标界,标界线段长分别为 3mm 和 2mm。标尺数值应标于大格标界线附近。

B.4.2 标题栏

(1)图纸必须设有标题栏,以表明该图纸名称、设计阶段、设计日期、版本、设计者和各级审核者等。标题栏应位于图纸右下角,$A_4$ 图纸位于图纸下边。特殊情况时可位于图纸右上角。

（2）国内外工程图纸标题栏均宜采用两种格式，如附图 B-5、附图 B-6 所示。附图 B-5
所示格式主要用于 A₀ ~ A₃ 图纸，附图 B-6 所示格式主要用于 A4 和 A3 立式图纸。国内工
程设计图纸无特殊要求时，可以不注释外文。

（3）竣工图图纸标题栏应符合下列规定：

①竣工图与原施工图不一致，需重新制图时，在图纸标题栏格式中的设计阶段栏填写
竣工图。

②竣工图与原施工图完全一致时，可以在原施工图图纸标题栏左边加盖竣工图签章，
签章格式应符合图 B-1 的规定。

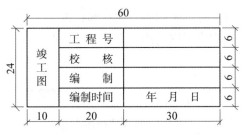

图 B-1　竣工图签章格式

（4）复制和复用已有整套或部分图纸时，鉴定人应在原图纸标题栏左边加盖复制（用）
图签章，签章格式应符合图 B-2 和图 B-3 的规定。

图 B-2　复制图签章格式

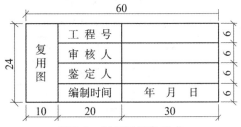

图 B-3　复用图签章格式

（5）图纸内容需要几个专业共同确认时，必须在图纸内框外左上角设会签栏，其格式
应符合图 B-4 的规定。

B.4.3　比例

（1）图纸必须按比例绘制，不能按比例绘制时，要加以说明。

（2）应适当选取制图比例，使图面布局合理、美观、清晰、紧凑，制图比例宜按 1：
（1，2，5）×10ⁿ 系列选用，特殊情况时可取其间比例。

（3）同一视图，采用纵向和横向两种不同比例绘制时，应加以注明；长细比较大，且
不需要详细标注的视图，可不按比例绘制。

（4）比例的表示方法和注写位置应符合下列规定：

①表示方法：比例必须采用阿拉伯数字表示，例如 1：2，1：50 等。

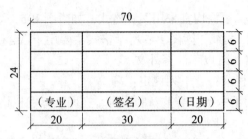

图 B-4　图纸会签栏格式

②注写位置：

a. 全图只有一种比例时，应将比例注写在标题栏内。

b. 不同视图比例注写在相应视图名的下方，应符合图 B-5 的规定。

平面图　　　　　　　　　　　　Ⅰ—Ⅰ

1：50　　　　　　　　　　　　1：50

图 B-5　视图比例标注法

（5）工程图常用比例宜按表 B-3 选取。

表 B-3　　　　　　　　　　采矿制图常用比例表

| 图 纸 类 别 | 常 用 比 例 |
| --- | --- |
| 露天开采终了平面图、地下开拓系统图、阶段平面图 | 1：2000，1：1000，1：500 |
| 竖井全貌图、采矿方法图、井底车场图 | 1：200，1：100 |
| 硐室图、巷道断面图 | 1：50，1：30，1：20 |
| 部件及大样图 | 1：20，1：10，1：5，1：2，1：1，2：1 |

### B.4.4　文字与数字

（1）图纸中的各种文字体（汉字和外文）、各种符号、字母代号、各种尺寸数字等的大小（号数），应根据不同图纸的图面、表格、标注、说明、附注等的功能表示需要，可选择采用计算机文字输入统一标准中的一种和（或）几种。但要求排列整齐、间隔均匀、布局清晰。

（2）图纸中的汉字应采用国家正式公布推广的简化字，不得用错别字（尤其是同音错别字）、生造字。

（3）拉丁字母、希腊字母或阿拉伯数字，如需写成斜体字时，其斜度应与水平上倾 75°，斜体字的字号要求与规定（1）相同。

（4）图纸中表示数量的数字，应采用阿拉伯数字表示。

（5）字体格式可参考附录 C 中表 C-6、C-7 要求进行书写。

B.4.5　图线

（1）图线宽度系列应为 0.18、0.25、0.35、0.5、0.7、1.0、1.4 和 2.0mm。需要缩微的图纸，图线宽度不宜采用 0.18mm。

（2）绘图时应根据图样复杂程度和比例大小确定基本图线宽度 b，b 宽宜采用 0.35、0.5、0.7、1.0、1.4、2.0mm。根据基本图线宽度 b 确定其他图线宽度。图线类型及宽度见表 B-4。

表 B-4　　　　　　　　　　图线名称、型式、宽度

| 名　称 | 线　型 | 图线宽度 | | 用　途 |
|---|---|---|---|---|
| | | 相对关系 | 宽度(mm) | |
| 粗实线 | —————— | b | 1.0~2.0 | 图框线、标题栏外框线 |
| 中实线 | —————— | b/2 | 0.5~1.0 | 勘探线、可见轮廓线、粗地形线、平面轨道中心线 |
| 细实线 | —————— | b/4 | 0.25~0.7 | 改扩建设计中原有工程轮廓线，局部放大部分范围线，次要可见轮廓线，轴测投影及示意图的轮廓线 |
| 最细实线 | —————— | b/5 | 0.18~0.25 | 尺寸线、尺寸界线、引出线地形线、坐标线、细地形线 |
| 粗虚线 | ▬ ▬ ▬ ▬ | b | 1.0~2.0 | 不可见轮廓线、预留的临时或永久的矿柱界限 |
| 中虚线 | — — — — | b/2 | 0.5~1.0 | 不可见轮廓线 |
| 细虚线 | - - - - - - | b/3 | 0.35~1.0 | 次要不可见轮廓线、拟建井巷轮廓线 |
| 粗点划线 | ▬·▬·▬·▬ | b | 1.0~2.0 | 初期开采境界线 |
| 中点划线 | —·—·—· | b/2 | 0.5~1.0 | |
| 细点划线 | -·-·-·-· | b/3 | 0.35~1.0 | 轴线、中心线 |
| 粗双点划线 | ▬··▬··▬ | b | 1.0~2.0 | 末期开采境界线 |
| 中双点划线 | —··—··— | b/2 | 0.5~1.0 | |

续表

| 名 称 | 线 型 | 图 线 宽 度 | | 用 途 |
|---|---|---|---|---|
| | | 相对关系 | 宽度(mm) | |
| 细双点划线 | —··—··—··—··— | b/3 | 0.35~1.0 | 假想轮廓线，中断线 |
| 折断线 | ⌐ | b/3 | 0.35~1.0 | 较长的断裂线 |
| 波浪线 | ∿∿∿∿∿ | b/3 | 0.35 | 短的断裂线，视图与剖视的分界线，局部剖视或局部放大图的边界线 |
| 断开线 | ▬ ▬ | | 1.0~1.4 | 剖切线 |

（3）平行线间隔不应小于粗线宽度的2倍，且不小于0.7mm。

（4）图线绘制时，必须遵守下列规定：

①虚线、点划线及双点划线的线段长短和间隔应大致相等。虚线每段线长3~5mm，间隔1mm；点划线每段线长10~20mm，间隔3mm，双点划线每段线长10~20mm，间隔5mm。

②绘制圆的中心线时，圆心应为线段的交点。

③点划线和双点划线的首末两段，应是线段而不是点。

④点划线与点划线或尺寸线相交时，应交于线段处。

⑤当图形比较小，用最细点划线绘制有困难时，可用细实线代替。

⑥采用直线折断的折断线，必须全部通过被折断的图面。当图形要素相同，有规律分布时，可采用中断的画法，中断处以两条平行的最细双点划线表示。

（5）对需要标注名称的设备、部件、设施和井巷工程以及局部放大图和轨道曲线要素等，应采用细实线作为引出线引出标注（号），需要时应进行有规律的编号。同一张图上标号和指引线宜保持一致，并符合图B-6要求。

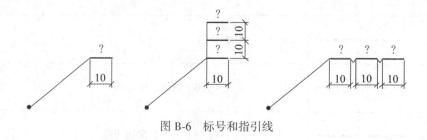

图 B-6　标号和指引线

B.4.6　字母与符号

（1）常用技术术语字母符号宜参照表B-5的规定执行。

表 B-5           **常用技术术语字母符号**

| 名称 | 符号 | 名称 | 符号 | 名称 | 符号 |
|------|------|------|------|------|------|
| 度量 面积 体积 | | 质量 | | 时间 | |
| 长度 | L l | 质量 | m | 时间 | T t |
| 宽度 | B b | 重量 | G g | 支护与掘进 | |
| 高度或深度 | H h | 比重 | γ | 巷道壁厚 | T |
| 厚度 | δ d | 力 | | 巷道拱厚 | $d_0$ |
| 半径 | R r | 力矩 | M | 充填厚 | δ |
| 直径 | D d | 集中动荷载 | T | 掘进速度 | v |
| 切线长 | T | 加速度 | a | 其他物理量 | |
| 眼间距 | a | 重力加速度 | g | 转数 | n |
| 排距 | b | 均布动荷载 | F | 线速度 | v |
| 最小抵抗线 | W | 集中静荷载 | P | 风压 | H h |
| 坡度 | i | 均布静荷载 | Q | 风量 | Q |
| 角度 | α β θ | 垂直力 | N | 风速度 | V |
| 面积 | S | 水平力 | H | 涌水量 | Q q |
| 净面积 | $S_J$ | 支座反力 | R | 岩(矿)石硬度系数 | f |
| 掘进面积 | $S_M$ | 剪力 | Q | 摩擦角、安息角 | φ |
| 通风面积 | $S_t$ | 切向应力 | τ | 松散系数 | k |
| 体积 | V v | 制动力 | T | 巷道通风摩擦系数 | α |
| 坐标 | | 摩擦力 | F | 渗透系数、安全系数 | K |
| 经距 | Y | 摩擦系数 | μ f | 动力系数 | K |
| 纬距 | X | 温度 | | 弹性模量 | E |
| 标高 | Z | 温度 | t | 惯性矩 | I |
| 比例 | M | 华氏 | ℉ | 截面系数 | W |
| 方位角 | α | 摄氏 | ℃ | 压强 | P |

（2）工程常用钢筋(丝)种类及符号应按表 B-6 规定执行。

表 B-6           **钢筋(丝)种类及符号**

| 序号 | 种 类 | | 符号 | 直径 d(mm) |
|------|------|------|------|------|
| 1 | 热轧钢筋 | HPB235(Q235) | φ | 8~20 |
| 2 | | HRB335(20MnSi) | $\underline{\phi}$ | 6~50 |
| 3 | | HRB400(20MnSiV、20MnSiNb、20MnTi) | φ | 6~50 |
| 4 | | RRB400(K20MnSi) | $\phi^R$ | 8~40 |
| 5 | 钢绞线 | 1×3 | $\phi^S$ | 8.6、10.8 |
| 6 | | | | 12.9 |
| 7 | | 1×7 | | 9.5、11.1、12.7 |
| 8 | | | | 15.2 |

续表

| 序号 | 种　类 | | 符号 | 直径 d(mm) |
|---|---|---|---|---|
| 9 | 消除应力钢丝 | 光面螺旋肋 | $\phi^P$ | 4、5 |
| 10 | | | | 6 |
| 11 | | | $\Phi^H$ | 7、8、9 |
| 12 | | 刻痕 | $\phi^I$ | 5、7 |
| 13 | 热处理钢筋 | $40Si_2Mn$ | $\phi^{HT}$ | 6 |
| 14 | | $48Si_2Mn$ | | 8.2 |
| 15 | | $45Si_2Cr$ | | 10 |

B.4.7　数值精度

（1）数值精度应按表 B-7 规定执行。

表 B-7　　　　　　　　　　数值精度表

| 序号 | 量 的 名 称 | 单 位 | 计算数值到小数点后位数 |
|---|---|---|---|
| 1 | 巷道长度 | 米；毫米 | 2；0 |
| 2 | 掘进体积 | 立方米 | 2 |
| 3 | 矿石量 | 吨；万吨 | 2；2 |
| 4 | 金属 | 千克；吨；克拉 | 2；2；2 |
| 5 | 一般金属品位 | % | 2 |
| 6 | 贵金属、稀有金属品位 | 克/吨 | 4 |
| 7 | 废石量 | 立方米；万立方米 | 2；2 |
| 8 | 木材 | 立方米 | 单耗 2，总量 0 |
| 9 | 钢材 | 千克或吨 | 单耗 2，总量 0 |
| 10 | 混凝土 | 立方米 | 单耗 2，总量 0 |
| 11 | 支架 | 架 | 0 |
| 12 | 锚杆 | 根或套 | 0 |
| 13 | 水沟盖板 | 块 | 0 |
| 14 | 掘采比 | 米/万吨或米/千吨 | 1 |
| | | 立方米/万吨或立方米/千吨 | 1 |
| 15 | 剥采比 | 吨/吨 | 1 |
| | | 立方米/立方米 | 1 |
| | | 立方米/吨 | 1 |

（2）计算中间的过程数值，精确到小数点后比结果数值多 1 位，然后，其尾数采用四舍五入得计算结果数值。

B.4.8　其他

（1）图层的要求可参考附录 C 中表 C-10。

（2）本附录未作规定的，可参考附录 A 及附录 C。

## B.5 附图

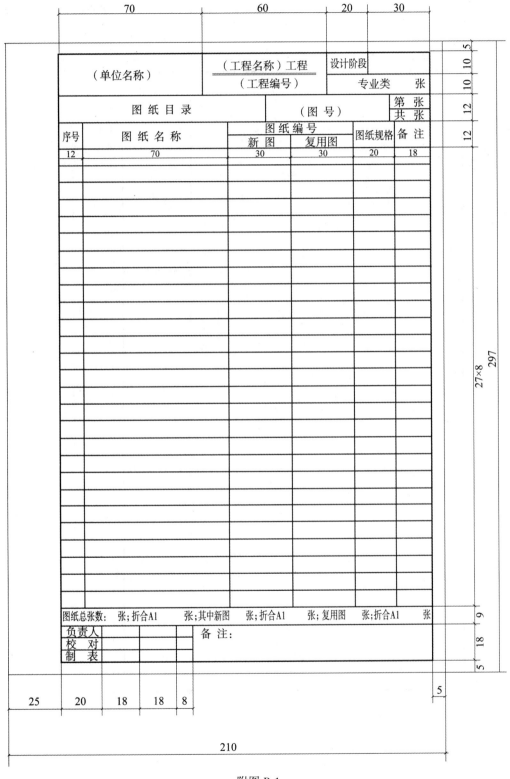

附图 B-1

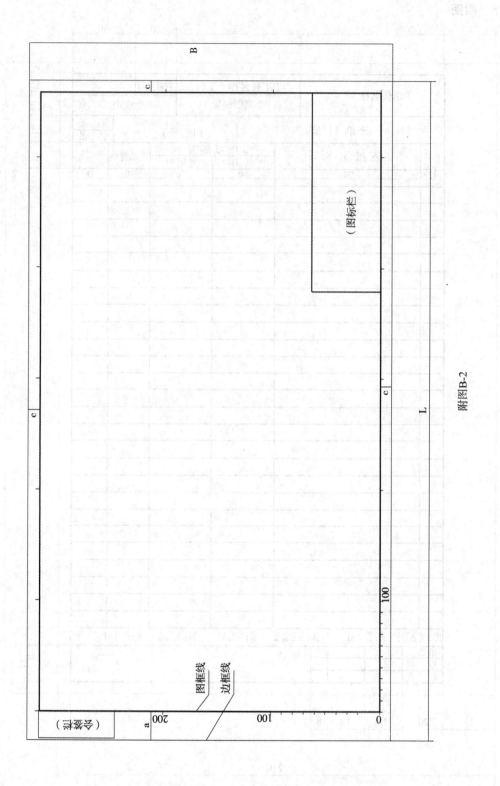

附图B-2

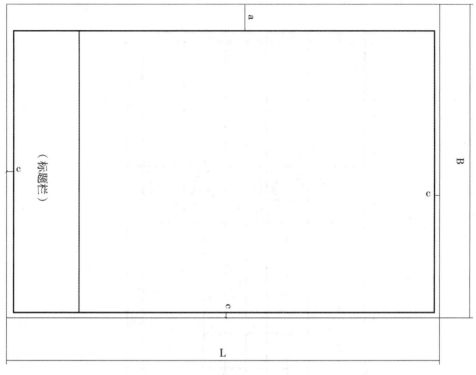

附图 B-3

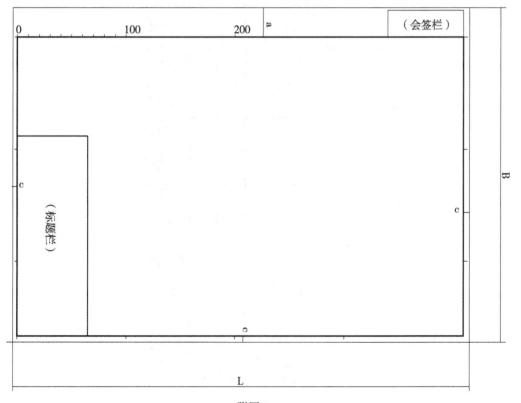

附图 B-4

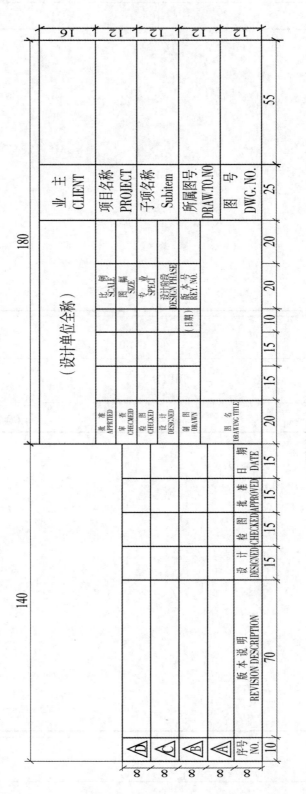

附图B-5

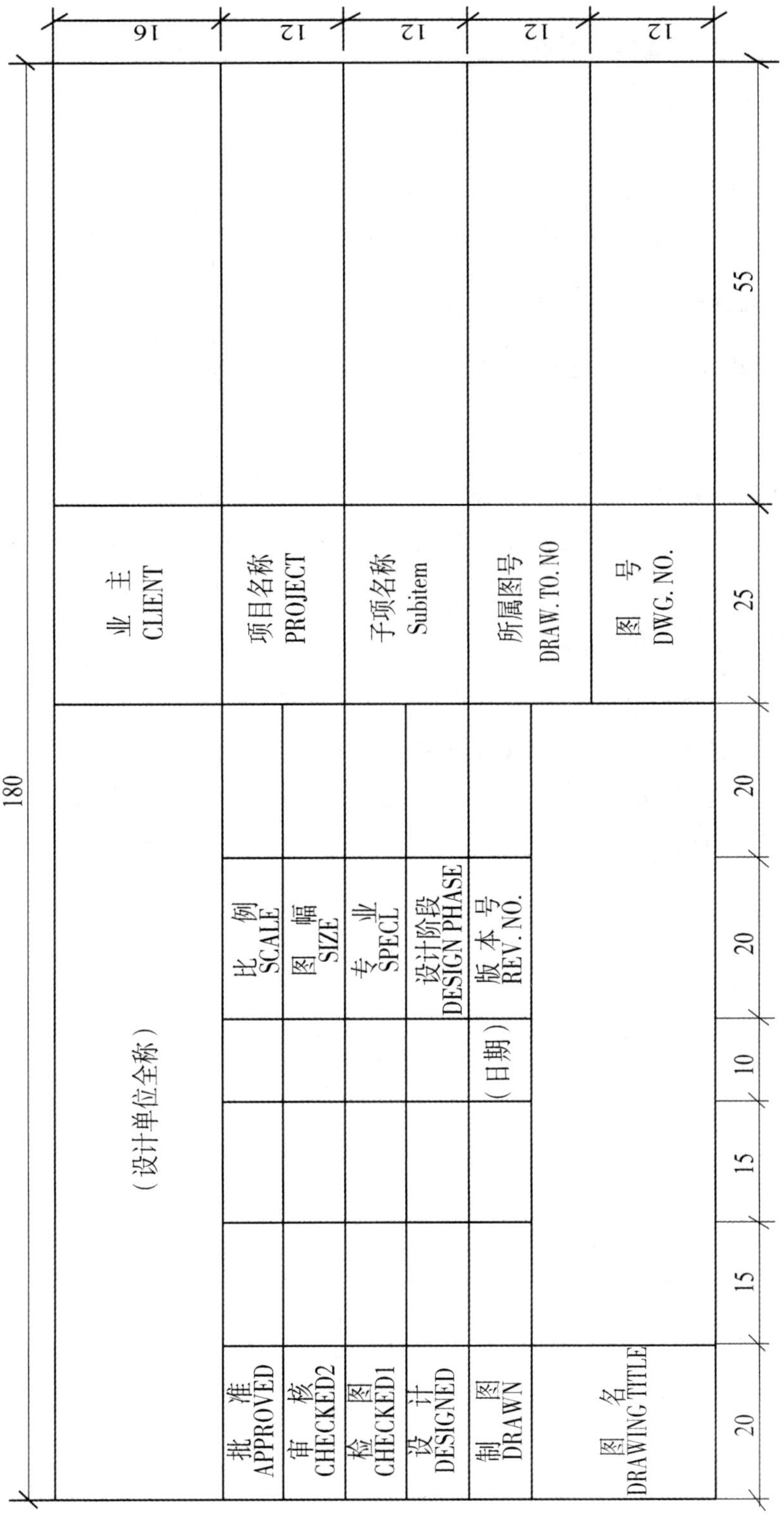

附图B-6

（设计单位全称）

| | | |
|---|---|---|
| 业　主 CLIENT | | |
| 项目名称 PROJECT | 比　例 SCALE | |
| | 图　幅 SIZE | |
| 子项名称 Subitem | 专　业 SPECL | |
| | 设计阶段 DESIGN PHASE | |
| 所属图号 DRAW. TO. NO | 版本号 REV. NO. | |
| 图　号 DWG. NO. | | |

批　准 APPROVED
审　核 CHECKED2
检　图 CHECKED1
设　计 DESIGNED
制　图 DRAWN
图　名 DRAWING TITLE

（日期）

16　12　12　12　12

180

55　25　20　20　10　15　15　20

# C 采煤类专业 CAD 制图规范

## C.1 适用范围

本规范适用于煤矿矿井各阶段专业工程制图。

本规范适用于黑白图、彩色线条图、彩色充填图的绘制。

## C.2 引用标准和规范

《煤炭矿井制图标准》(GB 50593—2010)。

## C.3 一般原则

(1)图面清晰、简明,符合设计、施工、存档的要求,适应煤矿矿井建设需要。

(2)煤矿矿井采矿专业工程制图,除应符合本标准外,尚应符合国家现行有关标准的规定。

## C.4 主要图件元素的绘制要求

### C.4.1 图纸幅面

(1)图纸基本幅面尺寸宜采用表 C-1 所规定的基本幅面。

(2)必要时,可按图 C-1 选用加长幅面。也可在基本幅面的基础上,按 A4 幅面的短边或者长边成整数倍加长。

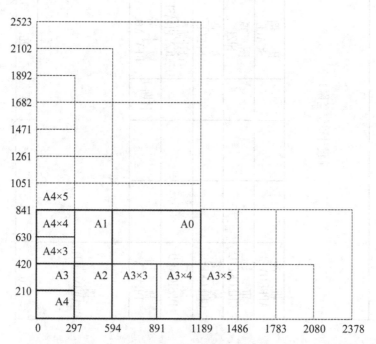

注:1. 粗实线所示为基本幅面;2. 细实线、细虚线所示为加长幅面

图 C-1 图纸幅面

表 C-1 图纸基本幅面尺寸

| 幅面代号 | 尺寸（mm） |
|---|---|
| A0 | 841×1189 |
| A1 | 594×841 |
| A2 | 420×594 |
| A3 | 297×420 |
| A4 | 210×297 |

## C.4.2 图框格式

（1）在图纸上应用粗实线画出图框，并应采用留有装订边的图框格式（见图 C-2），装订边宜位于图框左侧。基本幅面图框尺寸应符合表 C-2 规定。

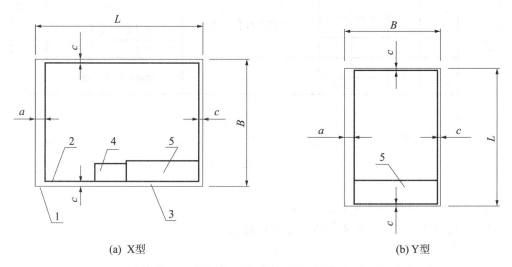

（a）X型　　　　　　　　　　　　　　（b）Y型

1—纸边界线；2—图框线；3—周边；4—会签栏；5—标题栏

图 C-2　图框格式

表 C-2 基本幅面图框尺寸

| 幅面代号 | A0 | A1 | A2 | A3 | A4 |
|---|---|---|---|---|---|
| 尺寸 $B×L$（mm） | 841×1189 | 594×841 | 420×594 | 297×420 | 210×297 |
| $c$ | 10 | | | 5 | |
| $a$ | 25 | | | | |

（2）加长幅面的图框尺寸，宜按所选用的基本幅面大一号的图框尺寸确定。

### C.4.3 标题栏

(1)图纸应设置标题栏(见图C-3)。标题栏宜由更改区、签字区、名称区、代号及其他区组成。也可按实际需要增加或减少,并应符合下列规定:

①更改区宜由更改标记、数量、修改和批准者签名和日期等组成。

②签字区宜由设计、审核、审定签名和年月等组成。

③名称区宜由项目隶属单位及工程名称或文件名称、单位工程名称和图纸名称等组成。

④代号及其他区宜由图纸代号、共×页第×页、质量、比例及设计编制单位名称等组成。

(2)标题栏的位置应位于图纸的右下角。

(3)标题栏格式宜符合图C-3的规定。

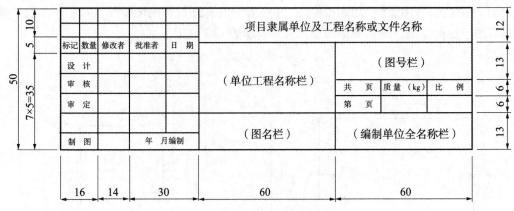

图 C-3 标题栏格式

(4)必要时,可在图纸左上侧设置图号栏。

(5)复制的地质图应采用本标准规定的标题栏。

### C.4.4 会签栏

(1)会签栏应设于首图中,会签栏的位置应位于标题栏的左侧。

(2)会签栏格式宜符合图C-4的规定,会签栏行数可由参加会签的专业多少确定。

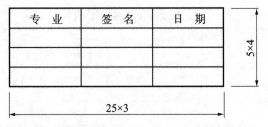

图 C-4 会签栏格式

### C.4.5　比例

（1）采矿制图常用比例宜符合表 C-3 的规定。

表 C-3　　　　　　　　　　　　　　　　采矿制图常用比例

| 图　名 | 常　用　比　例 | | | |
|---|---|---|---|---|
| 矿区井田划分及开发方式图 | 平面<br>剖面 | 1∶10000　　1∶20000　　1∶50000　　1∶5000<br>1∶2000　　　1∶5000 | | |
| 井田开拓方式图、开拓巷道<br>工程图 | 平面<br>剖面 | 1∶5000　　　1∶10000　　1∶2000<br>1∶2000　　　1∶5000 | | 断面：1∶50 |
| 采区巷道布置及机械配备图 | 平面<br>剖面 | 1∶2000　　　1∶5000　　　1∶10000<br>1∶2000 | | 断面：1∶50 |
| 井底车场布置图 | 平面<br>剖面 | 1∶500　　　1∶200　　　1∶1000<br>1∶50 | | 断面：1∶50 |
| 井底车场线路及水沟坡度图 | 水平<br>垂直<br>平面 | 1∶500<br>1∶100　　　1∶50<br>1∶1000 | | 断面：1∶50 |
| 主要巷道布置图 | 平面<br>剖面 | 1∶1000　　　1∶1000　　　1∶200<br>1∶500 | | 断面：1∶50 |
| 安全煤柱图 | 1∶2000 | | | |
| 井筒布置图 | 平面<br>纵剖面 | 1∶20　　　1∶50　　　1∶100　　1∶200<br>1∶20　　　1∶50 | | |
| 硐室布置图 | 平面<br>剖面 | 1∶50　　　1∶100　　　1∶200<br>1∶50　　　1∶100　　　1∶200 | | 断面：1∶50 |
| 采区车场布置图 | 平面<br>剖面 | 1∶200　　　1∶500　　　1∶100<br>1∶200　　　1∶100 | | 断面：1∶50 |
| 各种详图 | 1∶2　　　1∶5　　　1∶10 | | | |

（2）当煤矿制图常用比例内没有合适的比例可选，需采用一般制图比例时，应按 $1∶1×10^n$、$1∶2×10^n$、$1∶5×10^n$ 的比例系列选取适当的比例。

注：n 为正整数。

（3）比例标注应符合下列规定：

①在同一幅图中，主要视图宜采用相同的比例绘制，并应将比例标注在标题栏中的比例栏内。当主要视图的比例不一致时，应分别在各视图图名标注线下居中标注比例，同时应在比例栏内注明"见图"字样。

②在同一视图中图样的纵横比差过大，而又要求详细标注尺寸时，纵向和横向可采用不同比例绘制，并应在视图名称下方或右侧标注比例。

③必要时，视图的比例可采用比例尺的形式，即在视图的铅垂或水平方向加画比例尺。

（4）不能按比例绘制的视图，可不按比例绘制，但应注明"×××示意图"的字样，并应防止严重失真。

C.4.6 量的符号与计量单位

（1）在图纸上和技术文件中，量的符号应符合表 C-4 规定。

表 C-4 量的符号

| 量 的 名 称 | 符 号 | 量 的 名 称 | 符 号 |
|---|---|---|---|
| 长度 | $l$, $L$ | 角度 | $\alpha$, $\beta$, $\gamma$, $\theta$, $\phi$ |
| 宽度 | $b$ | 质量 | $G$ |
| 高度 | $h$ | 经距 | $Y$ |
| 厚度 | $M$ | 纬距 | $X$ |
| 直径 | $d$, $D$ | 高程 | $Z$ |
| 半径 | $r$, $R$ | 年产量 | $A$ |
| 面积 | $F$ | 视密度 | $\gamma$ |
| 体积 | $V$ | 曲线长 | $Kp$ |
| 井筒、巷道掘进断面积 | $S_j$ | 切线长 | $T$ |
| 井筒、巷道净断面积 | $S$ | 风量 | $Q$ |
| 井筒、巷道净周长 | $p$ | 风速 | $\nu$ |
| 巷道支护厚度 | $T$ | 水量 | $Q$ |
| 充填厚度 | $\delta$ | 巷道摩擦阻力系数 | $\alpha$ |
| 资源/储量 | $Q$ | 通风阻力 | $h$ |

（2）各种图纸及与图纸有关的设计文件，同一个量所用的符号应一致。

（3）各种图纸及有关设计文件中使用的计量单位，应符合国家有关法定计量单位及国家现行有关标准的规定。

C.4.7 图线

（1）图线的宽度应根据图纸的类别、比例和复杂程度选用。基本线宽 b 宜采用 0.3mm 或 0.4mm。

（2）煤矿制图常用的各种线型宜符合表 C-5 的规定。

C.4.8 字体

（1）书写字体应字型、大小一致，笔画清楚，间隔均匀，排列整齐。

（2）书写字体高度宜符合字体高度的公称尺寸系列 1.8、2.5、3.5、5、7、10、

14、20mm。

（3）汉字应写成长仿宋体字，并应采用简化字。汉字的高度不应小于 3.5mm。

（4）书写字母和数字，宜根据需要写成 A 型字体或 B 型字体。

（5）书写字母和数字时，其书写格式、基本比例和尺寸宜符合表 C-6 或表 C-7 的规定。

（6）在同一幅图纸上，宜选用一种型式的字体。

表 C-5　　　　　　　　　　　　　　　　　　线型

| 名　称 | 线　型 | 线　宽 | 主　要　用　途 |
|---|---|---|---|
| 粗实线 | —— | $2b$ | 1. 主要可见轮廓线；2. 主要可见过渡线 |
| 中实线 | —— | $b$ | 1. 次要可见轮廓线；2. 次要可见过渡线 |
| 中虚线 | - - - - - - | $b$ | 1. 次要不可见轮廓线；2. 次要不可见过渡线 |
| 细实线 | —— | $0.45b$ 或 $0.6b$ | 尺寸线；尺寸界线；剖面或断面线；引出线；范围线 |
| 细虚线 | - - - - - - | $0.45b$ 或 $0.6b$ | 1. 不可见轮廓线；2. 不可见过渡线 |
| 粗单点画线 | ▬ - ▬ - ▬ | $2b$ | 有特殊要求的线或表面的表示线 |
| 细单点画线 | - · - · - · - | $0.45b$ 或 $0.6b$ | 1. 中心线；2. 轴线；3. 轨迹线 |
| 细双点画线 | - ·· - ·· - | $0.45b$ 或 $0.6b$ | 1. 剖面图中表示被剖切去的部分形状的假想投影轮廓线；2. 中断线 |
| 折断线 | ⌇⌇ | $b$ | 井巷断裂处的分界线 |
| 波浪线 | ～～ | $0.45b$ 或 $0.6b$ | 1. 井巷断裂处的边界线；2. 视图和剖视的分界线 |

表 C-6　　　　　　　　　　　　　　　　　　**A 型字体**

| 书 写 格 式 | | 基本比例 | 尺寸（mm） | | | | | | | |
|---|---|---|---|---|---|---|---|---|---|---|
| 大写字母高度 | $h$ | $(14/14)h$ | 1.8 | 2.5 | 3.5 | 5 | 7 | 10 | 14 | 20 |
| 小写字母高度 | $c_1$ | $(10/14)h$ | 1.3 | 1.8 | 2.5 | 3.5 | 5 | 7 | 10 | 14 |
| 字母间间距 | $a$ | $(2/14)h$ | 0.26 | 0.36 | 0.5 | 0.7 | 1 | 1.4 | 2 | 2.8 |
| 词间距 | $e$ | $(6/14)h$ | 0.78 | 1.08 | 1.5 | 2.1 | 3 | 4.2 | 6 | 8.4 |
| 基准线最小间距（大写字母） | $b_3$ | $(17/14)h$ | 2.21 | 3.06 | 4.25 | 5.95 | 8.5 | 11.9 | 17 | 23.8 |

表 C-7                                                                B 型字体

| 书 写 格 式 | | 基本比例 | 尺寸(mm) | | | | | | | |
|---|---|---|---|---|---|---|---|---|---|---|
| 大写字母高度 | $h$ | $(10/10)h$ | 1.8 | 2.5 | 3.5 | 5 | 7 | 10 | 14 | 20 |
| 小写字母高度 | $c1$ | $(7/10)h$ | 1.26 | 1.75 | 2.5 | 3.5 | 5 | 7 | 10 | 14 |
| 字母间间距 | $a$ | $(2/10)h$ | 0.36 | 0.5 | 0.7 | 1 | 1.4 | 2 | 2.8 | 4 |
| 词间距 | $e$ | $(6/10)h$ | 1.08 | 1.5 | 2.1 | 3 | 4.2 | 6 | 8.4 | 12 |
| 基准线最小间距<br>(大写字母) | $b3$ | $(13/10)h$ | 2.34 | 3.25 | 4.55 | 6.5 | 9.1 | 13 | 18.2 | 26 |

C.4.9 图例

(1)复制地质图时,应采用原地质图图例;当需要在复制图中增添采矿专业设计内容时,应按本标准规定的图例绘制。

(2)同一幅图纸应采用统一的图例,图例的大小应与视图的比例相适应。

(3)当绘制 1∶50~1∶500 比例的平面图时,平面图中的巷道,应采用巷道的图例,并应按设计视图的比例进行绘制。

(4)当绘制 1∶500~1∶5000 比例的剖面图时,剖面图中的井巷应按剖切情况进行处理,并应符合下列规定:

①剖切到的井巷应用单实线表示。

②没有剖切到的井巷,当井巷位于剖切线的前方,应用虚线绘制;当井巷位于剖切线的后方,应用双点画线绘制。

(5)边界线:矿井各种边界线图例宜符合表 C-8 的规定。

(6)地质图例:图纸中采用的地质图例宜符合表 C-9 的规定。

表 C-8                                                                边界线图例

| 序 号 | 名 称 | 图 例 |
|---|---|---|
| 1 | 勘探边界线 | ——————I—————— |
| 2 | 矿区边界线 | —————II————— |
| 3 | 井田境界线 | —————+————— |
| 4 | 煤柱边界线 | —————○————— |
| 5 | 采区边界线 | ————— ·— ————— |
| 6 | 可采边界线 | —————▲————— |

表 C-9　　　　　　　　　　　　　　　地质图例

| 序号 | 名　　称 | 图　　例 |
|---|---|---|
| 1 | 煤层露头线、煤层氧化带和煤层风化带 | a b c |
| 2 | 煤层等高线 | a ——— +100　　b - - - - -100 |
| 3 | 平衡表内储量块段 | 25-A 2.45m 15° 394000m² |
| 4 | 见煤钻孔 | ● |
| 5 | 未见煤钻孔 | ○ |
| 6 | 见煤斜孔 | ○ |
| 7 | 向斜轴 | |
| 8 | 背斜轴 | |
| 9 | 正断层 | |
| 10 | 逆断层 | |
| 11 | 断层编号及注记 | $F_2$　H=10　50° |

| 序 号 | 名 称 | 图 例 |
|---|---|---|
| 12 | 断层上、下盘 | |
| 13 | 断层裂隙带 | |
| 14 | 断层破碎带 | |
| 15 | 断层 | |
| 16 | 陷落柱 | |
| 17 | 指北针 | |
| 18 | 村庄 | |
| 19 | 河流 | |

## C.4.10 图层

图纸中采用的图层可参考表 C-10。

表 C-10                                                图层

| 图框 | 颜色 | 线型 | 线宽 | 充填 | 备注 |
|---|---|---|---|---|---|
| 0 层 | 白色(黑色) | Continuous | 默认 | | |
| Defpoint | 白色(黑色) | Continuous | 默认 | | 不能打印出来 |
| 图例 | 白色(黑色) | Continuous | 默认 | | |
| 经纬网 | 白色(黑色) | Continuous | 0.09 | | |

| 图框 | 颜色 | 线型 | 线宽 | 充填 | 备注 |
|---|---|---|---|---|---|
| 等高线 | 白色(黑色) | Continuous | 0.09 | | |
| 剖面线 | 白色(黑色) | Continuous | 默认 | | |
| 表格 | 白色(黑色) | Continuous | 默认 | | |
| 钻孔 | 白色(黑色) | Continuous | 默认 | | |
| 文字 | 白色(黑色) | Continuous | 默认 | | |
| 井田边界 | 白色(黑色) | 049 井田边界 | 1.0 | | |
| 水平采区边界 | 白色(黑色) | 050 采区边界 | 0.5 | | |
| 断层及标注 | 红色(Red) | Continuous | 0.3 | | |
| 岩层巷道(前期) | 深黄(40) | Continuous | 0.3 | | |
| 岩层巷道(后期) | 深黄(40) | 岩巷虚线 | 0.3 | | |
| 煤层巷道(前期) | 蓝(Blue) | Continuous | 0.3 | | 第二层 Green(绿)、第三层 Green(紫)等 |
| 采空区 | 蓝(Blue) | Continuous | 0.3 | GRAVEL(比例 25~30),或自制 | |
| 煤层巷道(后期) | 蓝(Blue) | 岩巷虚线 | 0.3 | | 第二层 Green(绿)、第三层 Green(紫)等 |
| 标注及数字 | 蓝(Blue) | Continuous | 默认 | | |
| 地面建筑 | 深绿(64) | Continuous | 默认 | | |
| 地面河湖 | 浅蓝(121) | Continuous | 默认 | | |
| 保护煤柱 | 酱(32) | 煤柱线 1 | 默认 | | |
| 冲击层 | 酱(32) | Continuous | 默认 | AR-CONC | |
| 煤层充填 | 浅黑(8) | Continuous | 默认 | SOLID | |
| 辅助线 | 无色(255) | Continuous | 默认 | | 不能打印出来 |

### C.4.11　其他

(1)单斜构造缓倾斜煤层或倾斜煤层矿井开拓方式平面图、开拓巷道工程图和采区布置及机械配备图等,宜将煤层底板等高线图的煤层浅部放在图纸上方,煤层深部放在图纸下方。近水平煤层矿井的此类图纸不作要求。

(2)主要剖面图的方向应与主要地质剖面方向一致,同一矿井各阶段设计主要剖面图方向应一致。

(3)除特殊要求外，图纸宜选用 X 型图框格式。

(4)本附录未规定的，可参考附录 B。

# D  安全类专业 CAD 制图规范

## D.1  适用范围

本规范适用于安全类专业各设计阶段图件的绘制。

本规范适用于黑白图、彩色线条图、彩色充填图的绘制。

## D.2  引用标准和规范

(1)《技术制图与图纸幅面和格式》(GB/T 14689—1993)。

(2)《金属非金属矿山采矿制图标准》(GB/T 50564—2010)。

(3)《煤炭矿井制图标准》(GB 50593—2010)。

(4)张荣立：《采矿工程设计手册》，煤炭工业出版社 2005 年版。

(5)林在康：《采矿工程专业毕业设计手册》，中国矿业大学出版社 2008 年版。

(6)陶昆：《矿图》，中国矿业大学出版社 2007 年版。

(7)冯耀挺：《矿图》，煤炭工业出版社 2005 年版。

## D.3  一般原则

(1)正确反映设计的内容和意图，设计符合《采矿制图标准》的各项要求。

(2)图面布置整齐、均匀、清洁、美观，线条清楚，尺寸准确，比例标准，字体工整。

(3)各图应以采矿制图标准绘制，制图标准可参考采矿类和采煤类专业 CAD 制图规范。

(4)图中应区分出已掘巷道和待掘巷道。

(5)为保证图纸整洁和清晰，井巷名称在图内用数字标明，在图外适当位置用仿宋体工整地书写，反映同一对象名称的数字在平面图和剖面图上应一致，数字和外文字按工程体书写。

## D.4  主要图件元素的绘制要求

### D.4.1  图纸幅面

图纸基本幅面尺寸宜采用基本幅面，基本幅面见附录 C 中表 C-1。必要时，可在基本幅面基础上加长幅面，加长规则是在基本幅面的基础上，按 A4 幅面的短边或者长边成整数倍加长，详见附图 C 中图 C-1。

### D.4.2  图框格式

在图纸上应用粗实线画出图框，并应采用留有装订边的图框格式(详见附录 C 中图 C-2)，装订边宜位于图框左侧。基本幅面图框尺寸应符合附录 C 中表 C-2 的规定。

D. 4. 3 标题栏

（1）图纸必须设有标题栏，以表明该图纸名称、设计阶段、设计日期、版本、设计者和各级审核者等。也可按实际需要增加或减少，并应符合下列规定：

①更改区宜由更改标记、数量、修改和批准者签名和日期等组成。

②签字区宜由设计、审核、审定签名和年月等组成。

③名称区宜由项目隶属单位及工程名称或文件名称、单位工程名称和图纸名称等组成。

④代号及其他区宜由图纸代号、共×页第×页、质量、比例及设计编制单位名称等组成。

（2）标题栏的位置应位于图纸的右下角，特殊情况时可位于图纸右上角。

（3）标题栏格式可参考附录C中图C-3。

（4）必要时，可在图纸左上侧设置图号栏。

D. 4. 4 字体规格

（1）书写字体应字型、大小一致，笔画清楚，间隔均匀，排列整齐。

（2）图纸中各要素字体规格可参考表D-1进行书写。

（3）在同一幅图纸上，同类要素字体宜选用一种型式的字体。

表 D-1                图纸字体规格表

| 序号 | 名 称 | 字体规格（Height） | | | |
|---|---|---|---|---|---|
| | | 字体及示例 | 1：500,   1：1000 | 1：2000 | 1：5000 |
| 1 | 竖井、斜井及平硐的名称 | 黑体：王庄竖井 | 黑体 3.5（3.5×3.5） | 黑体 3.5(7×7) | 黑体 3(15×15) |
| 2 | 巷道名称、边界、露头等名称注记 | 仿宋：运输大巷 | 仿宋 3.5(3×3.5) 或仿宋 3(2.5×3) | 仿宋 3.5(6×7) 或仿宋 3(5×6) | 仿宋 3(10×15) |
| 3 | 测点编号 | 黑体：B5 | 黑体 2.5(1×2.5) 或黑体 2(1×2) | 黑体 1.2（1.8×2.4）或黑体 1.4 (1.8×2.8) | — |
| 4 | 高程、煤厚、断层名称及产状要素等数字注记 | 黑体：125.62 | 黑体 2.5(1×2.5) 或黑体 2.5(1.5×2.5) | 黑体 2(2×4)或黑体 2(2.4×4) | 黑体 2(5×10) 或黑体 2(6×10) |
| 5 | 工作面编号、露天采掘机械编号 | 新罗马：2125 | 新罗马 3(1.5×3) 新罗马 3(2×3) | 新罗马 3(3×6)新罗马 3(4×6) | — |
| 6 | 工作面回采年度、钻孔编号注记 | 新罗马：1985 | 新罗马 3(1.5×3) 新罗马 3(2×3) | 新罗马 2.5(2.4×5)新罗马 2.5(3×5) | 新罗马 2.5(6×12.5)新罗马 2.5(7.5×12.5) |

| 序号 | 名 称 | 字体规格（Height） | | | |
|---|---|---|---|---|---|
| | | 字体及示例 | 1:500, 1:1000 | 1:2000 | 1:5000 |
| 7 | 工作面月份回采注记 | 新罗马：Ⅲ | 新罗马 3(3×3) | 新罗马 2.5(5×5) | |
| 8 | 剖面线号 | 黑体：3(倾向)，Ⅰ(走向) | 黑体 8(5×8) | 黑体 8(10×16) | 黑体 8(25×40) |
| 9 | 村庄名称注记 | 宋体：杨村 | 宋体 3(2.5×3) | 宋体 3(5×6) | 宋体 3(12.5×15) |
| 10 | 通栏标题 | 华云彩云或空心隶书：开拓平面图 | | 华云彩云 40(80)隶书(20) | 华云彩云 40(200)隶书(40) |
| 11 | 标注及数字 | 新罗马：15 或煤仓 | | 新罗马 2.5(3×5) | 新罗马 2.5(7.5×12.5) |
| 12 | Ⅰ—Ⅰ剖面 | 新罗马：Ⅰ—Ⅰ，仿宋：剖面 | | 仿宋 20(40) | 仿宋 20(100) |

**D.4.5 图线**

(1)绘图时应采用表 D-2 中规定的图线。

(2)图线的宽度要根据图形的大小和复杂程度来选取，在同一图纸上按同一比例绘制图形时，其同类图线的宽度应保持一致。

(3)剖切线的线段长度，应根据图形的大小来决定，一般的在 5~20 mm，特殊的在 5~40 mm 的范围内选取。

(4)虚线的线段长度，一般为 2~6 mm，线段间的间隔为其长度的 1/2~1/4，同时各线段长度应大致相等，若线加粗，则线段也相应地加长。

表 D-2          **图线及画法**

| 序号 | 线型 | 图线宽度 | 图线名称 | 图线使用举例 |
|---|---|---|---|---|
| 1 | ▬▬▬▬ | b | 粗实线 | 1. 主要可见轮廓线<br>2. 主要可见过度线 |
| 2 | ▬▬▬ | b/2 | 较细实线 | 1. 次要可见轮廓线<br>2. 次要可见过度线 |
| 3 | ——— | b/4 或更细 | 细实线 | 1. 尺寸线<br>2. 尺寸界线<br>3. 剖面或断面线<br>4. 引出线<br>5. 范围线 |

| 序号 | 线型 | 图线宽度 | 图线名称 | 图线使用举例 |
|---|---|---|---|---|
| 4 | ～～～～～ | b/2~b/3 | 波浪线 | 1. 断裂线<br>2. 局部剖面(断面)或局部放大的边界线 |
| 5 | ─────／＼──── | b/4 或更细 | 折断线 | 长距离的断裂线 |
| 6 | ─ ─ ─ ─ ─ | b/2~b/3 | 虚线 | 不可见的轮廓线 |
| 7 | └──┘ | b | 剖切线 | 剖面或断面的剖切线 |
| 8 | ─·─·─·─·─ | b/4 或更细 | 点划线 | 1. 轴线<br>2. 中心线 |
| 9 | ─··─··─··─ | b/4 或更细 | 双点划线 | 1. 剖面图中表示被剖切去的部分形状的假想投影轮廓线<br>2. 运动件在极端位置或中间位置的轮廓线<br>3. 不属于本专业的物体位置轮廓线 |

注：如无特殊要求，b 一般取 1mm

(5)点划线和双点划线的线形长度，一般为 20~50 mm，各线段间的间隔为其长度的 $\frac{1}{7}$~$\frac{1}{5}$。各类线段长度应大致相等。点划线的点应为短线，其长度大致为 1 mm。

(6)各类线型的画法：

①折断线和波浪线一般可用鼠标手工绘制；其他各种线条一律按制图标准绘制。

②虚线和虚线或者点画线和点画线相交于线段中间，两端应以短线收尾，并应超出物体轮廓界线之外 4~5 mm。

③直径小于 12 mm 的圆，其中心线可画成实线。

④虚线成为实线的连接线时，应留出一段空隙，但两者成某一角度相交时，结合处不应留出空隙。

### D.4.6 尺寸注法

(1)在图纸上标注尺寸时应按照本标准。

(2)确定工程的大小，必须根据图中所注的尺寸数字为依据。

(3)图纸上的尺寸数字，规定以 mm 或 m 为单位，(在 1∶50~1∶500 比例的图纸上采用 mm 为单位，在 1∶1000~1∶10000 比例的图纸上采用 m 为单位)，无需写明单位。如不按照上述规定时，则必须在各尺寸数字右边加注所采用计量单位，同时在图纸附注中均应注明单位。

(4)每个尺寸一般在图纸上标注一次，仅在特殊情况下或实际需要时方可重复标注。

(5)尺寸数字应尽可能注在图形轮廓线的外边。

(6)尺寸数字应注在尺寸线的上边或尺寸线的断开处，在一张图纸上尺寸注法必须一致。

(7)尺寸线的两端一般画出双箭头，以表示尺寸的起讫。

（8）尺寸界线应超出尺寸线箭头末端约 5 mm。

（9）尺寸线与轮廓线之间或尺寸线与尺寸线之间的距离，一般为 5~7 mm。

（10）尺寸数字不可被图纸上任何图线所分开或通过，如不能避免时，可将图线断开。

（11）尺寸数字应遵守图 D-1 所规定的方向填写，应尽量避免在有斜线的"30"范围内标注尺寸数字。

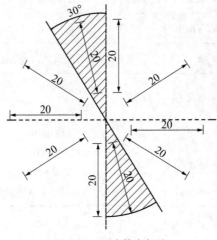

图 D-1　尺寸数字标注

### D.4.7　平面直角坐标点的注法

（1）点的坐标表示方法，是在点的右边或在引出线的横线上从上向下分别写出纬距（X）、经距（Y）及标高（Z）的数值及代号，如图 D-2、图 D-3 所示。

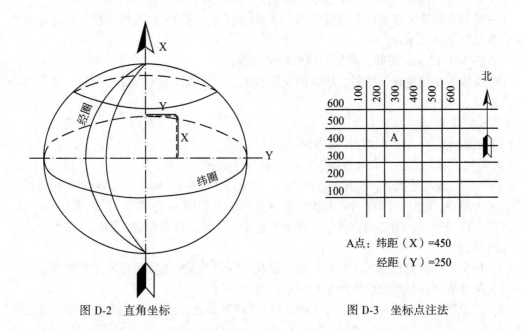

A点：纬距（X）=450

经距（Y）=250

图 D-2　直角坐标　　　　　　图 D-3　坐标点注法

（2）同一矿井所有水平投影图上的坐标系统必须一致。

(3)经纬线的布置一般应与图纸的主题栏平行,并达到北上、南下、东右、西左的要求。

(4)经纬线应用细实线绘制。

(5)在各种图纸上画有经纬线时其指北针应画在图纸的右上角,箭头为北,北字向上写。

## D.4.8 图例

(1)在复制地质图时,仍采用原地质图例进行复制;需要在复制图中增添设计内容时应按本标准规定的图例绘制。

(2)为了图纸美观,同一张图纸应采用统一图例绘制。

(3)在采区布置及机械配备图中,为了区别移交生产和达到设计产量时两个阶段,除按本标准规定图例绘制图纸外,可在达到设计产量的有关巷道部分涂上颜色,以示区别。

(4)当绘制 1:50~1:500 比例的平面图时,对平面图中的巷道,应采用本标准中巷道的图例,然后按设计图纸比例进行绘制。

(5)绘制 1:500~1:5000 比例的剖面图时,对剖面图中的井巷应按剖切情况进行处理,剖切到的井巷,用单实线表示;没有剖切到的井巷,当井巷在剖切线的前面,用虚线表示;井巷在剖切的后面用双点画线表示。

(6)图例的线条粗细以 mm 为单位。

(7)图例的其他规定详见附录 B、附录 C。

## D.4.9 剖面(断面)线的画法

(1)常用材料剖面(断面)线的画法见表 D-3。

表 D-3                                    **材料剖面(断面)线的画法**

| 材料名称 | | 剖面(断面)线 | 说明 | 备注 |
|---|---|---|---|---|
| 金属 | | | 剖面(断面)线间,距离为 1~3mm 的平行线。倾斜角度为 45°,线条为细实线;或选标准充填 | |
| 普通砖 耐火砖 | | | 剖面(断面)线间距离为 2~6mm 的平行线,倾斜角度为 45°,线条为细实线;或选标准充填 | |
| 混凝土 | 砌块或浇灌 | | 点和小圆鼠标手工画,剖面(断面)线间距离为 2~6mm 的平行线。倾斜角度为 45°,线条为细实线 | |
| | 钢筋混凝土 | | | |
| 木材 | 横端面 | | 鼠标手工画或选标准充填 | |
| | 纵剖面 | | | |
| 料 石 | | | 空白 | |

(2)其他未列入的剖面(断面)线的画法可参照有关标准绘制。

(3)剖面(断面)线间的间距大小,应根据剖面(断面)面积大小及与相邻材料的剖面

(断面)线相区别的原则来决定。

(4)金属的断面较小时，允许在断面上涂色，以代替剖面线。

(5)沿井筒、巷道、硐室横向剖切的图形按采矿专业习惯称断面。沿井筒、巷道、硐室纵向剖切的图形以及沿井田、采区等剖切的图形，统称为剖面。

# E 选矿类专业 CAD 制图规范

## E.1 适用范围

本规范适用于选矿类专业各设计阶段图件的绘制。

本规范适用于黑白图、彩色线条图、彩色充填图的绘制。

## E.2 引用标准和规范

《有色金属选矿厂工艺设计制图标准》(YS/T 5023—1994)。

## E.3 一般原则

(1)图件总体上应遵循绘制精确、符号使用正确、重点突出、层次感强、美观等原则。

(2)选矿术语、计量单位及图面内容等方面与当前规范和标准要相符。

(3)图纸繁简程度，对设计工作量影响较大，在能准确表达设计意图和施工要求条件下，图纸应力求从简，但图面质量必须保证。

(4)图纸图面视图的布置，是保证图面质量的重要组成部分，应使视图布置合理，以利于识图和制图。

## E.4 主要图件元素的绘制要求

### E.4.1 图纸幅面及图框尺寸

(1)图纸幅面及图框尺寸，应符合表 E-1、图 E-1 和图 E-2 的规定。

表 E-1　　　　　　　　　　图纸幅面及图框尺寸(mm)

| 幅面代号 | $A_1$ | $A_2$ | $A_3$ | $A_4$ |
|---|---|---|---|---|
| B×L | 594×841 | 420×594 | 297×420 | 210×297 |
| a | 25 | | | |
| b | 100 | | — | |
| c | 10 | | 5 | |
| d | 5 | | | |
| e | 10 | | — | |
| 规格系数 | 1 | 0.5 | 0.25 | 0.125 |

（2）$A_1$、$A_2$图纸内框四边应有准确标尺，标尺分格应以图内框线左下角为零点，按纵横方向排列。标尺大格长为100mm，小格长为10mm，分别以粗细实线标界，标界线段长分别为3mm和2mm。标尺数值应标于大格标界线附近。标尺标注方法，应符合表E-1及图E-1的规定。

（3）图纸规格系数大于1时，应分张绘制。对分区绘制的图纸，应于每张图右上角附索引图。索引图以细实线绘制，并于图中表示清楚本图所在位置。每张分区绘制的图纸，均应绘有图纸拼接线，拼接线以粗虚线绘制，其表示方法，应符合图E-3的规定。

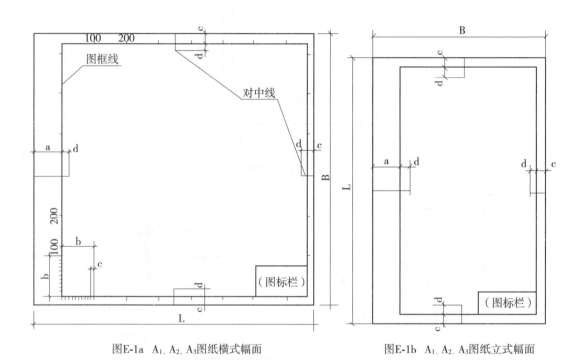

图E-1a　$A_1$、$A_2$、$A_3$图纸横式幅面　　　　图E-1b　$A_1$、$A_2$、$A_3$图纸立式幅面

E.4.2　制图比例

（1）制图比例应根据广房、设备和构件大小确定，各类选矿工艺设计制图比例的选取，应符合表E-2的规定。

（2）工艺建筑物联系图和配置图的平、剖面图，在图面布置上有特殊要求时，可采用不同比例绘制。

（3）设备联系图不按比例绘制，但设备与相应设施间，应保持一定的相应关系。

（4）室外管路图的比例，可根据需要选用，不受表E-2的限制。

（5）当绘制图纸中仅有一种比例时，制图比例应标注在图标栏内，如采用不同比例绘制时，图标栏内仅填写主要比例，其余比例应分别填写在相应图形的图名或标号下面，表示方法，应符合图E-4的规定。

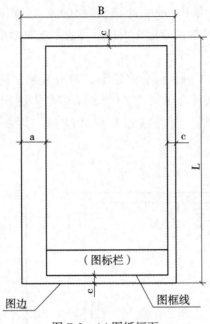

图 E-2　A4 图纸幅面

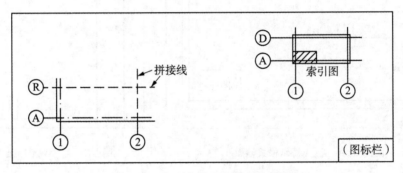

图 E-3　分区绘制配置图表示方法

表 E-2　　　　　　　　　　　　　　　**制图比例**

| 图 纸 类 别 | 常 用 比 例 |
| --- | --- |
| 工艺建筑物联系图 | 1：1000；1：500 |
| 配置图 | 1：200；1：100；1：50 |
| 管路图 | 1：200；1：100；1：50 |
| 安装图 | 1：200；1：150；1：100；1：50；1：25；1：20；1：10；1：5 |
| 制造图 | 1：50；1：25；1：20；1：10；1：5；1：2.5；1：2；1：1；2：1 |

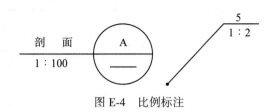

图 E-4 比例标注

E.4.3 图线

(1)图线类型的选用应符合表 E-3 的规定。

表 E-3 图线用途

| 图 纸 类 别 | 表 示 内 容 | 图 线 类 型 |
|---|---|---|
| 设备联系图 | 设备及构筑物外轮廓 | 细实线 |
| | 设备及构筑物间的连线 | 粗实线 |
| 工艺建筑物联系图 | 工艺建筑物外轮廓 | 粗实线 |
| | 带式输送机简要外形 | 细实线 |
| 配置图 | 设备及构件的外轮廓 | 粗实线 |
| | 建筑物及其他相关专业设备外轮廓 | 细实线 |
| 管路图 | 工艺管路走向及固定方式 | 粗实线 |
| | 建筑物及相关设备外轮廓 | 细实线 |
| 安装图 | 设备及构件的外轮廓 | 粗实线 |
| | 建构筑物简要图形 | 细实线 |
| | 与本图有关的设备及构件简要外形 | 细双点画线 |
| 制造图 | 构件及零件图形 | 粗实线 |
| | 与安装有关的设备、构件及基础外形 | 细双点画线 |

(2)图线类型及选用宽度,应符合表 E-4 的规定。

(3)各类图纸中的部件、构件及零件的标号线和指引线,应以细实线绘制,并于其一端画一圆点。标号之间关系清楚时,可以公共指引线表示。标号和指引线表示方法,应符合图 E-5 的规定。

(4)图中设备编号的横线及指引线,应以细实线绘制,表示方法应符合图 E-6 的规定。

表 E-4　　　　　　　　　　　　　图线类型及线宽

| 图线名称 | 图线型式 | 线宽 |
|---|---|---|
| 粗实线 | ———————— | 0.5~1.4 |
| 粗虚线 | - - - - - - - - | |
| 粗点画线 | — · — · — · — · | |
| 粗双点画线 | — · · — · · — · · | |
| 细实线 | | 0.18~0.35 |
| 细虚线 | - - - - - - - - | |
| 细点画线 | — · — · — · | |
| 细双点画线 | | |
| 折断线 | | |
| 波浪线 | ∿∿∿∿∿∿ | |

注：需要缩微的图纸线宽不宜采用 0.18mm

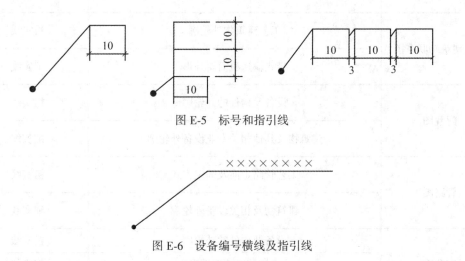

图 E-5　标号和指引线

图 E-6　设备编号横线及指引线

### E.4.4　厂房定位轴线

(1)厂房定位轴线应采用细点画线绘制，其轴线编号应标注在轴线端部的圆内。圆应以细实线表示，圆直径为 8~10mm。

(2)平面图上定位轴线的编号，宜标注在图形下方与左侧，编号顺序及方法必须与土建专业图纸一致。

(3)厂房定位轴线可采用分区编号(见图 E-7)，编号的注写应为分区号该区轴线号。

### E.4.5　视图符号

(1)图形剖面符号编号，应以大写拉丁字母表示，并填写于圆符号中上部。剖面编号顺序，应按由左至右，由下至上连续编排。剖面圆符号以细实线绘制，圆外缘应按剖视方向绘制涂色切线角，圆中横线为粗实线，圆下半部应填写该剖面所在的图号，当图号较长

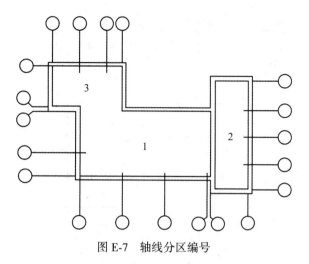

图 E-7　轴线分区编号

时可穿过圆周界填写，如所在图号为本图时，应于剖面符号圆下部画一细短横线。图形剖面符号表示方法，应符合图 E-8 的规定。

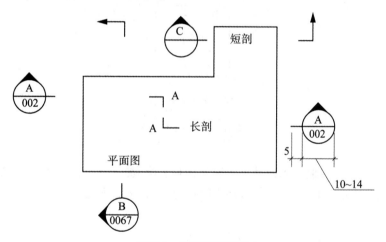

图 E-8　图形剖面符号

（2）剖面标题符号，应置于剖面图形下部，符号表示方法，应符合图 E-9 的规定。

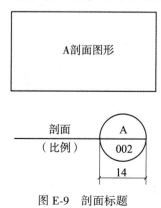

图 E-9　剖面标题

（3）图面视图如不能按基本视图布置时，应于其视图下部标出相应向视图方向。向视图符号应以粗短实线及箭头表示，其向视编号应以大写拉丁字母排序，向视图标题表示方法，应符合图 E-10 的规定。

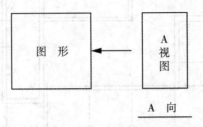

图 E-10 向视图标题

配置图中需单独绘制的平面图，其平面图下部应标出该图名称，平面图标题表示方法，应符合图 E-11 的规定。

图 E-11 平面图标题

（4）详图符号应以细实线绘制，其编号以阿拉伯数字排序，详图指引线及圈定范围线，应以细实线表示。详图符号表示方法应符合图 E-12 的规定。

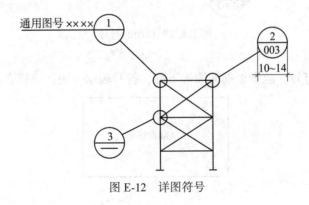

图 E-12 详图符号

（5）详图标题符号表示方法，应符合图 E-13 的规定。

E.4.6 尺寸标注

（1）尺寸线与尺寸界线应用细实线绘制，尺寸线起止符号应用粗斜短线绘制，其帧斜

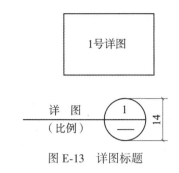

图 E-13 详图标题

方向与尺寸界线成顺时针 45°，长度为 2~3mm。尺寸线与尺寸界限表示方法，应符合图 E-14 的规定。

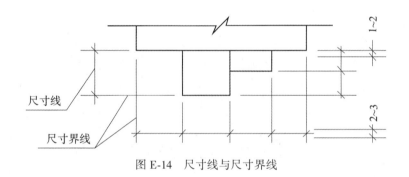

图 E-14 尺寸线与尺寸界线

（2）尺寸数字应标注在尺寸线上方中部，当尺寸界线距离较密时，最外边的尺寸数字可标注于尺寸界线外侧，中部尺寸数字可将相邻的数字标注于尺寸线的上下两边，必要时可用引出线标注。水平与垂直尺寸标注方法，应符合图 E-15 的规定。

图 E-15 水平与垂直尺寸标注

（3）斜尺寸标注方法，应符合图 E-16 的规定。图中 30°范围内斜线部分，不宜标注尺寸，当必须标注时，应按图中（a）、（b）、（c）图示形式标注。

（4）圆弧的半径和角度标注方法，应符合图 E-17 的规定。

（5）等长尺寸标注方法，应符合图 E-18 的规定。

（6）相同要素尺寸标注方法，应符合图 E-19 的规定。

（7）坡度方向应以带箭头的短细线表示，箭头指向低处，坡度数值应标注于短细线上部。坡度标注方法，应符合图 E-20 的规定。

（8）标高符号以细实线绘制，标高数字以米为单位，零点标高应注写±0.00，正数不注"+"，但负数应注"-"。标高符号绘制，应符合表 E-5 的规定。标高的数字注到小数点后两位，必要时可注到小数点后三位。

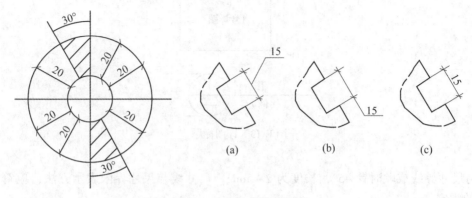

图 E-16 斜尺寸数字标注

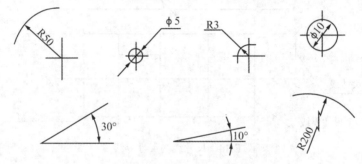

图 E-17 圆弧、直径、角度标注

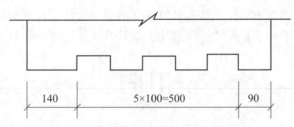

图 E-18 等长尺寸标注

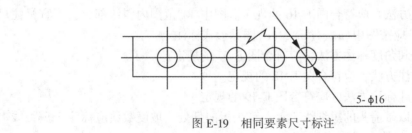

图 E-19 相同要素尺寸标注

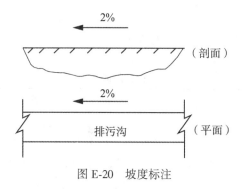

图 E-20　坡度标注

表 E-5  标高符号

| 类别 | 立 面 图 | | 平 面 图 |
|---|---|---|---|
| | 一 般 | 必 要 时 | |
| 相对标高 | 45° ⟂ 3 | | 0~15° |
| 绝对标高 | 45° ⟂ 3 ×××× | | 0~15° |

## E.4.7　字体

(1)图及说明的汉字,应采用长仿宋字体,字高和字宽的尺寸,应符合表 E-6 的规定。

表 E-6  长仿宋字体尺寸(mm)

| 字高 | 20 | 14 | 10 | 7 | 5 | 3.5 | 2.5 |
|---|---|---|---|---|---|---|---|
| 字宽 | 14 | 10 | 7 | 5 | 3.5 | 2.5 | 1.8 |

(2)汉字高度,应不小于 3.5mm,拉丁字母和阿拉伯数字高度,不应小于 2.5mm。

(3)拉丁字母、希腊字母或阿拉伯数字,如需写成斜体字时,其斜度应与水平上倾 75°,字高与字宽的规定与汉字规定相同。

(4)表示数量的数字,应用阿拉伯数字书写。

### E.4.8 材料剖面图例

（1）材料剖面图例，应符合表 E-7 的规定。

| 表 E-7 | 材料剖面 |
|---|---|
| 名　　称 | 图　　例 |
| 土壤 | |
| 块石 | |
| 普通砖 | |
| 混凝土、钢筋混凝土 | |
| 网格 | |
| 花纹钢板 | |
| 木材 | |
| 玻璃、其他透明材料 | |
| 金属材料 | |
| 橡胶、耐火砖、铸石 | |
| 填料 | |
| 水或其他液体 | |
| 矿石、砂、精矿 | |
| 硅藻土砖 | |

注：1. 当比例小时可不画剖面线；2. 剖面图可以涂色代替

（2）两种材料相邻时，剖面线宜错开或反向对称方式绘制。相邻材料剖面绘制，应符合图 E-21 的规定。

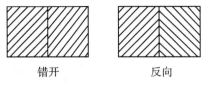

错开　　　　　　反向

图 E-21　相邻材料剖面

（3）图中非透明材料剖面宽度小于 2mm 时，可用涂色方式代替剖面符号。涂色材料剖面间，应留有不小于 0.7mm 的距离。涂色材料间关系，应符合图 E-22 的要求。

图 E-22　涂色材料剖面相邻关系

### E.4.9　图标与明细表

（1）图标栏内应划分为设计单位名称、工程名称、图名、图号、签字、修改、参考图及会签等区，分区尺寸及格式根据具体要求确定。

（2）设备明细表应采用 A₃ 图纸规格绘制，其格式应符合图 E-23 的规定。两张以上的设备明细表，应于最后一张表上附图标栏，第二张设备表取消表名及表头上部内容，于表头右上角注明第×张共×张。

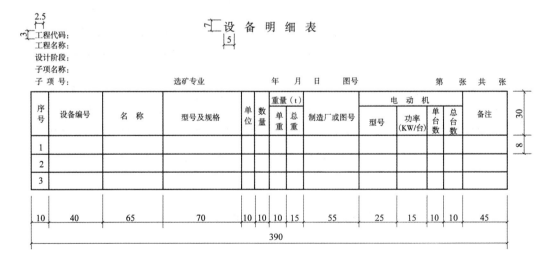

注：1. 设备名称及规格应与厂家提供资料一致；2. 除设备主机外，对主机附属设备，应填写在主机之后，不另行编号

图 E-23　设备明细表格式

303

（3）各类图纸中明细表、管路明细表及建筑物一览表，应符合图 E-24 的规定。

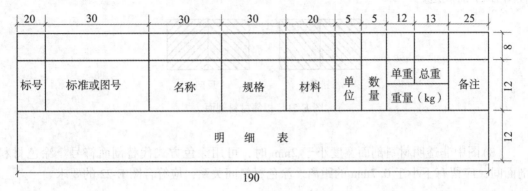

图 E-24a 明细表格式

图 E-24b 管路明细表格式

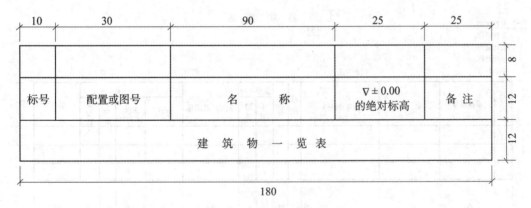

图 E-24c 建筑物一览表格式

（4）各类图纸中选用的表格，应符合表 E-8 的规定。

表 E-8 各类图纸表格

| 图纸类别 | 选用表格 | 填写内容 |
|---|---|---|
| 工艺建筑物联系图 | 建筑物一览表 | 工艺建筑物名称、标高及配置图图号 |
| 管路图 | 管路明细表、明细表 | 工艺管道、阀门、仪表、管路附件及零件 |
| 安装图 | 明细表 | 部件、构件、紧固件及零件 |
| 制造图 | 明细表 | 零件及紧固件 |

(5)图中设备、部件、构件及零件的编号，应符合下列规定：

①设备以工程子项号、专业代号及设备序号三个层次统一编号。

②部件以阿拉伯数字前冠以 B 表示，阿拉伯数字表示部件序号，B 表示部件。

③构件以阿拉伯数字前冠以 C 表示，阿拉伯数字表示构件序号，C 表示构件。

④零件编号以阿拉伯数字表示。

⑤综合件系指某些具有特定含义的零件或部件，以阿拉伯数字前冠以拉丁字母 O 表示，阿拉伯数字表示综合件顺序号，O 表示综合件。

(6)图标栏及明细表等位置，应符合下列规定：

①图标栏应置于图纸右下角，图标栏的底、侧边应与图框线相重合。

②明细表、管路明细表及建筑物一览表，应置于图标栏上方。

# 参 考 文 献

[1]石高峰.AutoCAD 基础教程[M].西安：西安电子科技大学出版社，2006.

[2]李世兰，周家泽.AutoCAD 2010 工程绘图教程[M].北京：高等教育出版社，2012.

[3]付春梅.AutoCAD 2012 工程绘图项目教程[M].北京：高等教育出版社，2012.

[4]吕翠华.测绘工程 CAD [M].武汉：武汉大学出版社，2013.

[5]张荣立.采矿工程设计手册[M].北京：煤炭工业出版社，2005.

[6]林在康.采矿工程专业毕业设计手册[M].徐州：中国矿业大学出版社，2008.

[7]陶昆，姬婧.矿图[M].徐州：中国矿业大学出版社，2007.

[8]冯耀挺.矿图[M].北京：煤炭工业出版社，2005.

[9]中华人民共和国国家质量监督检验检疫总局，中国国家标准化管理委员会.DZ/T
　0156—1995，区域地质及矿区地质图清绘规程[S].北京：中国标准出版社，1995.

[10]中华人民共和国地质矿产部.DZ/T 0157—1995，1∶50000 地质图地理底图编绘规
　　范[S].北京：中国标准出版社，1995.

[11]中华人民共和国地质矿产部.DZ/T 0159—1995，1∶500000、1∶1000000 省(市、
　　区)地质图地理底图编绘规范[S].北京：中国标准出版社，1995.

[12]中华人民共和国住房和城乡建设部.GB/T 50564—2010，金属非金属矿山采矿制图
　　标准[S].北京：中国计划出版社，2010.

[13]中国有色金属工业总公司，中华人民共和国冶金工业部.YS/T 5022—1994，冶金矿
　　山采矿术语标准[S].北京：中国计划出版社，1995.

[14]中国煤炭建设协会.GB 50593—2010，煤炭矿井制图标准[S].北京：中国计划出版
　　社，2010.

[15]国家技术监督局.GB/T 14689—1993，技术制图与图纸幅面和格式[S].北京：中国
　　标准出版社，1994.

[16]中国有色金属工业总公司.YS/T 5023—1994，有色金属选矿厂工艺设计制图标
　　准[S].北京：中国计划出版社，1995.